460MW 混流式水轮发电机组机电维护改造实践

陶纪军　王维　万亚涛　编著

中国三峡出版社

图书在版编目（C I P）数据

460MW混流式水轮发电机组机电维护改造实践 / 陶纪军, 王维, 万亚涛编著. -- 北京 : 中国三峡出版社, 2025.05
ISBN 978-7-5206-0277-8

Ⅰ. ①4… Ⅱ. ①陶… ②王… ③万… Ⅲ. ①水轮发电机－发电机组－电机维护 Ⅳ. ①TM312

中国国家版本馆CIP数据核字(2023)第013612号

责任编辑: 李东

中国三峡出版社出版发行
（北京市通州区粮市街 2 号院　101199）
电话：（010）59401531　59401529
http://media. ctg. com. cn

北京中科印刷有限公司印刷　新华书店经销
2025 年 6 月第 1 版　2025 年 6 月第 1 次印刷
开本：787毫米×1092毫米 1/16　印张：14.5
字数：334千字
ISBN 978-7-5206-0277-8　定价：110.00 元

前言

编撰本书有三个目的，一是为系统性留存历史技术文件以作为未来的参考，这是大多数编撰人的初心。二是严格按国家或行业标准要求梳理检修试验和编制改造文件依据，本书第 8 章是二次检修项目篇，分享作者现场二次设备检修心得，根据国家和行业标准，摘录了目前电厂经常实施的二次设备检修项目及合格数据指标，方便现场工程师速查。本书第 1 章整理的部分电厂系统国家和行业标准技术要求，可用于新建或改建系统时编制招标合同作为技术引用，在此作者并未完全照抄标准条款，节选的全部为混流式大型机组可操作的技术要求，并且个别地方做了与时俱进的修正建议。例如，调速器系统调节器模拟量输入、输出环节要求“应具有和外部信号的电气隔离，隔离强度 1500VAC/min”，这个隔离强度具体指标明显无法在电厂做验证，顶多要求供货方在型式试验报告中体现，故而不取此指标。三是满足员工培训需求，第 1 章对本书提到的历史技术文件涉及设备做了针对性介绍，并对一些现场技术名词参考高校教材及专著做了专门考证。培训方面，本书适用于水电厂已有入门基础的检修工和主检修工进阶。零基础员工可按参考文献目录找对应书籍和标准进行系统性学习。

本书编写人员及编写分工如下：陶纪军负责编写第 1 章和第 8 章，同时负责全书规划及组稿；王维、赵公杰负责编写第 3 章、第 4 章、第 7 章第 1、2、3 节；刘平负责编写第 6 章；李水先负责编写第 2 章、第 5 章、第 7 章第 4 节；万亚涛参与编写第 1 章并负责全书初步技术审核。全书由湖北能源王传忠担任主审。

本书第 8 章中的某厂励磁系统标准项目清单和项目质量清单，原作者是湖北能源的詹坤，南瑞集团的贺洁提供了同章用于监控系统 PLC 检修举例用的某国产品牌技术手册，湖北能源的刘国刚提供了继电保护方面的技术咨询，湖北能源的魏兴波提供了部分电厂历史技术资料。

由于参编人员全部是生产一线技术人员，缺乏严谨的理论技术功底，书中的错误和不足之处在所难免，恳请读者批评指正。

编　者

2025 年 4 月

目录

第1章 混流式水轮发电机组综述

1.1 概述

混流式水轮机是指水流通过蜗壳从导水机构沿径向流入转轮，从转轮轴向流出的反击式水轮机，它是弗朗西斯（Francis）在富尔内隆向心式水轮机基础上改进的，故又称弗朗西斯式水轮机。它的主要部件包括主轴、导轴承、蜗壳、座环、导水机构、顶盖、转轮、尾水管等。

水轮发电机按布置方式的不同可分为立式（主轴与地面垂直）与卧式（主轴与地面平行）两种结构，混流式发电机多为立式结构。

立式水轮发电机根据推力轴承的位置分为悬型和伞型两种形式。悬型水轮发电机的特点是推力轴承位于转子上面的上机架内或上机架上。伞式水轮发电机的结构特点是推力轴承位于转子下方，布置在下机架内或水轮机顶盖上，轴向推力通过下机架或顶盖传至基础，它的优点是结构紧凑，降低了机组和厂房高度，相应减轻了机组的重量，降低了造价；其缺点是由于转子重心在推力轴承上方，使机组运行的稳定性降低，因此只能用于较低转速（一般低于150 r/min）。另外，由于机组高度降低，使推力轴承的安装、维护、检修变得困难。伞式水轮发电机根据轴承布置不同，又分为普通伞型、全伞型和半伞型三种。

某电站安装4台型号为SF400-40/11900的水轮发电机组，额定转速150 r/min，额定视在功率511 MV·A，额定有功功率400 MW，最大持续运行功率460 MW，额定功率因数0.9，额定定子电压20 kV，额定定子电流14 754.5 A，额定励磁电流2245 A，额定励磁电压443 V，额定空载励磁电流1316 A，额定空载励磁电压178 V，总装机容量1840 MW，保证出力310 MW，多年平均发电量39.2亿kW·h。

水轮发电机为半伞型结构，发电机主要由定子、转子、上下机架、推力及上下导轴承、主轴、上端轴以及其他发电机附件组成。定子铁心采用浮动定位筋；定子线棒采用弹性波纹板固定；转子磁轭采用分段结构；推力为多点支撑弹簧束、钨金瓦结构；上下导轴承为非同心瓦结构。发电机轴系（发电机+水轮机）转动惯量大于73 500 t·m^2（约85 000 t·m^2）。

主变压器为户外单相双线圈铜芯强迫油循环风冷升压变压器。变压器高压侧采用 SF_6 套管与 GIS 相连接；低压侧采用空气套管与离相封闭母线相连接；高压侧中性点采用空气套管引出，3 台单相变压器的中性点相连接后直接接地。

1.2 水轮机

水轮机按过流形式可分为四大部件：引导水流对称流入转轮的引水部分及蜗壳称为引水部件；使流入转轮的水具有所需要的速度和大小的导向部分称为导水部件；把引入水流的水能转换为转动机械能的能量转换部分称为工作部件（转轮）；将转轮流出的水引向下游，并利用其余能量的泄水部分为泄水部件。

水轮机的水头（工作水头）是指水轮机进口截面（蜗壳进口处）和出口截面（尾水管出口处）单位质量的水流具有的能量差，单位为 m。

在实际应用中，水流经过引水部件、导水部件及泄水部件时不可避免存在撞击和能量损耗，称为水头损失 Δh。

上下游水位差值为水电站毛水头 H_g，水轮机的工作水头 $H=H_g-\Delta h$。

引水部件将上游水库的水流引到水轮机转轮室内，进入转轮室时水流必须均匀。引水部件应具有合理的断面形状、尺寸、制造工艺，尽量减少水力损失。引水部件应具有足够的强度和刚度，保证结构的可靠性和抗水流的冲刷。引水部件主要包括引水管、蜗壳和座环。蜗壳可分为金属蜗壳和混凝土蜗壳，一般水头 $H>40$ m 的水轮机选用金属蜗壳，金属蜗壳的截面形状为 C 形，如蜗牛的壳体。座环位于蜗壳内侧，一般由上下环板和固定导叶等组成，是水轮机的基础部件，承载水轮发电机组的所有负荷，并传递到厂房基础。基础环是连接座环和尾水管肘管的部件，埋设在混凝土中。

导水机构的作用是通过开闭导叶，使水轮发电机组开停机。通过改变并调节进入水轮机的水流大小，调整水轮发电机组所带的负荷，符合电网要求，使水流形成环流后进入转轮。径向式导水机构由底环、顶盖、接力器、控制环、导叶及导叶的传动零件等部件组合而成。为防止停机时机组的蠕动，减少导叶全关时的漏水量，一般导叶全关后接力器需预留数毫米的弹性压紧量，称为接力器压紧行程。底环是一个扁平的环形部件，安装在座环的下环上用于固定导叶的下端轴。顶盖与底环一起构成过流通道，同时可以固定活动导叶的上下端，顶盖上可以布置导水机构的传动部件，顶盖内部安装有水导轴承与主轴密封。控制环将接力器的直线运动转换为导叶转动的旋转运动，通过的同时控制所有导叶，实现同步操作导叶开闭的目的。导叶沿圆周均匀布置在座环和转轮之间的环形空间内。相邻导叶之间构成水流通道，此通道的最小宽度为导叶开度。导叶的立面间隙是指导叶关闭后，两相邻导叶之间首尾部接触的间隙。导叶端面间隙是指导叶上端面与顶盖抗磨板之间，以及导叶下端面与底环抗磨板之间的间隙。

转轮是将水能转换为机械能的核心部件，混流式水轮机的转轮由上冠、下环、叶片和泄水锥组成。混流式水轮机的叶片随应用水头的提高而增加，大中型水轮机转轮叶片数量一般选 13 片或 15 片。为减小水轮机漏水损失，在转轮的上冠和顶盖之间、下环与基础环之间设有迷宫环。为减小轴向水推力，在上冠与顶盖间设有减压装置。转轮通过上冠与主轴相连。装在上冠下部的泄水锥主要用来引导水流均匀流出转轮，减少水流的漩涡或碰击损失。

水导轴承的主要作用是传递水轮机主轴的径向力，约束主轴轴线径向位置。水导轴承在结构布置上应尽量靠近转轮，以缩短转轮至轴承的距离，提高机组运行的稳定性和可靠性。

水轮机转动部分水轮机主轴与固定部分顶盖之间存在间隙，主轴密封阻断漏水从间隙进入水车室，保证水轮机的安全运行，主轴密封分为工作密封和检修密封。工作密封根据密封结构型式可分为平板密封、盘根密封和端面密封。检修密封是在停机或检修水轮机工作密封时需要的一种密封，可防止在尾水位较高时水轮机转轮室内的水进入水车室，检修密封主要采用空气围带式检修密封。

尾水管是主要泄水部件，其主要作用：一是将转轮出口水流引向下游；二是回收转轮出口处的部分动能。大中型尾水管采用弯肘型尾水管。

当水轮机在非最优工况运行时，在转轮出口处的水流具有不同方向的环量，从而在转轮出口和尾水管内产生真空或空腔涡带。尾水真空是水轮机转轮发生空蚀的主要原因之一，涡带使尾水管内压力产生脉动，造成水轮机运行的不稳定。按照发生的部位，空蚀分为翼型空蚀、间隙空蚀、空腔空蚀、局部空蚀 4 种。目前，减少水轮机空蚀或消除尾水管空腔涡带的最优办法是减小或消除尾水管真空度。当尾水管产生真空时，利用机组大轴补气装置对尾水管进行补气。目前常用的大轴自然补气装置有液压缓冲弹簧式补气阀、空气缓冲弹簧式补气阀和浮球式补气阀。大轴补气难以将空气补到翼型和下环的空化部位，对改善翼型空蚀效果不好，补气量也较小，往往不足以消除尾水管涡带引起的压力脉动，且补气噪声大。

水有 3 种状态，当温度一定，水的压力下降到某一压力时，在水中会产生蒸汽，这个压力称为汽化压力。水的压力低于汽化压力时，产生的气化现象就是空化。水流空化后会产生空泡，空泡常见的形态是独立的小气泡或由小气泡构成的气泡群，泡内的主要成分是水蒸气。气泡的运动行为主要由压力控制，在外部高压的作用下，气泡会产生强烈的坍缩溃灭，这种溃灭能将整个气泡的势能集中于一个非常小的点上，能量密度非常高，气泡溃灭过程中形成了高速的射流，会产生巨大的冲击作用，对结构产生明显的剥蚀破坏，称为空化或者空蚀。空蚀对过流部件造成的破坏，主要有机械作用、化学作用和电化作用 3 种。水轮机空蚀问题目前还没有根本上的解决方法，当前有效的手段有如下 3 个方面：①改善水轮机的水力设计；②提高加工工艺水平，采用抗蚀材料；③改善运行条件，采用适当的运行措施。

水轮发电机组由于故障等原因突然甩去全部负荷，又因为某些原因使导叶不能正常关闭，导致机组转速迅速升高超过额定转速，当水轮机转速产生的功率与转速升高相应的机械损失功率相平衡时，转速达到某一最大值，此时的转速称为飞逸转速。常见的防飞逸保护设施是快速事故闸门和事故配压阀。

涉及新/改建大型水电厂混流式水轮机的部分国家和行业标准如下：

GB/T 8564—2023　水轮发电机组安装技术规范

GB/T 14478—2012　大中型水轮机进水阀门基本技术条件

GB/T 15468—2020　水轮机基本技术条件

GB/T 15613—2023　水轮机、蓄能泵和水泵水轮机模型验收试验

GB/T 20043—2005　水轮机、蓄能泵和水泵水轮机水力性能现场验收试验规程

GB/T 28546—2012　大中型水电机组包装、运输和保管规范

GB/T 28572—2012　大中型水轮机进水阀门系列

DL/T 443—2016　水轮发电机组及其附属设备出厂检验导则

DL/T 507—2014　水轮发电机组启动试验规程

DL/T 5070—2012　水轮机金属蜗壳现场制造安装及焊接工艺导则

1.3　发电机

水轮发电机一般采用凸极同步发电机，转子中装有励磁绕组，通过转轴上的集电环将直流电流引入，电流在转子磁极上产生磁通并形成旋转磁场，磁场穿过定子、转子之间的空隙覆盖定子绕组，当水轮机拖动发电机旋转时，定子绕组线棒切割磁力线产生感应电动势，当电枢绕组与三相负载连接形成闭合回路时，在电枢绕组中产生交流电流，$n=60f/p$，其中，p 为转子磁极对数。

大中型水轮发电机主要部件包括定子、转子、导轴承、机架、推力轴承、空气冷却器、制动系统、油水气系统和辅助部件。

同步发电机的“同步”是指发电机转子的转速和定子中产生的旋转磁场转速一致，电枢磁场和转子磁场无相对运动，不会在转子绕组中产生感应电动势。当同步发电机的转子旋转时，在发电机定子绕组中将感应空载电压。当负载接至发电机端点时，在回路中产生电流。三相定子电流的流通将使发电机绕组中产生磁场，此定子磁场造成原本的转子磁场失真，改变其相电压，此效应称为电枢反应。发电机定子三相绕组为星形接法，若定子绕组接成三角形，三相绕组三次谐波电动势不能抵消，产生环流，降低效率甚至烧毁发电机。水轮发电机输入的机械功率不可能完全转化为发电机输出功率，即效率不能等于100%。发电机的损耗可分为铜损、铁损、机械损耗和附加损耗 4 类。

定子，又称电枢，主要由定子机座、铁心和三相绕组组成。定子机座主要作用是承受定子的自重，承受上机架及布置在上面其他部件的重量，承受电磁扭矩和不平衡磁拉力，承受绕组短路时的切向剪力。定子机座上环与上机架相连，下环与基础板相连，基础板埋入混凝土内。一般在定子机座上均匀布置定位筋，定子铁心的扇形冲片和通风槽片都通过

定位筋固定在机座上。齿压板由数量不等的齿压片与压板焊接而成，主要用来固定和压紧定子铁心。定子铁心作用是为发电机提供磁阻很小的磁路，它和转子铁心、气隙（定子和转子之间）一起组成发电机完整磁路。定子铁心主要由扇形冲片、通风槽片、定位筋、齿压板、拉紧螺杆及固定片等零件组成。为避免发电机运行时机座和定子铁心热膨胀不一致导致定子产生翘曲变形，可采用浮动式机座。为减少机座承受的径向力和减小铁心轴向波浪度，可采用浮动式铁心，其特点是在冷态时，铁心与机座定位筋间预留一较小间隙，当铁心热膨胀时，此间隙减小或消失，当机座与铁心温度不一致时，相互之间可自由膨胀，从而大幅度减小机座承受径向力。为使铁心能相对于机座自由膨胀或收缩，铁心上下两端采用小齿压板，并在齿压板调整螺栓和机座接触处加二氧化钼润滑。

定子绕组主要作用是产生电动势和输送电流。定子三相绕组由绝缘导线绕制而成，均匀分布在铁心内圆齿槽中。定子绕组分为单层和双层两种，一般采用双层绕组。双层绕组又可分为叠绕组和波绕组，大型发电机组都是采用波绕组。定子绕组主要采用圈式和条式两种。线棒是组成发电机定子绕组的基本构件，一个线圈由两根条式线棒组合而成。条形线棒由多股铜导线和主绝缘构成。水轮发电机的定子线棒处于复杂的槽部漏磁场和端部漏磁场之中，两种磁场均会在股线中感应出漏感电动势产生定子线棒环流，会造成股线间的不均匀温升，并对线棒的绝缘造成危害，同时，环流损耗会造成发电机效率降低、使用寿命缩短。换位就是充分利用股线在槽部漏磁场中感应不平衡电动势，最大限度抵消股线在端部漏磁场中感应的不平衡电动势以减小环流和附加损耗。

定子绕组的绝缘主要包括股间、匝间、排间、换位和对地防晕层等。大中型混流式水轮发电机绝缘多使用 B、F 级绝缘，其最高允许工作温度分别为 130 ℃、155 ℃，但设计发电机时，为留有余量，常采用 120 ℃、140 ℃。电晕指带电体表面在气体或液体介质中发生局部放电的现象，常发生在高压导线的周围和带电体的尖端附近。电晕的产生是因为不平滑的导体产生极不均匀电场，当在不均匀的电场周围曲率半径小的电极附近的电压升高到一定值时，由于空气游离而发生放电，形成电晕。

由于发电机端部所连设备和装置存在大小不等的对地电容，当发电机绕组发生单相接地故障时，接地点流过的故障电流为上述对地电容电流。发生故障时，故障处电弧时断时续，产生间歇性弧光过电压，将损伤发电机定子绝缘，可能造成匝间或相间短路，严重时将烧伤定子铁心。发电机中性点接地主要目的是防止发电机及其他设备遭受单相接地故障的危害。发电机定子绕组中性点接地方式分为中性点不接地、中性点直接接地、中性点经消弧线圈接地、中性点高阻接地等。如果采用中性点经消弧线圈或接地变压器接地方式，正常运行时消弧线圈中无电流通过。当电网受到雷击或发生单相电弧性接地时，中性点电位将上升到相电压，这时流经消弧线圈的电感性电流与单相接地的电容性故障电流相互抵消，使故障电流得到补偿，补偿后的残余电流变得很小，不足以维持电弧，从而自行熄灭。

发电机转子主要由转子支架、磁轭、磁极等组成。转子支架主要用于固定磁轭。磁轭也称轮环，它的作用是产生转动惯量和固定磁极，同时也是磁路的一部分。磁极是构成励磁绕组的基本单元，当直流励磁电流通入磁极线圈后就产生发电机磁场。磁极由磁极铁心、磁极线圈、阻尼环、阻尼条等部件组成。发电机阻尼绕组主要是防止负载突然变化时对发电机绕组的冲击。

集电装置用来给转子提供励磁，由集电环、电刷和刷架等组成。集电装置易产生机械磨损、电火花腐蚀和电化学腐蚀。

推力轴承主要由镜板、推力头、轴承座及支承、轴瓦、支撑系统、油槽、高压油顶起装置及冷却装置等部件组成。其主要作用是承受立轴水轮发电机转动部分全部重量及水推力等负荷，并将这些负荷通过机架传递到混凝土基础上。

发电机在运行过程中存在径向不平衡力，为保证发电机的稳定运行，应安装导轴承约束发电机径向移动，防止发电机过度摆动。发电机的径向不平衡力主要有机械不平衡力和电磁不平衡力。

机架按放置的位置不同，一般分为安装在发电机定子上部的上机架以及定子下部的下机架。

发电机的发热部件，主要是定子绕组、定子铁心和转子绕组。为使绕组和铁心的温度不至于过高而引起绕组绝缘损坏，必须采用高效的冷却措施，使发电机各部分温升不超过允许值。发电机通风冷却系统主要以密闭自循环空气冷却和水冷却为主。

水轮发电机在停机过程中，为降低轴承磨损及防止低转速下摩擦引起的过热烧瓦，进行制动以减少停机时间。制动系统分为机械制动和电气制动。制动方式可以分别独立使用也可以混合制动。混合制动是当机组下降到额定转速的 60% 时投入电气制动，当机组转速下降到额定转速的 10% 时投入机械制动；当机组发生电气故障或者电气制动系统异常时，不投入电气制动，在机组转速下降到额定转速 15% 时投入机械制动。电气制动的两个特点：①制动力矩与定子短路电流的二次方成正比；②制动力矩与机组转速成反比。

涉及新/改建大型水电厂发电机及附属高压设备的部分国家和行业标准如下：

GB 50150—2016　电气装置安装工程　电气设备交接试验标准

GB/T 755—2019　旋转电机　定额和性能

GB/T 7894—2023　水轮发电机基本技术要求

GB/T 8564—2023　水轮发电机组安装技术规范

DL/T 586—2008　电力设备监造技术导则

DL/T 1054—2021　高压电气设备绝缘技术监督规程

1.4 发电机出口母线及电气设备

1.4.1 发电机电压母线

某电厂发电机电压母线采用全连式离相封闭母线，额定电压 24 kV，额定电流 16 kA。

封闭母线由地下厂房发电机夹层（∇200.5 m）通过母线洞、母线竖井和母线廊道（∇318.55 m）引至地面 500 kV 变电站（∇315.0 m）与主变压器相连接，垂直高差达 118 m，4 台机组总长度 831.5 m（三相累计）。封闭母线主要参数见表 1-1。

表 1-1　封闭母线主要参数

名称		技术参数	
		主回路	分支回路
额定电压（kV）		24	24
额定电流（A）		16 000	5000
额定频率（Hz）		50	50
短时耐受电流及时间（kA/s）		105/2	190/2
峰值耐受电流（kA）		285	510
绝缘水平	1 min 工频耐受电压（有效值）	75	75
	冲击耐受电压（峰值）	150	150
最高允许温度（℃）	母线导体	≤85	≤85
	镀银接头	≤100	≤100
	外壳	≤65	≤65
	外壳支撑结构	≤65	≤65
	绝缘件	≥150	≥150
冷却方式		自冷	自冷
外壳连接方式		全链式	全链式
母线导体直径及厚度（mm×mm）		ϕ650×14	
母线外壳直径及厚度（mm×mm）		ϕ1200×8	
相间距离（mm）		1500	1500
爬电距离（cm/kV）		≥2.5	≥2.5

1.4.2　发电机断路器

某电站 2 号、3 号机装置了发电机断路器。发电机断路器为户内分相封闭型、SF_6 气体灭弧、卧式、液压电动操动、三相机械联动。其主要技术参数见表 1-2。

表 1-2　发电机断路器主要参数

名称	技术参数
额定电压	24 kV
额定电流	16 000 A
额定频率	50 Hz
相　　数	三相

续表

名　称			技术参数
额定绝缘水平	雷电冲击耐压（1.2/50 μs）（峰值）	相对地	150 kV
		断口间	150 kV
	1 min 工频耐压（干试）（有效值）	相对地	80 kV
		断口间	80 kV
额定短时耐受电流（有效值，3 s）			100 kA
额定峰值耐受电流			330 kA
额定短路开断电流	交流分量（有效值）		100 kA
	直流分量（百分数）		100%
额定短路关合电流（峰值）			340 kA
额定失步开断电流	最大失步角		180°
	交流分量（有效值）		87 kA
	直流分量		80%
时间参数	分闸时间		(39±4) ms
	开断时间		(52±4) ms
	合闸时间		(46±4) ms
	合分时间		(55±4) ms
	额定操作顺序		CO-30 min-CO
	相间分闸不同期性		≤2 ms
	相间合闸不同期性		≤2 ms
开断小感性电流	变压器空载励磁电流		20 A
噪声水平	在额定运行条件下进行三相操作时，在距设备外边缘 1.5 m 外包围面上任意一点的冲击噪声水平		≤110 dB（A）

1.4.3　发电机制动开关

发电机制动开关为户内分相封闭型，SF_6 气体灭弧、卧式、液压电动操作、三相联动，其主要技术参数见表 1-3。

表 1-3　发电机制动开关主要参数

名　称	技术参数
额定电压	24 kV
额定电流	8000 A
制动电流	16 000 A
额定频率	50 Hz
相　数	三相

续表

名　　称			技　术　参　数
制动电流和时间			16 000 A，≥10 min
额定绝缘水平	雷电冲击耐压（1.2/50 μs）（峰值）	相对地	125 kV
		断口间	125 kV
	1 min 工频耐压（干试）（有效值）	相对地	80 kV
		断口间	80 kV
		机械寿命	100 000 次

涉及本项高压设备的部分国家和行业标准如下：

GB 50150—2016　电气装置安装工程　电气设备交接试验标准

GB/T 8349—2000　金属封闭母线

GB/T 11022—2020　高压交流开关设备和控制设备标准的共用技术要求

DL/T 486—2021　高压交流隔离开关和接地开关

DL/T 596—2021　电力设备预防性试验规程

DL/T 615—2013　高压交流断路器参数选用导则

DL/T 664—2016　带电设备红外诊断应用规范

DL/T 726—2023　电力用电磁式电压互感器使用技术规范

DL/T 5352—2018　高压配电装置设计规范

1.5　主变压器及 500 kV 变电站

电力变压器一般由两个绕组组成，即一次绕组和二次绕组，这两个绕组通过磁路发生耦合。将交流电压施加给其中的一个绕组时，这个绕组中就会有电流流动，从而形成磁动势，因此，铁心中出现交变磁通。这种交变磁通通过两个绕组，使其分别感应出一个电动势。

变压器会产生损耗，铁心在系统频率下产生交变磁通，需要励磁电流，而励磁会消耗能量，这就是铁心损耗，即空载损耗。电流流动还产生一种与电流大小和系统电阻有关的损耗，这被称为负载损耗（或称为铜损耗）。负载损耗仅仅在变压器加载时出现。

根据绕组或铁心的结构，变压器可以分为壳式和心式，大型变压器一般为心式。

由于水轮发电机组通常远离负荷中心，出于经济输电的目的需要减小输出电流，就需要借助主变压器将发电机的输出电压升高。主变压器有如下特点：高压侧电压高；低压侧电流大；短路阻抗较低；配置了调压分接开关；可靠性高；空载损耗和负载损耗都很低；运输高度和重量限制在一定范围之内。

1.5.1 某电厂主变压器的主要技术性能

1）型式

单相油浸双圈无载调压升压变压器，变压器高压侧通过油/SF_6 套管与 GIS 相连，低压侧通过空气套管与封闭母线相连。

2）主变压器主要技术参数见表 1-4。

表 1-4 主变压器主要技术参数

<table>
<tr><th colspan="4">名 称</th><th colspan="3">技 术 参 数</th></tr>
<tr><td colspan="4">额定容量</td><td colspan="3">170 MV · A</td></tr>
<tr><td colspan="4">相数</td><td colspan="3">单相</td></tr>
<tr><td colspan="4">额定频率</td><td colspan="3">50 Hz</td></tr>
<tr><td colspan="2" rowspan="2">额定电压</td><td colspan="2">高压侧</td><td colspan="3">$550/\sqrt{3}-2\times2.5\%$ kV</td></tr>
<tr><td colspan="2">低压侧</td><td colspan="3">20 kV</td></tr>
<tr><td colspan="4">联接组别</td><td colspan="3">I/I_0</td></tr>
<tr><td colspan="4">三相组合的联接组别</td><td colspan="3">Yd11</td></tr>
<tr><td colspan="4">阻抗电压</td><td colspan="3">15.4%</td></tr>
<tr><td colspan="4">中性点接地方式</td><td colspan="3">直接接地</td></tr>
<tr><td colspan="4">额定效率</td><td colspan="3">99.74%</td></tr>
<tr><td colspan="4">总 损 耗</td><td colspan="3">434 kW</td></tr>
<tr><td colspan="4">负载损耗</td><td colspan="3">366 kW</td></tr>
<tr><td colspan="4">空载损耗</td><td colspan="3">68 kW</td></tr>
<tr><td colspan="4">空载电流</td><td colspan="3">0.09%</td></tr>
<tr><td rowspan="5">绝缘水平</td><td colspan="3"></td><td>高压侧</td><td>低压侧</td><td>中性点</td></tr>
<tr><td colspan="2" rowspan="2">雷电冲击耐压（峰值）/kV</td><td>全波</td><td>1550（套管 1675）</td><td>125</td><td>325</td></tr>
<tr><td>载波</td><td>1675（套管 1800）</td><td>140</td><td></td></tr>
<tr><td colspan="3">操作冲击耐压（峰值）/kV</td><td>1175（套管 1175）</td><td></td><td></td></tr>
<tr><td colspan="3">1 min 工频耐压（有效值）/kV</td><td>680（套管 740）</td><td>55</td><td>140</td></tr>
<tr><td colspan="4">噪声水平</td><td colspan="3">≤72 dB</td></tr>
<tr><td colspan="2" rowspan="2">局部放电水平（pC）</td><td colspan="2">高压套管</td><td colspan="3">≤10</td></tr>
<tr><td colspan="2">高压绕组</td><td colspan="3">≤100</td></tr>
</table>

1.5.2 500 kV 变电站电气设备

该电厂 500 kV 变电站占地约 190 m×43 m，位于主厂房靠 4 号机端地面∇315.0 m 处，与主厂房呈正交，其中，电站 4 号机母线竖井垂直引上可直达该变电站内。变电站内主要布置 4 组主变压器、SF_6 全封闭组合电器（GIS）、500 kV 出线设备以及 10 kV 及 0.4 kV 配电装置室、中央控制室、计算机室、保护盘室、直流盘室、通信室、电站运行管理办公室等。变电站内设有一座 128.2 m×17.4 m（长×宽）的管理楼，除 500 kV 出线设备外，其他设备均布置在管理楼内。

管理楼一端布置 500 kV 电气设备，采用三层布置，下层为变压器室，二层为 GIS 设备，楼顶布置 500 kV 出线设备。管理楼另一端布置 10 kV 及 0.4 kV 配电装置室、中央控制室、计算机室、保护盘室、直流盘室、通信室、电站运行管理办公室等，为五层结构。

500 kV 变电站与电站厂房通过发电机主母线竖井及专用交通竖井连通。发电机主母线经母线竖井后，4 号机组直接引至∇315.0 m 与主变压器相连接，而 1 号、2 号、3 号机母线还需通过∇318.55 m 的水平母线廊道后再与主变压器相连。

1）主变压器室（∇315.0 m）布置

主变压器共 4 组，布置在管理楼底层，其中心线间距为 7.4 m。为了满足防火要求，每台变压器间设防火隔墙。在变压器的底部设置贮油坑，并铺设 250 mm 以上的卵石层。变压器高压侧经 SF_6/油套管和 GIS 连接，低压侧与封闭母线相连接。

2）500 kV GIS 室（∇326.4 m）布置

GIS 室内布置 500 kV GIS 一套，包括 4 台进线断路器、2 组出线隔离开关、2 组母线隔离开关、2 组电压互感器及避雷器，以及检修间、备品备件间、吊物孔等。4 组变压器进线通过楼板的开孔与变压器高压侧连接，二回出线采用 SF_6 母线穿过屋顶，与 500 kV 出线设备连接。

在 GIS 室的上方还布置了 1 台桥机及其相应的安全滑线，供 GIS 安装、检修使用。

在 GIS 室底板下（主变压器室上部）设置贯穿整个变压器室顶的电缆廊道，该廊道一侧通向电站进水口和溢洪道变电站；另一侧与管理楼中控室、继电保护盘室相通，还通过电缆竖井与地下厂房相连通。

3）GIS 室屋顶（∇340.65 m）电气设备布置

屋顶布置 500 kV 出线避雷器、电容式电压互感器。

涉及新/改建大型水电厂主变压器及站内变电站的部分国家和行业标准如下：

GB 50148—2010　电气装置安装工程　电力变压器、油浸电抗器、互感器施工及验收规范

GB 50150—2016　电气装置安装工程　电气设备交接试验标准

GB 50217—2018　电力工程电缆设计标准

GB/T 1094.1—2013　电力变压器　第 1 部分：总则

GB/T 1094.2—2013　电力变压器　第 2 部分：液浸式变压器的温升

GB/T 1094.3—2017　电力变压器　第 3 部分：绝缘水平、绝缘试验和外绝缘空气间隙

GB/T 1094.5—2008　电力变压器　第 5 部分：承受短路的能力

GB/T 6451—2023　油浸式电力变压器技术参数和要求

GB/T 7595—2017　运行中变压器油质量

GB/T 8349—2000　金属封闭母线

GB/T 11022—2020　高压交流开关设备和控制设备标准的共用技术要求

GB/T 13499—2002　电力变压器应用导则
GB/T 17468—2019　电力变压器选用导则
DL/T 401—2017　高压电缆选用导则
DL/T 486—2021　高压交流隔离开关和接地开关
DL/T 596—2021　电力设备预防性试验规程
DL/T 615—2013　高压交流断路器参数选用导则
DL/T 726—2013　电力用电磁式电压互感器使用技术规范
DL/T 5352—2018　高压配电装置设计规范

1.6　自动化设备

1.6.1　计算机监控系统

计算机监控系统是对电厂发送电设备进行监控及运行管理的自动化系统，一般分为电厂控制层及现地控制层。电厂控制层的主要任务，是对全厂设备进行自动监控及实现运行人员的集中监控，并接受上级的调度指令对电厂进行监控。现地控制层也叫现地控制单元，负责完成对本单元设备的自动监控及运行人员在现地的集中监控。大型电厂的机组现地控制单元在与电厂控制层失联的情况下也能独立完成本机组开停机及运行监控，但是这种情况下要人工现地调节负荷，更谈不上 AGC 和 AVC 控制。水轮机后备保护在机组现地控制单元瘫痪条件下，如果遇到严重的机械故障（比如调速器完全失控、严重过速、轴瓦温度过高），也能迅速将运行中的发电机停下来，减小事故损失。

NB/T 10879—2021《水力发电厂计算机监控系统设计规范》对水轮机后备回路的技术要求是“可选用简化的独立 PLC 或独立控制器或独立继电器接线”。并且电源应完全独立于机组现地控制单元其他电源。

自动发电控制（automatic generation control，AGC），是电厂控制层的一个子系统，它的任务是在满足各项限制条件（比如避开振动区）的前提下，以迅速、经济的方式控制整个电厂的有功功率来满足电力系统的需要。

自动电压控制（automatic voltage control，AVC），是电厂控制层的一个子系统，它的任务是在满足各项限制条件的前提下，按厂内高压母线电压及全厂的无功功率进行优化实时控制，以满足电力系统的需要。

监控系统的监控范围一般包括：

（1）水轮发电机组及其辅助设备，包括进水口快速闸门（或蝶阀）及拦污栅、水轮机及其辅助设备、发电机组及其辅助设备、发电机断路器、机组自用电等。

（2）主变压器及其辅助设备。

（3）开关站，包括线路、母线、断路器、隔离开关及接地开关、电压互感器、电流互感器、电抗器等。

（4）厂用电系统，包括各级电压的厂用电系统，各系统的变压器、断路器、高低压配电装置等。

（5）厂公用系统，包括控制电源系统、电厂各种供排水系统、压缩空气系统、暖通系统、水位测量系统、通信系统、火灾报警及消防系统、故障录波系统、工业电视系统、状态监测系统、绝缘油及透平油系统、门禁系统、电梯、电力系统远动和稳定系统、电能计量系统等。

（6）励磁系统、调速器控制系统、技术供水系统、断路器或开关的现地控制系统、排水系统、压缩空气系统、进水口闸阀等因其任务是实现某一专项功能并在层次上受监控系统控制，故而是独立系统。

（7）继电保护、重合闸及电力系统安稳装置，在可靠性、可用性和重要性方面高于监控系统，因此也是独立系统。

（8）电能计量系统、火灾报警及消防系统属于按上级主管部门要求自成独立系统。

（9）故障录波、工业电视、状态监测、电力市场报价系统等在重要性、可靠性、实时性等方面的要求与监控系统不在同一级别，MIS 系统可能对监控系统安全有影响，它是独立系统。

参考 NB/T 10879—2021《水力发电厂计算机监控系统设计规范》及《防止电力生产事故的二十五项重点要求》，电厂控制层设备配置建议如下：

（1）总容量 300~1200 MW 电厂：数据服务器 2 台、历史数据服务器 2 台（标准中无）、操作员工作站 2 台、工程师工作站 1 台、通信工作站 2 台、培训工作站 0~1 台、语音报警工作站 1 台、时钟装置 2 台。

（2）总容量 1200 MW 以上电厂：数据服务器 2~3 台、历史数据服务器 2 台（标准中无）、操作员工作站 2~3 台、工程师工作站 1 台、通信工作站 2~3 台、培训工作站 1 台、语音报警工作站 1 台、时钟装置 2 台。

以上设备应采用国产 UNIX 操作系统服务器，数据服务器以热备用方式运行。热备用是指当主计算机故障时，已经也在运行的备用计算机在不中断任务的方式下自动升级为主机，顶替已发生故障的原主机。温备用是指当主计算机故障时，已经也在运行的备用计算机通过启动应用程序顶替已发生故障的原主机。冷备用是指当主计算机故障时，未上电的备用计算机通过上电并启动操作系统及应用程序，顶替已发生故障的原主机。大型电厂目前一般是热备用方式。部分经过中国电科院认证的操作系统目录见表 1–5。

表 1–5　部分经过中国电科院认证的操作系统目录

序号	操作系统	版　本
1	凝思	凝思 V6. 0. 60
2	麒麟	麒麟 3. 0、麒麟 3. 2、麒麟 3. 3

续表

序号	操作系统	版　本
3	Windows	Windows7、Windows server2008、Windows server2003、Windows XP、Windows10
4	Redhat	Redhat5、Redhat6、Redhat7.0–7.6
5	Solaris	Solaris10u8、Solaris10u9、Solaris10u10、Solaris10u11、Solaris11、Solaris11.2、Solaris11.3
6	Centos	Centos5、Centos6、Centos7.0–7.3
7	Debian	Debian4.0、Debian5.0、Debian6.0、Debian7.0、Debian8.0、Debian8.1、Debian8.2、Debian8.5、Debian9.0、Debian9.3、Debian9.6
8	Ubuntu	Ubuntu8.04、Ubuntu10.04、Ubuntu12.04、Ubuntu14.04（64 位）、Ubuntu16.04、Ubuntu16.10
9	Linux	PCS–9799 linux 数据网关机
10	HP-UX	HP-UX 11.31、HP-Unix lli V2
11	AIX	AIX7.1
12	Fedora	Fedora 20
13	Qnx	Qnx 6.4.1
14	中标麒麟	中标麒麟安全操作系统 V7.0
15	统信	统信桌面操作系统 UOS

数据服务器又叫主服务器或者主机，负责实时数据采集和处理，AGC 和 AVC，记录数据的计算和处理，实时数据和运行文档的保存和检索，实时数据库生成及管理、系统时钟管理以及其他高级管理应用。

历史数据服务器主要负责历史数据的存储、归档和检索，历史数据库生成及管理历史数据和运行文档的保存和检索。本项未出现在 NB/T 10879—2021《水力发电厂计算机监控系统设计规范》建议配置表中，可能是认为该功能可以合并在数据服务器中，但是考虑到数据拥塞的可能，建议单独配置为好。

操作员工作站是全厂集中监视和控制的人机接口，用于监控画面和输入操作员指令。工程师工作站用来程序开发、调试和系统维护。

通信工作站用来实现与上级调度中心控制系统、信息管理系统（MIS）和其他智能电子设备的信息交换。前文提到通信工作站建议 2 台，实际操作是每个方向要 2 台，比如某流域电厂要接受流域梯级调度中心控制，那么网省调通信配备 2 台工作站的同时，另外梯调方向也配备 2 台通信工作站。还有可能要配置 1 台厂内通信工作站用来与厂内其他综合自动化系统连接（如状态监测系统、消防火警系统等）。

语音报警工作站用于启动语音报警系统，这个在现场可能也配做多功能站。培训工作站用于培训操作员，由于实际应用效果不彰，现场可以不配。

电厂控制层计算机配置应不低于如下标准：CPU 字长不小于 64 位；时钟频率不小于 1 GHz；存储器余量大于 40%。

主干网络“可选择 10 Mbit/s、100 Mbit/s 或 1000 Mbit/s”，目前新建改建大型系统建议 100 MB 起步，考虑未来智慧电厂的需求，1000 MB 为佳。采用双星网或者双环网，双网切换时间应在 0.5 s 以内。

国家和行业标准对新/改建大中型调速器系统技术要求部分技术条款摘要如下：

1）《防止电力生产事故的二十五项重点要求》方面

（1）重要参数点、参与机组或设备保护的测点应冗余配置，冗余 I/O 测点应分配在不同模件上。

（2）监控系统与管理信息大区之间必须设置经国家指定部门检测认证的电力专用横向单向安全隔离装置。监控系统与其他生产大区之间应当采用具有访问功能的设备、防火墙或相当功能的设施，实现逻辑隔离。监控系统与广域网的纵向交接处应当设置经过国家指定部门检测认证的电力专用纵向加密认证装置或者加密认证网关及相应措施，监控系统禁止采用安全风险高的通用网络服务功能，监控系统的重要业务系统应当采用认证加密机制。

（3）交、直流电源开关和接地端子应分开布置，直流电源开关和接地端子应有明显标示。

（4）监控系统相关设备应加装防雷（强）电击装置，相关机柜及柜间电缆屏蔽层应通过等电位网可靠接地。

（5）监控系统与上级调度机构、集控中心之间应具有两个及以上独立通信路由。

（6）在基建或技改工程中，若改变原有监控系统的网络结构、设备配置、技术参数时，应委托设计单位对监控系统进行设计。

（7）监控网络设备应采用独立的自动空气开关供电，禁止多台设备共用一个分路开关。各级开关保护范围应逐级配合。

（8）所有水机保护模拟量信息、开关量信息应接入监控系统。

（9）微机自动准同期装置应安装独立的同期鉴定闭锁继电器。

2）NB/T 10879—2021《水力发电厂计算机监控系统设计规范》方面

（1）监控系统应采用分层分布结构，分别设置电厂控制级和现地控制级。

（2）电厂控制级的设备数量参见本规程 3.2.2。

（3）大型水电厂的主计算机宜采用 UNIX 服务器（应采用国产 UNIX 系服务器）。

（4）可选择 10 Mbit/s、100 Mbit/s 或 1000 Mbit/s（建议 100 MB 起）。

（5）交换机应冗余配置，包括电源的冗余配置。大型水电厂的冗余网络的自愈时间或双网之间的切换时间应不大于 0.5 s。

（6）监控系统应采用冗余网络。

（7）现地控制单元应配置液晶显示器或工控一体机作为人机接口。

（8）机组和开关站的现地控制单元以及负责变频启动装置的现地控制单元的 CPU、

电源、网络通信等模块应双重化冗余配置。

（9）机组 LCU 发出的停机令、事故闸门或进出水口闸阀的关闭命令、断路器和隔离开关的分合命令，LCU 接收的断路器和隔离开关的位置等重要信号应采用硬接线传送。

（10）机组 LCU 应配置简化的独立继电器接线或可编程控制器水轮机后备保护，其电源和输入信号应与 LCU 相独立。应仅在发生重要的水力机械事故，包括过速、轴承瓦温过高、事故低油压、按下事故停机按钮、按下紧急落快速门或关闭进水阀门按钮等情况下启动。

（11）控制信号宜采用短脉冲方式，由各被控子系统进行自保持。

（12）卫星时钟故障情况下，应由电厂主计算机的时钟维持系统正常运行。

（13）监控系统宜向电厂的继电保护、调速系统、励磁系统等被监控设备提供统一的时钟信号。

（14）开关量输入应以无源触点方式接入现地控制单元。

（15）开关量输出宜（建议按“应”执行）通过中间继电器适配后以无源触点方式引出，中间继电器的输出回路应采取消弧措施。

（16）交流采样装置和变送器的精度应为 0.5 级或更优，电量变送器的响应时间小于或等于 400 ms。

（17）电厂级设备供电可配备两组冗余的互为热备用的 UPS，蓄电池作为直流输入电源，交流输入来自厂用交流电源。具体实施方式有备用冗余方式和并联冗余方式两种。蓄电池可以是 UPS 自备也可以采用电厂的蓄电池。不论采取这两种方式中任何一种，正常情况下由厂用交流电源供电。

（18）LCU 应采用厂用交流和厂用直流双供电。

（19）机组和开关站的现地控制单元电源模块宜（建议按“应”执行）双重化配置。

（20）电缆的选择和敷设应符合 GB 50217—2018 和 NB/T 35076—2016 的要求。

（21）所有电缆芯线的截面积宜大于或等于 0.75 mm^2。

（22）传送开关量应采用总屏蔽电缆，屏蔽层应在现地控制单元侧一点接地。

（23）传送模拟量应采用对绞分屏蔽加总屏蔽电缆，屏蔽层应在现地控制单元侧一点接地。

3）DL/T 578—2023《水电厂计算机监控系统基本技术条件》方面

（1）环境温度要求。电厂控制级计算机房和中控室：18～25 ℃；现地控制单元：0～40 ℃；允许温度变化率：5 ℃/h。

（2）相对湿度。电厂控制级计算机房：45%～65%；现地控制单元：20%～90%（无凝结）。

（3）防尘方面，尘埃粒度大于 0.5 μm 的个数小于 18 000 粒/L。

（4）事故追忆记录采样速率为 1 次/s，记录时间长度不少于 180 s，事故前 60 s，事故后 120 s。

（5）电厂控制级和现地控制级一般采用星型网络（交换式以太网）或以太网环形网络结构（逻辑总线结构）或二者相结合的网络结构（建议都组双网以符合 NB/T 10879—2021 的 3.3.4 的要求）。

（6）电厂控制级计算机配置应具备如下技术性能：

CPU 字长：64 位（数据服务器等主设备）、32 位；时钟频率：≥1 GHz；浮点处理：硬件。

计算机内的主存储器容量分配中应留有 40%以上的裕量。

存储器最低容量不应低于 80 GB。

（7）LCU 对工业控制微机类型的技术性能要求：

处理器字长：32 位；时钟频率：大于或等于 33 MHz；存储器容量：≥16 MB；硬件中断：≥8 级。

（8）LCU 对可编程控制器类型的技术性能要求：

扫查率：≤1.8 ms/k；存储器容量：≥32 kB。

（9）模拟量输入接口技术要求。RTD 型采用 Pt100；电流型输入阻抗小于或等于 500 Ω；电压型输入阻抗大于或等于 5 kΩ；数模转换分辨率大于或等于 12 位；最大转换误差（25 ℃时）：±0.25%（从 PT \ CT \ RTD 直取时为±0.5%）。

（10）模拟量输出接口技术要求。电流型负载阻抗小于 500 Ω；电压型负载阻抗大于或等于 500 Ω；数模转换分辨率大于或等于 12 位；最大转换误差：±0.25%。

（11）应配备 GPS 时钟装置。正常状态下应可同时跟踪至少 8 颗卫星，输出时间与协调世界时（UTC）时钟同步准确度不大于 1 μs（建议为北斗加 GPS 双对时）。

（12）不间断电源备用电池维持时间不小于 1 h。

（13）机柜防护等级一般不低于 IP41。

（14）交流回路外部端子对地的绝缘电阻应不小于 10 MΩ。

（15）不接地直流回路对地绝缘电阻不小于 1 MΩ。

（16）正常工作时，距离主机或服务器 1 m 处产生的噪声应小于 70 dB；距离其他设备 1 m 处产生的噪声应小于 60 dB。

（17）数据采集时间分类如下：状态和报警点采集周期小于或等于 1 s；电量模拟量采集周期小于或等于 2 s；非电量模拟量采集周期 1~20 s；SOE 点分辨率小于或等于 5 ms。

（18）现地控制级装置接受控制命令到开始执行的时间应小于 1 s。

（19）人机接口响应时间指标要求。调用新画面的响应时间小于或等于 2 s。

在已显示画面上实时数据刷新时间从数据库刷新后算起小于或等于 1 s。

操作员执行命令发出到现地控制单元开始执行时间不超过 1~2 s。

报警或事件产生到画面字符显示和发出音响的时间不超过 2 s。

（20）双机切换时间。热备用时保证实时任务不中断；温备用时小于或等于 30 s；冷备用时小于或等于 5 min。

（21）MTBF（平均无故障工作时间）应满足如下要求。主控计算机（含磁盘）大于 8000 h；现地控制单元大于 16 000 h。

（22）CPU 在重载情况下其最大负载率不宜超过 70%。

（23）正常情况下，控制网络负载率不宜超过 50%。

（24）正常情况下，在任一个 5 min 周期内，磁盘平均使用率应低于 50%。

（25）电厂控制级计算机存储容量应有 40% 以上裕度。

（26）通道容量应留有足够裕度，期望的通道利用率宜小于 50%。

1.6.2 励磁系统

励磁系统用来维持发电机电压为给定值，提高发电机的静态及动态稳定性。励磁控制系统一般由两部分构成：第一部分是励磁功率单元，它向同步发电机的励磁绕组提供直流励磁电流，以建立直流磁场。励磁功率单元应有足够的可靠性并具有一定的调节容量，同时具有足够的励磁顶值电压和电压上升速度。第二部分是励磁控制单元，它包括励磁调节器、强行励磁、强行减磁和灭磁等，它根据发电机的运行形态，自动调节功率单元输出的励磁电流，以满足发电机运行的需要。励磁控制单元在正常运行时应能反映发电机电压高低以维持发电机电压在给定水平，应能合理分配机组的无功功率，应能迅速反应系统故障，具备强励等控制功能以提高暂态稳定和改善系统运行条件。励磁系统的主要任务如下。

1）维持发电机的端电压

在发电机正常运行工况下，励磁系统应能维持发电机机端电压在给定水平。在电力系统的暂态过程中，维持发电机的端电压恒定有利于维持电力系统的电压水平，从而使电力系统的运行特性得到改善。如自动励磁调节器能使短路切除后，电力系统的电压恢复加快，从而使系统中的电动机自启动加速。当电力系统中有大型电机启动，同步发电机自同期并列，同步发电机因失磁而转入异步运行或重负荷线路合闸时，电力系统都可能造成大量无功缺额，系统电压水平将下降。自动励磁调节能减少这种下降，使电力系统的运行特性得到改善。

当电力系统发生短路故障，发电机电压降低时，常要求励磁电流能在短时间内迅速增长，即希望发电机的空载电动势迅速升高，以避免发电机失步，称为强励。励磁电流增长的幅度和速度通常用强励倍数和电压上升幅度两个指标来表达。强励倍数是顶值电压与正常工作电压之比。强励同时加大了电力系统的短路电流，而使继电保护的动作灵敏度得到提高。

当系统中有重负荷跳闸或发电机发生甩负荷时，自动励磁调节有助于降低此时可能产生的系统及发电机电压过分升高。当水轮发电机发生甩负荷时，由于机组惯性时间常数比较大，发电机会产生较严重的过速，对采用同轴励磁机的发电机来说，它的端电压正比于转速的 3~4 次方。因此，甩负荷可能造成发电机严重过电压。为防止这种过电压的产生，要求励磁系统在这种情况下具备强行减磁（强减）功能。

2）控制无功功率的分配

当发电机并入电力系统运行时，它输出的有功功率取决于从原动机输入的功率，而发电机输出的无功功率则与励磁电流有关。实际运行中，发电机并列运行的母线不是无穷大母线，这时改变励磁将会使发电机的端电压和输出无功功率都发生改变。但一般来说发电机的端电压变化较小，而输出的无功功率却会有较大的变化。保证并联运行的发电机组间合理的无功分配，是励磁系统的重要功能。

3）提高同步发电机并列运行的稳定性

电力系统的稳定性分为静态稳定、暂态稳定和动态稳定三类。

当电力系统受到小的扰动时，发电机仍能稳定运行称为静态稳定，例如，负荷的随机变化。

当电力系统受到大的扰动时，系统能在新的平衡状态下稳定运行，称为暂态稳定。例如，发电机或者高压输电网络中发生的各种短路、接地、线路故障，或一台主要发电机被切除，此时系统将发生较强烈的振荡，一些同步发电机也可能失步。发生暂态不稳定过程的时间较短，主要发生在事故后发电机转子第一摆动周期内。

动态稳定则是指电力系统受到干扰后（包括小干扰和大干扰），在考虑了各种自动控制装置的作用情况下，发电机恢复和保持稳定状态的能力。在动态稳定过程中的主要现象是发电机的功角及各电气量发生随时间的增幅振荡或等幅振荡，为了抑制振荡，提高动态稳定的方法之一是借助于励磁调节 PSS 装置提供制动转矩，使发电机在加速时增加励磁，在减速时减弱励磁。这样就可以实现发电机在平衡点附近运行的振荡逐渐平息。

对距离系统较近的电厂来说，在系统电压突然升高时，发电机端电压会随之升高，自动励磁调节器为维持机端电压恒定，会将励磁电流减得过低，造成发电机进相以至于失去静态稳定。为防止发生这种现象，必须装设低励限制单元，保证发电机稳定运行。

发电机获得直流励磁电流的方式称为励磁方式，根据励磁电流的供给方式，凡是从其他电源获得励磁电流的发电机，称为他励发电机；从发电机本身获得励磁电源的，称为自励发电机。目前在我国主要的励磁方式有直流电机励磁系统、交流电机励磁系统、无励磁机励磁系统和谐波励磁系统等。其中，无励磁机的励磁系统取消了励磁机，采用变压器作为交流励磁电源，励磁变压器接在发电机出口或厂用母线上。因励磁电源取自发电机自身或是发电机所在的电力系统，这种励磁方式称为自励系统。与电机式励磁方式相比，在自励系统中，励磁变压器、整流器都是静止元件，故自励系统又称为静止励磁系统。自励系统通常分为自并励和自复励两类，其中，发电机机端电压经励磁变降压，晶闸管整流后向励磁绕组供电，励磁调节器通过调节晶闸管整流电路的控制角来维持发电机端电压恒定。

晶闸管励磁系统功率输出部分的主要任务是将从机端或者交流励磁机取得的交流电压变换为直流电压，以满足发电机励磁绕组的需要。常用于晶闸管励磁系统功率输出部分的电路有三相桥式不可控、半控和全控整流电路。其中，大型发电机励磁系统采用的三相桥式全控整流电路能工作在整流状态和逆变工作状态，前者是将交流转换成直流，以供给同步发电机转子绕组励磁，后者是将直流转换成交流。在发电机灭磁时，可利用逆变将储存在发电机转子中的能量转换成交流电能并馈回交流电源，以迅速降低发电机的定子电动势，实现快速灭磁。另外，发电机在运行中发生过电压时，也可调整控制角，使整流电路进入逆变状态工作，即输出平均电压变为负值，以实现快速减磁。对于带转子（电感）的三相晶闸管功率整流柜，当触发角 α 满足 $0° < \alpha < 90°$ 时为整流状态（励磁运行时），$90° < \alpha < 180°$ 为逆变状态（励磁退出时）。另外，晶闸管在触发角接近 180°时因换相裕量角太小有失控（逆变颠覆）的可能，所以实际允许运行的范围一般为 $5° < \alpha < 170°$。

根据《水电厂发电机励磁系统设计》“整流器中并联支路（整流桥）数，根据 DL/T 583—2018 的规定应按 $N+1$ 原则考虑冗余，即在 N 模式下（一桥故障时）能符合发电机所有运行工况的要求（包括强励在内）。根据电厂的情况，也可要求在二桥故障时能符合除强励外所有运行方式的要求”。查阅 ABB 公司的 UN5000 用户手册，它提到“具有四个并联的可控硅整流桥，其中至少有一个冗余的（$n-1$）配置。（$n-1$）的含义是当一个晶闸管故障时，系统仍能满足最大励磁功率。”故而“$N+1$ 冗余”和“$N-1$ 冗余”要表达的意思均为一桥故障时功率输出单元能满足发电机所有运行工况的要求，“$N+1$ 冗余”是中国行业标准的提法。

《现代同步发电机励磁系统设计及应用（第 3 版）》提到，在执行停机操作后，利用将定子绕组三相短路在转子励磁绕组中加以恒定励磁以产生电气制动转矩，实现对机组的快速制动，称为电气制动。在本文献同章节又提到“电气制动的特性对低转速停机具有独特效果，电磁转矩与定子短路电流的二次方成正比，与机组转速成反比，因此，增大定子短路电流对缩短停机时间是十分有效的。停机过程中的关键在于低转速区中机组转速下降陡度”以及“电气制动时间一般小于 10 min……理论上发电机定子电气制动时，定子电流取 1~1.3 倍额定电流是合理的……工程上多取为额定电流”。

励磁调节器监测发电机的电压、电流或其他参数的变化，然后对励磁功率单元施加控制作用，维持发电机端电压在给定范围内。对于静止励磁系统，励磁调节器应能根据机端电压或无功电流的大小，自动改变可控硅的控制角，以调整发电机转子回路励磁电流的大小，维持发电机端电压或无功电流恒定。因此，测量比较、综合放大和移相触发构成了励磁调节器的三个基本单元。大型发电机普遍采用双微机励磁调节器，双通道完全相同，无主从之分，可双向切换。另有三微机励磁调节器，这种是在双微机励磁调节器基础上增加一套只有全部测量输入但没有控制输出的微机通道，三通道采用通信联络，由第三通道裁决是 A 通道还是 B 通道主用。励磁调节器的控制方式目前为自动电压调节 AVR 加励磁电流调节 FCR，自动电压调节 AVR 以机端电压为闭环目标，励磁调节器自动维持机端电压为给定值；励磁电流调节 FCR 通过调节励磁电流来达到调整发电机电压和无功的目的。AVR 是主控制方式，FCR 是后备手动调节方式。励磁调节器的自动通道发生故障时应及时修复并投入运行。严禁发电机在手动励磁调节下长期运行。在手动励磁调节运行期间，在调节发电机的有功负荷时必须先适当调节发电机的无功负荷，以防止发电机失去静态稳定性。

残压启励是在不依靠起励电源的情况下，利用发电机剩磁形成自励，来建立发电机端电压的过程。

软启励用于防止机端电压的启励超调。励磁调节器接到开机令后即开始启励升压，当机端电压大于 10% 额定值后，调节器以可设定的速度增加给定值，使机端电压逐步上升到额定值。

电力系统稳定器 PSS 是一种用于改善电力系统动态稳定性的附加励磁控制装置。它通过引入一个附加的变量来抑制同步发电机的低频振荡，这个变量可能是转速、频率、功率或多个变量的综合。

伏赫限制器又称为 U/f 限制器，是一种当机组频率降低到某一预定值后，根据频率减少而使被调电压按比例减少的限制器，是发电机电压和频率的比值限制，是一种过励磁限制，应与发电机和主变压器的过励磁保护相匹配，以防止发电机和主变压器发生过励磁。发电机或主变压器的过励磁表现为铁心过热，有反时限特征，U/f 限制器一般也具有反时限特点。U/f 限制器在发电机空载和负载时均投入运行。其动作后不应当阻断电力系统稳定器 PSS 的作用。

最大励磁电流限制器用于限制励磁电流不超过励磁顶值电流，在励磁功率整流器部分支路退出或冷却系统故障时，应将励磁电流限制到预设的允许值。

强励反时限限制器用来防止发电机转子过热，限制器的反时限特性应与发电机转子热容量能力特性相匹配。在强励到达允许的持续时间时，限制器应自动将励磁电流减到长期连续允许的最大值。在引起强励的原因消失后，励磁系统应能自动恢复到强励前的状态。

发电机 P–Q 特性如图 1-1 所示。

过励限制器用来保证迟相运行（滞后功率因数运行）的发电机运行在 P–Q 特性的允许运行区域内。当发电机运行点由于某些原因超出限制范围时，调节器应能限制（通常经延时）励磁系统的输出，自动使发电机回到限制范围内运行。在引起过励的原因消失后，励磁系

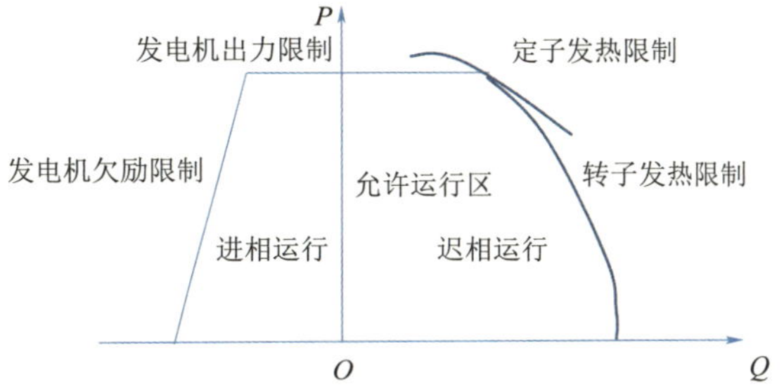

图 1-1 发电机 P–Q 特性图

统应能自动恢复到过励前的状态。

欠励限制器用来保证进相运行的发电机运行在 $P-Q$ 特性的允许区间内，为防止发电机失磁，当发电机运行点超出 $P-Q$ 曲线进相运行区的限制范围时，限制器应立即动作使运行点回到限制范围内。欠励限制器动作应先于继电保护的失磁保护。

自动电压跟踪功能：在机组同期并网前，为使机组电压迅速跟踪系统电压，励磁系统调节器可设置自动电压跟踪功能，在机端电压达到 90% ~ 110% 额定电压期间，调节器进入自动电压跟踪调节阶段，将系统电压作为电压给定值对发电机励磁进行调节，以加快发电机的并网速度，发电机并网后，调节器自动转为自动电压调节模式。

什么叫失磁，失磁是发电机在运行中失去励磁电流。在该状态下，发电机从电网吸收大量电感性无功功率，定子电流增大，定子电压下降，有功功率减少。水轮发电机失去励磁后将变为异步运行，由于转子的电磁不对称所产生的脉动转矩可能引起机组和基础不同程度的振动，转子电流几乎为零，定子电流升高（异步运行状态既发有功又吸收大量无功），发电机母线电压降低，有功功率比正常值降低（失磁后转速升高导致调速器关小导叶），无功显示为负值（进相状态从系统吸收无功），电流表、电压表、功率表周期性摆动（转子纵轴和横轴磁场不对称），转子可能局部高温，定子绕组温度升高，同时可能在系统无功功率不足时造成系统电压大幅下降。失磁的原因一般是由于励磁回路短路或开路造成的，比如集电环过热故障、转子绕组匝间短路、励磁开关误跳等。

国家和行业标准对新/改建大中型励磁系统技术要求部分技术条款摘要如下：

1）《防止电力生产事故的二十五项重点要求》方面

（1）励磁系统的整定参数应适应跨区交流互联电网不同联网方式运行要求，对 0.1~0.2 Hz 系统振荡频率范围的低频振荡模式应能提供正阻尼。

（2）有进相运行工况的发电机，其低励限制的定值应在制造厂给定的允许值和保持发电机静稳定的范围内，并定期校验。

（3）自动励磁调节器的过励限制和过励保护的定值应在制造厂给定的允许值内，并定期校验。

（4）励磁调节器与励磁变压器不应置于同一场地内，整流柜冷却通风入口应设置滤网，必要时应采取防尘降温措施。

（5）两套励磁调节器的电压回路应相互独立，使用机端不同电压互感器的二次绕组，防止其中一个故障引起发电机误强励。

（6）自并励系统中，励磁变压器不应采取高压熔断器作为保护措施。励磁变压器保护定值应与励磁系统强励能力相配合，防止机组强励磁时保护误动作。

（7）发电机转子一点接地保护装置原则上应安装于励磁系统柜。

（8）二次控制电缆均应采用屏蔽电缆，电缆屏蔽层应可靠接地。

（9）励磁系统的 U/f 限制环节特性应与发电机或变压器过励磁能力低者相匹配，无论使用定时限还是反时限特性，都应在发电机组对应继电保护装置动作前进行限制，U/f 限制环节在发电机空载和负载工况下都应正确动作。

（10）如设有定子过电压限制环节，应与发电机过电压保护定值相配合，该限制环节应在机组保护之前动作。

（11）低励限制环节动作值的整定应主要考虑发电机定子边段铁心和结构件发热情况及对系统静态稳定的影响，并与发电机失磁保护相配合在保护之间动作。当发电机进相运行受到扰动瞬间进入励磁调节器低励限制环节工作区域时，不允许发电机进入不稳定工作状态。

（12）过励限制（即过励磁电流反时限和强励磁电流瞬时限制）环节的特性应与发电机转子的过负荷能力相一致，并与发电机保护中转子过负荷保护定值相配合在保护之前动作。

（13）定子电流限制环节的特性应与发电机定子的过电流能力一致，但是不允许出现定子电流限制环节先于转子过励限制动作从而影响发电机强励磁能力的情况。

（14）应具有无功调差环节和合理的无功调差系数。接入同一母线的发电机的无功调差系数应基本一致。励磁系统无功调差功能应投入运行。

2）DL/T 583—2018《大中型水轮发电机静止整流励磁系统技术条件》方面

（1）应能长期连续提供 1.1 倍发电机额定励磁电流。

（2）顶值电压倍数不低于 2.0。

（3）励磁系统在输出顶值电流工况下，允许持续时间不小于 20 s。

（4）励磁系统电压响应时间不应大于 40 ms。

（5）应能保证发电机端电压调差率整定范围为±15%，级差不大于 1%。

（6）励磁系统应保证发电机机端调压精度或静差率优于±0.5%。

（7）空载运行情况下，频率值每变化 1% 时，发电机端电压变化值不大于额定值的±0.25%。

（8）晶闸管整流桥应满足如下要求：按 $N+1$ 模式配置支路，N 模式下能满足包括强励磁在内所有运行方式；在任何运行情况下，过电压保护器应使得整流器的输出过电压瞬时值不超过绕组对地耐压试验电压幅值的 30%。

（9）应装设直流侧过电压保护装置，过电压保护动作整定值选择原则如下：任何运行情况下，应高于最大整流电压峰值，低于整流桥最大允许电压值；任何运行情况下，应高于灭磁装置正常动作时产生的过电压值；任何运行情况下，应保证励磁绕组两端过电压时的瞬时值不超过出厂试验时绕组对地耐压试验电压幅值的 70%。

（10）灭磁过程中，励磁绕组反向电压宜控制在不低于出厂试验时绕组对地耐压试验电压幅值的 30%，不超过出厂试验时绕组对地耐压试验电压幅值的 50%。

（11）静止整流励磁系统应能在启励电源提供的初励电流不大于发电机空载励磁电流

的 5%时可靠启励。

（12）励磁系统应设置两套独立的调节通道，每个通道应具备 AVR+FCR 功能。

（13）两套调节通道应互为热备用、相互自动跟踪，应能手动切换，运行通道故障或电压互感器（TV）断线时能自动切换至备用通道。自动跟踪部件应具有防止跟踪异常情况或故障情况的措施。正常切换与一般故障切换时发电机端电压波动应小于±0.5%，TV 断线切换后稳定值与原值差不大于 0.5%。

（14）励磁系统应具有转子过电压动作记录功能及磁场断路器动作记录功能。

（15）自动电压调节器应配置电力系统稳定器或具有同样功能的附加控制单元。

（16）电力系统稳定器或具有同样功能的附加控制单元应具有下列功能：低频率闭锁；手动投退；输出值限幅。

（17）励磁电压调节器应具备以下功能：最大励磁电流限制；强励磁反时限限制；过无功限制；欠励限制；TV 断线保护；*U/f* 限制器；系统电压跟踪；电力系统稳定器 PSS。

（18）晶闸管整流桥技术要求：应采用三相全控桥式整流桥；冷却方式可以是自然冷却式（含热管散热方式）、强迫风冷方式、水冷方式；强迫风冷风机应采用两路电压供电也可采用双风机备用方案；晶闸管整流桥应具有保护及报警功能，应装设交流侧输入和直流侧输出过电压吸收保护器、功率元件换相过电压保护器、功率元件快速熔断器、风机故障停运、功率元件故障和脉冲故障报警装置、晶闸管整流桥切除和电源消失故障报警装置；晶闸管器件正、反向重复峰值电压应大于励磁回路直流侧过电压保护装置动作电压整定值。

（19）灭磁装置技术要求：正常停机时采用调节器逆变灭磁方式。事故灭磁应独立于调节器，采用跳磁场断路器并投灭磁电阻灭磁，灭磁电阻可以是线性电阻或非线性电阻或两者的组合；逆变灭磁应可靠，不发生颠覆；如果线性电阻灭磁，电阻值按 75 ℃时转子电阻的 2~3 倍选取；如果非线性电阻灭磁，可以采用氧化锌或碳化硅两者之一；大型机组宜采用冗余灭磁；磁场断路器最大断流能力不小于励磁变压器短路电流，在规定的操作电压下，磁场断路器应能可靠分合闸。

（20）转子过电压保护装置技术要求：本装置可由非线性电阻、晶闸管跨接器组成，也可由其他元件组成；本装置应可靠动作并能自动恢复；应能限制励磁绕组过电压不超过励磁绕组出厂工频耐压试验电压幅值的 70%。

（21）启励装置技术要求：启励电源可以是厂用直流或交流电源，有黑启动要求时应采用直流电源；启励装置应具有延时退出和启励失败报警功能；本装置应具有自动投切功能；直流启励时输出应装设二极管防止电流倒送。

（22）励磁专用 TV 和 TA 精度不得低于 0.5 级。

1.6.3 调速器控制系统

调速器控制系统是工程现场的通俗叫法，按行业标准定义为水轮机调节系统或者水轮机电液调节系统，在 DL/T 1548—2016 中该系统描述为“为调节水轮机导叶、轮叶、喷针、折向器的开度、位置而设置的电气组件、机械液压组件、控制机构及指示仪表的组合，一般包括电子调节器、随动系统、油压装置、分断关闭装置、快速、紧急事故停机组件等”。其作用是“根据负荷的变化不断调节水轮发电机组的有功功率输出以维持机组转速在规定范围内”。也就是控制导叶开度变化来调节机组转速以达到调节有功功率的目的，为什么把转速稳定在 50 Hz 能调节有功功率，因为发电机阻力矩不断在变化，为了稳转速需要调整水轮机动力矩来平衡，现代调速器还需要满足一次调频功能。大型电厂调速器控制系统实体一般分为电调和机调两部分。

按照《电力辅助服务管理办法》有关章节规定，一次调频是指当电力系统频率偏离目标频率时，常规机组通过调速系统的自动反应、新能源和储能等并网主体通过快速频率响应，调整有功功率减少频率偏差所提供的服务。二次调频是指并网主体通过自动功率控制技术，包括自动发电控制（AGC）、自动功率控制（APC）等，跟踪电力调度机构下达的指令，按照一定调节速率实时调整发用电功率，以满足电力系统频率、联络线功率控制要求的服务。

按供油方式分类，调速器分为通流式和压力油罐式。大型调速器采用的压力油罐式有专门的油压设备，其中油泵断续运行，维持压力油罐的压力和油位，再由压力油罐随时提供给调速器调节过程用油。压力油罐式又细分为组合式和分离式，目前大型调速器一般采用分离式。

按调节机构数目分类，调速器分为单调节器调速器和双调节器调速器。混流式和轴流定桨式水轮机用的单调节器只有一个执行机构，而用在轴流转桨式、冲击式水轮机上的双调节调速器有两个执行机构。

现代大型调速器已经普及微机调速器，机械液压型甚至模拟电气液压型调速器在大型水电厂已经被淘汰。

微机调节器、电液转换器和机械液压系统共同组成微机调速器。现代大型电厂主流微机调节器由品牌 PLC 组成，比如施耐德、西门子、贝加莱等。大型电厂一般采用双微机调节器互备模式，故障时无扰动从主机切换到备用机。也有采用三微机系统调节器，在该系统中，三套调节器同时进行控制计算，其输出送至仲裁单元。当三套调节器均正常时，采用举手表决仲裁机制，按照少数服从多数的原则决定采用哪个调节器的控制量作为输出。当有一个调节器故障时，则转变为双微机系统调节器。三机表决机制是这样的，假设 A 套调节器输入数据为 INA，B 套调节器输入数据为 INB，C 套调节器输入数据为 INC，数据允许误差 M，则有：

（1）如果 $|INA-INB|<M$ 且 $|INB-INC|<M$ 且 $|INC-INA|<M$，则三套数据均正常，数据选用 {INA，INB，INC} 中任意一个；

（2）如果 $|INA-INB|<M$ 且 $|INB-INC|>M$ 且 $|INC-INA|>M$，则 C 套数据出错，数据选用 {INA，INB} 中任意一个；

(3) 如果 |INB−INC|<M 且 |INA−INB|>M 且 |INC−INA|>M，则 A 套数据出错，数据选用 {INB，INC} 中任意一个；

(4) 如果|INC−INA|<M 且 |INA−INB|>M 且 |INB−INC|>M，则 B 套数据出错，数据选用 {INA，INC} 中任意一个；

(5) 如果 |INA−INB|>M 且|INB−INC|>M 且 |INC−INA|>M，则调速器报出三套数据越限故障，数据选用采取谁主用取谁的数据原则。

微机调速器一般具备频率控制方式、功率控制方式和开度控制方式三种。

(1) 频率控制方式：在空载、空转运行或者孤立电网时，使机组频率跟踪于频率设定值信号（中国是 50 Hz，欧美是 60 Hz）；机组并网运行时，频率通过永态转差系数和控制信号的动态特性来影响电网频率的控制。采用 PID 控制规律。频率方式时功率给定实时跟随实际功率不参与调节。孤立网模式的判据一般是断路器合状态下机组频率越约定上限或者下限，此时控制方式从开度控制方式或者功率控制方式自动转为孤立网模式，机频正常后控制方式会自动返回。大机组实际运行中，空载态和空转态是频率控制方式（空载态和空转态的区别在于是否投励磁控制，共同点是都在额定转速下），大电网事故分裂成若干区域小网并且电网频率偏离 50 Hz 较多情况下机组会进入孤立网模式，此种方式下机组的控制目标是尽量稳频率。孤立网方式本质上是频率控制但此方式的参数和频率方式参数不一样。

(2) 功率控制方式：机组并网运行中，调速器控制系统接收功率指令信号绝对值，并使功率跟踪于功率信号的控制。采用 PI 控制规律。

(3) 开度控制方式：机组并网运行中，调速器控制系统接收开度指令信号，并使开度跟踪于开度指令信号的控制。采用 PI 控制规律。

控制方式切换示意图如图 1-2 和图 1-3 所示，其中功率方式和开度方式只能选一个。

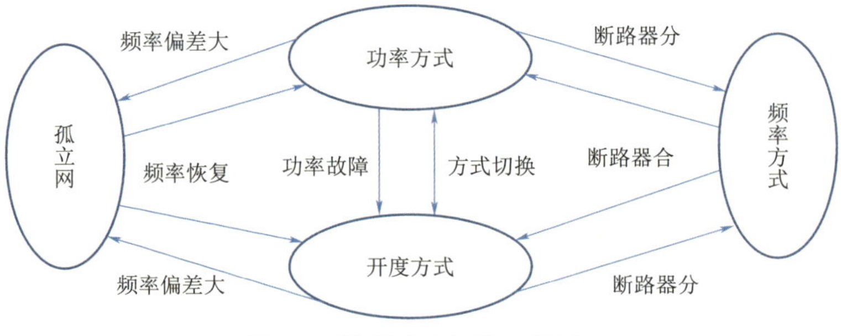

图 1-2　控制方式切换示意图 1

调速器控制系统的测速装置或者测速单元一般同时配备了齿盘测频和残压测频，运行状态时两者互为备用，开机过渡状态时因为残压可能太低（测频信号来源于机端电压互感器），故而通常采用齿盘测速或者在低转速时索性不测。各种调速器教材上的离心摆作为纯机械测速机构在大型水轮发电机已经绝迹，与此关联的引导阀同样不存在此类调速器应用。

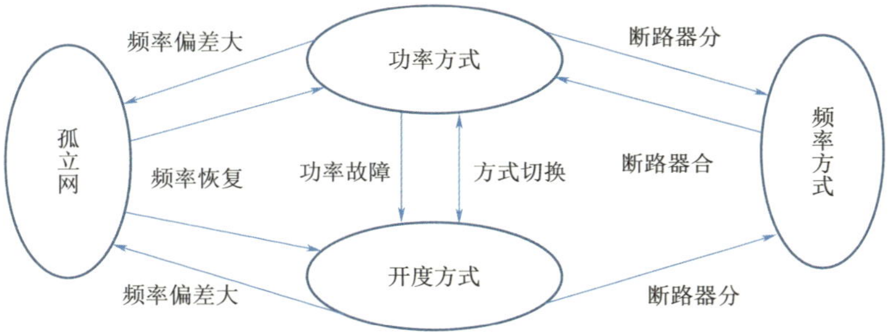

图 1-3　控制方式切换示意图 2

目前在水电站应用的有电液伺服阀驱动的电液随动系统、电液比例阀驱动的电液比例伺服系统、伺服电机驱动的电机伺服系统、步进电机驱动的步进电机伺服系统和电液数字阀驱动的数字阀伺服系统。这些是电气—位移转换部件，这些部件再通过液压机构操作导叶变化。

根据《水轮机调速器运行与维护》，在电站的运行过程中因事故突然丢弃负荷，或在较短的时间内启动机组或增加负荷在上述调节过程中，机组转速与压力水管中的水压力都将发生急剧的变化，甚至可能产生严重事故，如较大的水击压强变化使压力管道爆裂或压扁以及水轮机遭到破坏；过高的转速变化使机组强烈振动，并损害机组的强度和寿命，甚至造成机组飞逸事故等。因此，在水电站设计时必须进行机组最大转速上升和最大水压变化的计算，这在工程上称为调节保证计算，简称调保计算。

在水电站不稳定工况中，随着压力管道末端阀门（或导水叶）的突然关闭（或突然开启）。压力管道内紧邻阀门（或导水叶）的水体流速将突然减小（或突然增大），管内水压强将急剧升高（或急剧降低），水轮机尾水管中的压力也将发生相反的变化，由于水流的惯性及水体与管壁的弹性作用影响，这种压强的升高（或降低）将以压力波的形式在压力管道中往复传播，形成压强交替升降的波动，并伴有锤击的响声和振动，这种由于压力管道中水流流速的突然改变而引起管内压强急剧升高（或降低），并往复波动的水力现象称为水击（水锤）现象。简而言之，水锤现象是因为管道中水体惯性的原因，水体被突然快速关断或打开，形成局部短时间承压过大并伴随有先加剧后衰减的水压波动。水锤现象目前是不能消除、只能控制的客观存在。

改善调保参数的措施，一般有缩短压力管道的长度、采用合理的导叶启闭规律、设置调压阀（或称空放阀）、增大机组转动惯量、设置水阻器（小机组）、设置折向器（小机组）等方法。

图 1-4 是某水轮发电机组下阶跃 0. 25 Hz 试验录波曲线。各曲线从上到下依次是频差、PID、导叶给定、导叶反馈、有功功率。有功功率曲线上行前的向下豁口即为水锤（水击）现象。导叶反馈曲线稍许滞后于 PID 和导叶给定，是因为存在响应滞后时间。

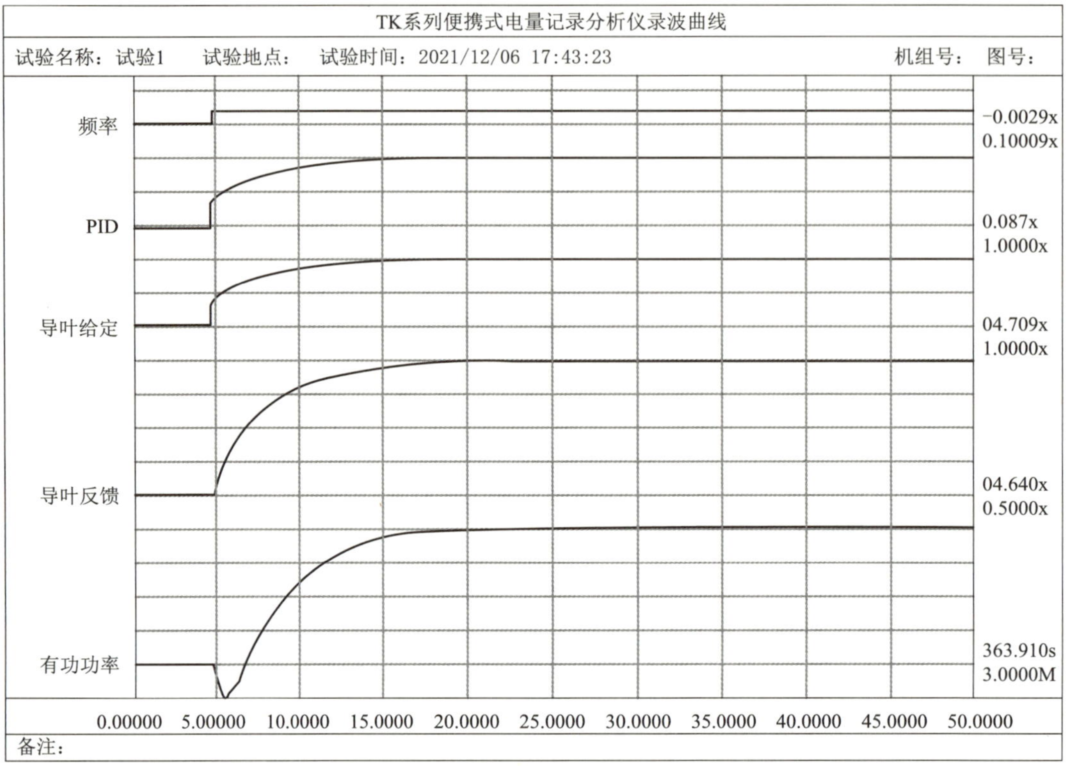

图 1-4　某水轮发电机组下阶跃 0. 25 Hz 试验录波曲线

国家和行业标准对新/改建大中型调速器系统技术要求部分技术条款摘要如下，试验技术指标见本书第 8 章第 16 节相应段落。

1）《防止电力生产事故的二十五项重点要求》方面

（1）大中型水电站应采用“失电动作”规则，在水轮发电机组的保护和控制回路电压消失时，使相关保护和控制装置能够自动动作关闭机组导水机构。

（2）调速器设置交直流两套电源装置，互为备用，故障时自动转换并发出故障信号。

2）GB/T 9652. 1—2019《水轮机调速系统技术条件》电气方面

（1）开度限制应能在零至最大值范围内任意整定。

（2）永态差值系数或调差率应能在零至 10% 范围内整定，且误差不超过设定值的 10%。

（3）接力器的开启时间和关闭时间应能在设计参数的范围内整定。

（4）应能实现机组以自动和手动方式启动、功率增减、停机、事故停机和紧急事故停机。当调速器自动部分失效时，应能手动操作、运行。

（5）带有压力油罐的调速器应装设紧急停机装置，并动作可靠。

（6）调速器应具备根据水头信号自动修正导叶启动开度、空载限制开度、最大功率限制开度等功能。

(7) 大中型调速器应设置冗余电源，当工作电源故障时，应自动切换至备用电源。电源切换时，水轮机主接力器的行程变化不得超过其全行程的±1%。

(8) 人工频率死区应能在额定频率的±2%范围内整定。

(9) 人工功率死区应能在额定功率的±5%范围内整定。

(10) 稳定运行时，当测频单元输入信号、水头信号、功率信号或接力器反馈信号等重要信号消失时，应能使机组保持当前所带的负荷，水轮机主接力器的行程变化不得超过其全行程的±1%，同时要求不影响机组的正常停机和事故停机。

(11) 应具有故障诊断和容错控制等功能，并配备有与机组 LCU 通信接口。

(12) 在稳定状态下，且被控量偏差在人工死区范围内，调速器控制模式切换、自动手动切换、主备控制器切换时，水轮机主接力器的行程变化不得超过其全行程的±1%。

(13) 手动方式下，接力器处于稳定位置时 10 min 内的位移漂移量，在离网状态，不得超过其全行程的±0.2%；在并网状态，不得超过其全行程的±0.5%。

(14) 调速器的综合漂移量折算为转速相对值，不得超过 0.5%。

(15) 控制用途的交、直流电源不得作为照明电源、动力设备电源及其他电源使用。

(16) 在测频周期为 0.04 s 前提下，频率测量分辨率应小于 0.003 Hz（建议取 0.001 Hz）。

(17) 控制柜绝缘电阻不小于 1 MΩ（温度 15~35 ℃，湿度 45%~75%环境下）。

(18) 电液转换组件应符合以下要求：静态性能方面，传递系数实际值与设计值误差应小于 5%，线性度误差小于 5%，死区及滞环小于 0.5%，重复精度小于 0.2%；动态方面，响应频宽应不小于 3 Hz，阶跃调整时间宜为 10~25 ms；稳定状态下，当电液转换组件的控制信号消失时，接力器行程变化不得超过全行程的±1%，或使接力器向关机侧移动。

(19) 所有指示仪表的精度不低于 2.5 级。

3) DL/T 1548—2016《水轮机调节系统设计与应用导则》电气方面

(1) 用于频率测量的系统及机端电压互感器二次绕组宜与所有电路进行电流隔离，该二次绕组线圈宜单独用于水轮机调节系统的调节与控制。

(2) 导叶接力器开启、关闭整定时间，应略大于调节保证计算设计的水轮机导叶的最短接力器开启时间 T_g/关闭时间 T_f。

(3) 频率整定全部范围（0~100%）时间：20~100 s。

(4) 功率（开度）整定全部范围（0~100%）时间：10~80 s。

(5) 导叶开度限制全部范围（0~100%）时间：10~80 s。

(6) 空载运行时，具备机频自动跟踪网频或频率给定值功能。

(7) 具备一次调频功能。

(8) 应具备自动识别工作状态、自动改变工作模式、调整相应参数的功能。

(9) 应具有与监控系统现地控制单元通信的功能。

(10) 应能根据水头信号自动修正导叶启动开度、空载限制开度、最大功率限制开度。

（11）调节参数、人工死区、永态转差系数及随动系统参数等，应在人机界面上可查询和调整。

（12）应具有下列在线故障诊断功能：机频和网频信号的在线监测、诊断和处理；导叶位置反馈信号的在线监测、诊断和处理。水头、有功信号的监测、诊断和处理；电液转换组件的监测、故障诊断和处理；电液随动系统的故障诊断和处理；微机主要模块的故障检测和处理。

（13）宜具备冗余及容错控制功能：建议对于大中型机组应具备。双微机系统冗余；双电液转换组件冗余；双位移传感器冗余；残压测频和齿盘测速冗余双电源冗余。

（14）宜具备历史信息查询功能。

（15）宜具备状态量监视及记录功能，包括开停机令、频率增/减令、并网令、负荷增/减令、一次调频动作状态、频率、机组有功、接力器位移等。

（16）对于有人值班的电厂，当工作电源完全消失时，接力器行程应保持当前位置不变；当电源恢复时，接力器位移波动不得超过 2%。对于无人值班电站，当工作电源完全消失时，调节系统可采取关机保护的原则。

（17）调节器宜采用不低于 16 位的工业级中央处理器的控制器作为硬件平台。

（18）调节器的硬件配置，应保证测量与调节精度、调节的实时性及系统的可靠性，应能适应水电厂现场电磁干扰的工作环境。

（19）微机调节器的硬件结构可采用双微机系统或三微机系统冗余结构。

（20）外部总供电应采用交流电源与直流电源双重供电的方式。

（21）在±10% 额定转速范围内，测频单元响应时间宜不大于 40 ms，响应延滞时间宜不大于 25 ms。

（22）机组测频宜采用残压测频和齿盘测频互为冗余的方式（建议为“应采用”）。

（23）电网频率测量信号应采用残压测频方式，测频信号取自系统测电压互感器。

（24）模拟量输入输出环节要求：信号转换时间应不大于 10 ms；转换分辨率应不小于 12 位；应具备和外部信号的电气隔离；模拟量电流型输入阻抗小于或等于 500 Ω；模拟量电压型输入阻抗大于或等于 5 kΩ；模拟量电流型输出负载能力小于或等于 500 Ω；模拟量电压型输出负载能力大于或等于 500 Ω。

（25）开关量输入输出环节要求：开关量输入信号应与控制器内部隔离，并能抑制外部干扰；开关量输入反应时间为 1~10 ms，并具有通、断状态指示；开关量输出信号应具有隔离及功率放大特性，并具有过载保护和内部保护回路；应采用无源触点输出，且具有通、断状态指示。

（26）放大、驱动环节如果与电气−机械液压转换组件分置，则两者之间的距离应不大于 60 m。

（27）当油泵电机功率大于 37 kW 时宜采用软启动方式。

（28）油泵运行方式宜设计为自动轮换启动的工作方式。

（29）宜设置油泵电机的最大运行时间，超过最大运行时间应停泵并报警。

（30）油压装置控制柜的电气防护等级应不低于 IP41。

4）GB/T 9652.1—2019《水轮机调速系统技术条件》机械方面

（1）管道安装、焊接、清理与检查应符合 GB/T 8561—2001、GB/T 25133—2010 的规定。

（2）机组惯性时间常数对反击式机组不小于 3 s（DL/T 1548—2016 为 4 s）。

（3）油质应符合 GB 11120—2011 中 32 号～68 号涡轮机油、抗磨液压油或黏度相近的同类型油的规定。油液的清洁度等级应不低于 GB/T 14039—2002 第 21/18/15 等级。

（4）在规定油温及额定油压下调速器的漏油量及静耗油量应满足设计要求。

（5）在调节参数、指令信号及输入信号不变的条件下，油压在正常工作范围内变化时，所引起的主接力器位置漂移量不得超过全行程的±0.5%。

（6）油压装置应设置不少于 2 台油泵，每台油泵的输油量足以补充漏油量，并有至少 2 倍的安全系数。每台油泵的每分钟输油量不小于接力器总容量的 0.5 倍。

（7）供油及操作油管路的油液流速宜不大于 5 m/s，回油管路的油液流速应不大于 4 m/s，吸油管路的油液流速应不大于 1.2 m/s。

（8）设有自动补气装置的油压装置应设置空气安全阀，其动作值为工作油压上限的 114%。

压力罐的设计、制造、焊接和检查，应符合 GB/T 150.1—2021、GB/T 150.2—2024 的规定。

5）DL/T 1548—2016《水轮机调节系统设计与应用导则》机械方面

（1）通过主配压阀及连接管道的最大压力降宜不超过额定油压值的 20%～30%。

（2）事故低油压条件下关闭导叶接力器的时间，最小不低于调节保证计算的最短接力器关闭时间 T_f，最大不超过 50 s。

（3）手动换向阀、行程换向阀最大压力损失应不大于 0.5 MPa。

（4）电磁换向阀最大压力损失应不大于 1 MPa，换向与复位时间不超过 50～200 ms。

（5）对于先导控制油路，滤油器的绝对过滤精度应不大于 25μm；对于主油路，绝对过滤精度应不大于 100 μm。

（6）自事故配压阀动作起到主接力器开始动作的延时不大于 0.5 s；事故配压阀最低切换压力不大于 1.7 MPa。

（7）机械过速保护装置动作起到接力器开始动作的延时应不超过 2 s。

（8）管道弯曲角度应不小于 90°，最小曲率半径宜大于 3 倍管道外径。

（9）应防止空气混入系统，油的空气含量不得超过 3%。

（10）压力容器的油压和油位均在正常工作范围内时，关闭所有阀门，8 h 后油压下降不得大于额定油压的 4%。

1.7 辅机系统

1.7.1 油系统

水电厂机电设备使用的油品分为润滑油和绝缘油两大类。润滑油包括机组轴承润滑及调速器和进水口闸门操作用的透平油；电动机、水泵轴承和起重机润滑使用的机械油；空气压缩机使用的压缩机油及滚动轴承使用的黄油等。绝缘油包括变压器及电流、电压互感器使用的变压器油；高压电缆绝缘用的电缆油；油开关用的开关油等。其中用量最大的为透平油和变压器油（又称绝缘油）。这两种油性质和用途均不同，为便于运行管理，应按两个独立系统分别设置。

油系统是用管网将用油设备与贮油设备、油处理设备连接起来的一个油务系统。油系统由油库、油处理室、油化验室、油再生设备、管网和测量及控制元件组成。

某电厂的油系统分为透平油系统和绝缘油系统：

1）透平油系统

透平油系统主要给机组推力轴承油槽、上导轴承油槽、下导轴承油槽、水导轴承油槽和调速器油压装置供油。一台机组（含油压装置）总用油量为 35 m^3。为保障地下厂房安全和机组检修时的快速排油要求，透平油系统分设厂内、厂外两部分。

厂内部分设有油罐室和油处理室，油罐室设有 V=18 m^3 的中间油罐各 2 只，油处理室内配置有 2CY-12/0.6-1 型齿轮油泵 2 台，ZJCQ-6 型透平油过滤机 1 台，JYG-100 精密滤油机 1 台，0.5 m^3 移动式油槽车 1 台。

厂外部分设在 315 m 高程变电站端部的 6 号施工支洞内，设有 V=20 m^3 的运行油罐和净油罐各 2 只，油处理室内配置有 2CY-12/0.6-1 型齿轮油泵 2 台，ZJCQ-6 型透平油过滤机 1 台，JYG-100 精密滤油机 1 台。

厂内部分透平油系统主要供机组检修时快速排油使用，也可进行油处理；厂外部分透平油系统主要作用是对新油、运行油进行处理并储存处理后的合格油。合格油可由油槽车运至地下主厂房安装场通过管路系统注入机组各油槽和回油箱。

2）绝缘油系统

绝缘油系统为主变压器提供用油。1 台水轮发电机组配置 3 台单相变压器，1 台单相变压器的用油量为 29 t。油罐容积按不小于 2 台单相变压器用油量的 110% 考虑，设置 V=40 m^3 运行油罐和净油罐各 2 只。绝缘油油罐区和油处理室均设在 315 m 高程变电站端部。油处理室内配置 2CY-12/0.6-1 型齿轮油泵 3 台，生产率为 6 m^3/h 的真空滤油机、高真空滤油机和精密过滤机各 1 台。

1.7.2 水系统

供水系统包括技术供水和消防用水。技术供水主要向水轮发电机组及其辅助设备供应冷却用水、润滑用水，有时也包括水压操作主阀等其他机构。技术供水的主要供水对象有发电机空气冷却器、各部轴承油冷却器、水轮机主轴密封、深井泵轴承，可能还有水冷变压器、水冷空压机以及水压操作的主阀和射流泵等独立设备。技术供水常用的供水方式有自流供水、水泵供水、射流泵供水、混合供水等。具体采用何种方式主要取决于水头及经济效益，水头在 15~80 m 范围内，一般采取从上游取水的自流供水方式；水头小于 12 m 时，如果采用自流供水则水压太低，水头高于 80 m 时自流供水不经济，此时通常采用水泵供水方式；水头高于 100 m 时，宜采用射流泵供水，或者水泵或顶盖供水。为了达到冷却器的冷却效果，冷却器需要一定的进口水压，以保证所需要的水量。表 1–6 为国内发电机空冷工作压力汇总表。

表 1–6　国内发电机空冷工作压力汇总表

厂　名	工作水压（MPa）	试验水压（MPa）	允许最大强度压力（MPa）	内部水压降（mH_2O）
哈尔滨电机厂	0. 2~0. 6	0. 4~0. 9		3
东方电机厂	一般≤0. 3 少数 0. 4~0. 6	0. 6 <1		≤5
天津发电设备厂	一般 0. 15~0. 2 少数 0. 2~0. 6	0. 4~0. 5 0. 9	0. 26 0. 6	1~2. 7
杭州发电设备厂	0. 15~0. 2	0. 4	0. 5	
富春江水工机械厂	0. 2 0. 6	0. 4 1. 2	0. 3 0. 7	
零陵水电设备厂	0. 15~0. 25			

水电厂技术供水系统的水泵，常用的有离心泵、深井泵和射流泵。依据 NB/T 10792—2021《水电站技术供水系统规范》，水泵设备的最小工作流量不少于总用水量的 107%~110%。供水管内的经济流速宜在 1. 0~3. 0 m/s 范围内选用。当有防止水生物要求或防泥沙淤积时，可适当加大流速 3~7 m/s。供水总管宜采取明敷方式布置，明敷管路应力求整齐美观。有条件应将管路设在管沟内或专设的管路廊道内。管沟的宽度和深度应满足检修需要，管路与沟底的净距不宜小于 300 mm。

厂内排水系统一般分为检修排水系统和渗漏排水系统两大部分。对于大型电厂应分开布置。

检修排水系统用来当机组水下部分或厂房水工建筑物水下部分检修时，必须将低于下游尾水位的压力引水管道中的积水、蜗壳积水和尾水管的积水排抽干净，同时还要考虑抽排上下游闸门因密封不严密而产生的漏水等。

厂房渗漏排水包括厂内水工建筑物的渗水、机组主轴密封与顶盖漏水、压力钢管伸缩节漏水及各供排水阀和管件的渗漏水、气水分离器及储气罐的排水、管道冷凝水、低洼坑积水和生活污水等。渗漏集水井一般设置于水电站的最低位置处。渗漏排水泵宜选用深井泵、射流泵或潜水泵，有条件时也可选用离心泵。水泵排水时间宜取 20~30 min。工作泵的台数应按排水量确定。除工作泵外，至少应设置 1 台备用泵，其流量宜与工作泵相等。

某电厂水系统包括机组技术供水系统、机组检修排水系统、厂房渗漏排水系统、厂外排水系统组成。

1）机组技术供水系统

每台机组的技术供水系统设 2 面控制柜，布置在相应机组段技术供水设备附近。每面控制柜控制对象包括 1 台离心泵、1 台全自动滤水器、2 台带控制箱的电动阀以及相关的压力变送器。机组主轴密封水电磁阀的控制由 1 号控制柜实现。

控制柜设有 1 个远方/现地切换开关，当现地/远方切换开关置于“现地”位置时，通过按钮实现泵、电动阀和密封水电磁阀的开启和关闭。当现地/远方切换开关置于“远方”位置时，接受机组 LCU 的远方开/停命令（空接点），实现远方开/停泵、电动阀以及电磁阀功能。滤水器为全自动滤水器，远方不进行控制。所有设备的故障和状态信号均通过控制柜上送计算机监控系统机组 LCU。

2）机组检修排水系统

机组检修排水系统主要包括 4 台 500RJC1250－30 型深井水泵，设备布置在主厂房高程 195. 10 m 水轮机层的排水泵房内。检修集水井平面尺寸为 3. 4 m×9. 5 m（长×宽），分 2 个集水井布置，隔墙厚 0. 9 m，底板厚 1. 7 m。

机组检修排水采用间接排水方式，水轮机尾水管积水经排水廊道排至集水井，再由水泵排至厂外。1 台机组检修初期水轮机流道需排空的水容积约为 34 500 m^3，上、下游闸门及盘型阀漏水量约为 610 m^3/h。检修集水井井底高程为 162. 7 m，排水管出口高程约为 241. 0 m。设置 4 台深井泵，主要参数为：额定流量 1250 m^3/h，额定扬程 90 m。机组检修初期，1 台水轮机流道积水排空时间约为 8 h。检修过程中，排上、下游闸门及盘型阀漏水时 1 台水泵断续工作即可，水泵的连续工作时间 0. 48 h，停泵时间 0. 5 h。深井泵的启停根据集水井中浮球开关整定的水位自动控制。

3）厂房渗漏排水系统

厂房渗漏排水系统选用 3 台 400RJC450-30 立式深井水泵，厂房渗漏排水系统设备布置在主厂房高程 195. 10 m 水轮机层的排水泵房内。渗漏集水井平面尺寸为 3. 4 m×5. 5 m（长×宽），底板厚 1. 7 m。

厂内渗漏水主要来自厂房建筑物渗漏水、水轮机顶盖排水、空压机室排水以及供水阀门、排水阀门、管件的漏水等。厂房总渗漏排水量为 240 m^3/h，渗漏集水井井底高程为 162. 7 m，排水管出口高程约为 241. 0 m，集水井有效容积 150 m^3。考虑地下厂房渗漏水量的不确定性，为确保厂房安全，设置 3 台深井泵，1 台工作，2 台备用。水泵主要参数为：额定流量 450 m^3/h，额定扬程 90 m。一般情况下，1 台泵断续工作即可，水泵的连续工作时间 0. 76 h，停泵时间 0. 67 h。深井泵的启停根据集水井中浮球开关整定的水位自动控制。

4）厂外排水系统

厂外排水系统用于排放大坝及山体的渗漏排水，第三层 3 台潜水排污泵及管路布置在 176.5 m 高程；第二层 4 台潜水排污泵及管路布置在 209.01 m 高程；第一层排水管路布置在 242.01 m 高程的排水廊道。渗漏水集中到第三层及第二层的集水井后经潜水排污泵排到第一层排水廊道，经排水廊道自流到尾水。

第二层 4 台水泵规格型号：$Q=260\ m^3/h$，$H=45\ m$。

第三层 3 台水泵规格型号：$Q=200\ m^3/h$，$H=75\ m$。

1.7.3 气系统

水电厂的气系统有如下用途：调速器油压装置充气；机组停机时制动用气；检修密封围带充气；检修维护时风动工具及吹污清扫用气；发电机封闭母线微正压用气；水轮机强迫补气用气；机组做调相运行时转轮室充气压水及补气；配电装置和发电机空气断路器用气；在寒冷地区闸门、拦污栅等处防冻吹水用气。压缩空气系统按照其最高工作压力，划分为高压、中压和低压 3 个压力范围：10 MPa 以上为高压；1.0～10 MPa 为中压；1.0 MPa 以下为低压。压缩空气系统由空气压缩机和贮气罐及附属设备（有时统称空气压缩装置）、供气管网、测量及控制元件和用气设备 4 部分组成。在一个压缩空气系统中，至少应设 2 台空气压缩机，其中 1 台备用，但对机组压水调相和检修用压缩空气系统，不宜设备用空气压缩机。常用空压机为往复式、回转式和离心式。

某电厂厂内压缩空气系统分为中压压缩空气系统、低压压缩空气系统、微正压气系统三部分。

1）中压压缩空气系统

中压气系统用于对发电机调速系统油压装置供气。由 2 台压力等级为 8 MPa、排气量为 0.9 m^3/min 的活塞式空压机、2 台 UMEC-10 型空气干燥机和 2 个储气量为 3.0 m^3 的储气罐构成。设备布置在高程 195.10 m 水轮机层的空压机室内。

中压气系统有 2 台中压空压机，每台空压机厂家配套有单机控制箱。另设有 1 面联控柜，能通过单机控制箱实现 2 台空压机的联合控制。联控柜设置“单机/联控方式”切换开关。当切换开关置于“联控方式”时，2 台空压机联合运行，其中 1 台空压机作为工作机，而另外 1 台空压机作为备用机，联控柜根据管网压力开关自动启/停工作机和备用机，2 台空压机能自动轮换作为工作机运行。当切换开关置于“单控位置”时，能通过联控柜上启、停按钮对各空压机进行启、停操作。联控设备还能接受计算机监控系统 LCU7 命令（无源节点方式，不经过 PLC），对各空压机直接进行启、停操作。各空压机状态和故障信号通过无源接点送至 LCU7。

2）低压压缩空气系统

低压气系统主要供给机组机械制动用气、检修密封用气、工业用气，选用 3 台压力等级为 0.8 MPa、排气量为 3 m^3/min 的螺杆式空压机。机械制动用气选用 2 个压力等级为

0.8 MPa、储气量为 4 m^3 的储气罐，工业用气选用 1 个压力等级为 0.8 MPa、储气量为 2 m^3 的储气罐。

低压气系统有 3 台低压空压机，每台空压机自带随机控制器，随机控制器与空压机为一整体。另设有 1 面联控柜，能通过随机控制器实现 3 台空压机的联合控制。联控柜设置“单机/联控方式”切换开关。当切换开关置于联控方式时，3 台空压机联合运行，其中 2 台空压机作工作机，而另外 1 台空压机作为备用机，联控柜根据管网压力开关自动启/停工作机和备用机，3 台空压机能自动轮换作为工作机运行。当切换开关置于“单控位置”时，能通过联控柜上启、停按钮对各空压机进行启、停操作。联控设备还能接受计算机监控系统 LCU7 命令（无源节点方式，不经过 PLC），对各空压机直接进行启停操作。各空压机状态和故障信号通过无源接点送至 LCU7。

3）微正压气系统

发电机封闭母线微正压系统选用 3 台压力等级为 1.2 MPa、排气量为 4.4 m^3/min 的螺杆式空压机，3 个储气量为 5.0 m^3 的储气罐，2 台生产率为 12.0 m^3/min 的空气干燥机，2 个生产率为 7.0 m^3/min 的空气过滤器。

发电机封闭母线微正压系统有 3 台低压空压机，每台空压机自带随机控制器，随机控制器与空压机为一整体。另设有 1 面联控柜，能通过随机控制器实现 3 台空压机的联合控制。联控柜设置“单机/联控方式”切换开关。当切换开关置于“联控方式”时，3 台中压空压机联合运行，其中 2 台空压机作为工作机，而另外 1 台空压机作为备用机，联控柜根据管网压力开关自动启/停工作机和备用机，3 台空压机能自动轮换作为工作机运行。当切换开关置于“单控位置”时，能通过联控柜上启停按钮对各空压机进行启停操作。联控设备还能接受计算机监控系统 LCU7 命令（无源节点方式，不经过 PLC），对各空压机直接进行启停操作。各空压机状态和故障信号通过无源接点送至 LCU7。

1.8 继电保护系统和安全自动装置

继电保护系统的主要作用是：当发电机、电力变压器以及其他电气一次设备发生故障时能快速将故障部分与电网断开，缩小故障范围。以及当电气设备的工作发生异常状态时，发出告警信号，方便运维人员及时采取措施。继电保护系统要满足选择性、快速性、灵敏性和可靠性四个基本要求。

根据保护对被保护元件所起的作用，继电保护可分为主保护、后备保护和辅助保护。主保护是指满足系统稳定及设备安全要求，有选择地切除被保护设备和全线路故障的保护。例如，发电机和变压器的差动保护。后备保护是指主保护或断路器拒动时，用以切除故障的保护。后备保护又分为远后备保护和近后备保护两种方式，远后备保护为主保护或断路器拒动时，由相邻电力设备或线路的保护实现后备。近后备保护是指拒动时，由本元件的同一安装处的另一套保护实现后备跳闸，比如当断路器拒动作时，由断路器失灵保护实现后备。辅助保护是为补充主保护和后备保护的不足而增设的简单保护，例如，用电流速断保护来加速切除故障或消除方向元件的死区等。

某电厂的继电保护系统从大类分为发变组保护和开关站保护两部分，另有故障录波装置和故障信息处理系统、备自投装置及 10 kV 开关柜保护等。

1.8.1　发变组保护

该电厂采用发电机和变压器组的单元接线方式接入 500 kV 系统，每台机组需要保护的电气设备有发电机、主变压器、厂用变压器和励磁变压器。1 号和 4 号发电机机端不设断路器，2 号和 3 号发电机机端各设 1 台出口断路器。

两种接线发电机（设 GCB 或不设 GCB）配置基本相同的保护（设 GCB 机组配有失灵保护），但解列对象不同：对于发电机主保护如发电机纵差、发电机不完全纵差、不完全裂相横差、定子一点接地保护、失磁保护等，2 号、3 号机解列对象为发电机断路器（GCB），1 号、4 号机保护解列对象为主变压器高压侧断路器。

每台发变组（含高压厂用变压器和励磁变压器）按双重化原则配置保护，共设 3 块保护盘。每块盘配置完整的主保护及后备保护，能反映被保护设备的各种电气故障及异常状态。

发变组保护具体配置如下：

1）第一块盘上的保护配置及要求

（1）发电机纵差保护（87G-A）：采集发电机机端和中性点侧每相电流，它能反映发电机定子绕组各种相间（包括机端相间）短路故障。该保护动作后作用于解列、停机、跳灭磁开关并启动消防控制系统。

（2）发电机不完全纵差保护（87GSP-A）：保护采集发电机端全电流和发电机中性点侧第 3 分支电流，反映发电机内部匝间短路、相间短路及分支断线故障。该保护动作后作用于解列、停机、跳灭磁开关并启动消防控制系统。

（3）不完全裂相横差保护（87GUP-A）：保护采集发电机中性点侧每相二组，即 1、2 分支和 4、5 分支的电流，能反映发电机定子相间短路故障、定子匝间短路故障及分支断线故障。该保护动作后作用于解列、停机、跳灭磁开关并启动消防控制系统。

（4）定子一点接地保护（64G-A）：本保护应能适用于一次设备给定的参数且仍有较高的灵敏度。保护采用外部注入 20 Hz 低频交流电源原理，可以探测包括发电机中性点在内的定子绕组的全部接地故障。本保护功能完全不受发电机运行工况的影响，即使在发电机停机时依然有效。该保护动作后作用于解列、停机、跳灭磁开关。

（5）定子过电压保护（59G-A）：保护反映定子绕组的异常过电压，动作后延时作用于解列、灭磁。

（6）定子过负荷保护（51G-A）：整个特性应由信号段、反时限段、速断段等三部分组成，它们应能分别整定。信号段带时限动作于发信号；反时限段、速断段动作于解列。

（7）负序电流保护（46G-A）：保护引入中性点 TA 三相电流，检测由于发电机不对称负荷、非全相运行及外部不对称短路产生的负序电流，保护由定时限和反时限两部分组成。

定时限部分动作电流按躲过发电机长期允许的负序电流值，和按躲过最大负荷下负序电流滤过器的不平衡电流值整定，带时限动作于信号。

反时限部分整个特性应由信号段、反时限段、速断段三部分组成。能根据发电机承受负序电流的能力反映电流变化时发电机转子的热积累过程，动作于解列。

（8）失磁保护（40G-A）：本保护采用异步阻抗圆原理。当保护机端测量阻抗落入异步阻抗圆内时，保护动作。为避免保护在系统振荡等情况下误动作，还要引入励磁电流作为辅助判据。本保护动作后延时解列。

（9）失步保护（78G-A）：在短路故障、系统稳定振荡等情况下，保护不应误动。当振荡中心在发变组内部、失步运行时间超过整定值或电流振荡次数超过规定值时，保护动作于解列。当电流过大影响断路器跳闸安全时应闭锁出口。

（10）发电机后备保护（11G-A）：采用带电流记忆的低压过流保护作为发电机外部相间短路故障和发电机主保护的后备。本保护分两段，第一段短时限动作于解列，第二段较长时限动作于停机。本保护对应的两段定值应能分别整定。

（11）发变组过励磁保护（24G-A）：作为反映电压升高和频率降低引起发电机和主变压器过励磁故障的保护，包括定时限和反时限两部分。定时限分两段，第一段大定值以较短时限动作于解列、跳灭磁开关，第二段小定值以较长时限动作于降低励磁电流；

反时限部分的整个特性应由信号段、反时限段、速断段等三部分组成。它们应能分别整定，其返回系数不低于 0.95。反时限段、速断段动作于解列、跳灭磁开关。

（12）励磁绕组一点接地保护（64E-A）：保护采用外部叠加 1~3 Hz 方波电源，通过高阻值电阻对称耦合到励磁回路，同时通过低阻值测量串联电阻连接到接地电刷，测量转子回路的接地电流，应能有效测量接地电阻的大小。本保护采用外部注入低频方波，要求能有效消除转子对地电容的影响。保护应具有两段定值：第一段发信报警，第二段延时跳闸。

（13）主变压器纵差保护（87T-A）：作为反映主变压器内部、引出线和套管相间故障和高压侧接地故障的主保护。该保护动作后作用于解列、停机、跳灭磁开关并启动消防控制系统。

（14）主变压器零序电流保护（51TN-A）：保护检测 500 kV 系统发生接地故障时，在主变压器中性线上的过电流，保护延时动作于解列。

（15）励磁绕组过负荷保护（51E-A）：保护采集励磁变压器低压侧单相电流，能反映励磁交流回路电流。保护由定时限和反时限两部分组成。定时限分两段，第一段大定值以较短时限动作于解列、跳灭磁开关，第二段小定值以较长时限动作于降低励磁电流；反时限部分的整个特性应由信号段、反时限段、速断段等三部分组成，它们应能分别整定，其返回系数不低于 0.97。反时限段、速断段动作于解列、跳灭磁开关。

（16）逆功率保护（32–A）：当导叶误关闭而机端断路器或主变压器高压侧断路器未跳闸时，发电机将变为电动机运行，从系统中吸收有功功率，会引起机组异常振动而损坏，故设此保护。保护按吸收系统有功定值整定，设两段时限，第一段作用于信号，第二段作用于解列。

（17）机组误上电保护（97–A）：为防止发电机在停机、盘车或启动升速但磁场开关未合闸时，发生机端断路器或主变压器高压侧断路器误合闸而使同步发电机处于异步启动工况，造成转子过热而损坏，故设此保护。本保护在发电机并网后自动退出运行，解列后自动投入运行。保护动作于解列。

（18）主变压器冷却器故障保护（54T–A）：当冷却器电源消失、冷却器全停时，保护延时动作于解列。

（19）厂用变压器保护（测量取自厂用变压器高压侧电流）。

①速断（50ST–A）：瞬时动作于解列、停机、跳灭磁开关。

②过电流保护（51ST–A）：作为厂用变压器高压侧电流速断保护的后备，延时动作于解列、停机、跳灭磁开关。

③过负荷保护（51STL–A）：延时动作于发信号。

（20）励磁变压器保护（测量取自励磁变压器高压侧电流）。

①速断（50ET–A）：瞬时动作于解列、停机、跳灭磁开关并启动消防控制系统。

②过电流保护（51ET–A）：作为励磁变压器高压侧电流速断保护的后备，延时动作于解列、停机、跳灭磁开关。

③过负荷保护（51ETL–A）：延时动作于发信号。

（21）发电机出口断路器失灵保护（50QF–A）：对于 2 号、3 号机发变组还应配置发电机路器位置（相电流元件应有足够的灵敏度，其动作及返回时间均不大于 20 ms），用发电机出口侧复合电压元件进行闭锁。

失灵保护启动后，瞬时重跳本断路器一次；如不成功，则延时跳开与该断路器有电气联系的其他所有断路器。

2）第二块盘上的保护配置及要求

为了实现机组保护的双重化，下列保护与第一块盘上的保护原理完全相同：

（1）发电机纵差保护（87G–B）；

（2）发电机不完全纵差保护（87GSP–B）；

（3）不完全裂相横差保护（87GUP–B）；

（4）定子过电压保护（59G–B）；

（5）定子过负荷保护（51G–B）；

（6）负序电流保护（46G–B）；

（7）发电机后备保护（11G–B）；

（8）发变组过励磁保护（24G–B）；

（9）励磁绕组一点接地保护（64E–B）：为避免两套转子接地保护之间的相互影响，正常运行时只投入 1 套，在运行的 1 套因故退出时，应可手动将备用的 1 套简便投入运行。

（10）主变压器零序电流保护（51TN–B）；

（11）逆功率保护（32–B）；

（12）机组误上电保护（97–B）；

（13）厂用变压器过电流保护（51ST–B）；

（14）厂用变压器过负荷保护（51STL–B）；

（15）励磁变压器过流保护（51ET–B）；

（16）励磁变压器过负荷保护（51ETL–B）；

（17）失磁保护（40G–B）；

（18）主变压器纵差保护（87T–B）；

（19）定子一点接地保护（64G–B）：采用基波加三次谐波原理；

（20）失步保护（78G–B）；

（21）励磁绕组过负荷保护（51E–B）；

（22）厂用变压器纵差保护（87ST–B）：作为反映厂用变压器内部、引出线相间故障的主保护。该保护动作后作用于解列、停机、跳灭磁开关并启动消防控制系统；

（23）励磁变压器纵差保护（87ET–B）：作为反映励磁变压器内部、引出线相间故障的主保护。该保护动作后作用于解列、停机、跳灭磁开关并启动消防控制系统。

2 块电气量保护盘内的保护机箱均采用 GPS 脉冲对时，GPS 脉冲信号来自机组 LCU。

3）第三块保护盘设置以下非电量保护

（1）主变压器重瓦斯保护（80TH–C）：保护接受来自主变压器本体的瓦斯继电器动作信号，并启动出口继电器作用于解列、停机、跳灭磁开关并启动消防控制系统。

（2）主变压器轻瓦斯保护（80TL–C）：作为反映主变压器壳内故障产生轻微瓦斯的保护，保护动作于发信号。

（3）主变压器温升保护（49T–C）：变压器投入运行时，立即发启动变压器冷却器的控制信号；温度升高时自动投备用冷却器；温升过高，动作于解列、停机、跳灭磁开关。

（4）主变压器压力释放保护（63T–C）：作为反映主变压器内部故障引起油箱压力过高的保护，保护动作于解列。

（5）主变压器速动油压保护（47T–C）：主变压器内部短路引起绕组温度急剧升高导致本保护动作，初步确定动作于解列并发信号报警，若主管部门认为不必动作于解列，则将压板退出。

（6）主变压器油位异常保护（48T–C）：变压器油位过高或过低，都将发信号报警。

（7）主变压器冷却器全停保护（54T）：检测到主变压器冷却器停止工作且主变压器仍带负荷运行及温升报警动作的情况下，保护延时动作于解列、停机、跳灭磁开关。

（8）厂用变压器保护（49ST-C）：厂用变压器投入运行时，立即发启动厂用变压器冷却器的控制信号；厂用变压器温度升高时，自动投备用冷却器；温度过高时动作于解列、停机、跳灭磁开关。

（9）励磁变压器温升保护（49ET-C）：励磁变压器投入运行时，立即发启动励磁变压器冷却器的控制信号；励磁变压器温度升高时，自动投备用冷却器；温度过高时，动作于解列、停机、跳灭磁开关。

由于主变压器为分相变压器，为区分故障所在的具体变压器，除了主变压器冷却器全停保护、主变压器轻瓦斯是三相共用一个信号继电器外，其他主变压器非电量事故或故障信号均按相配置。

1.8.2　500 kV 开关站保护

开关站保护分为断路器保护、母线保护和线路保护三个部分。

1）断路器保护

500 kV 开关站采用单母线分段接线型式，为节省投资，仅在 4 台主变压器的高压侧装设断路器，母联回路及 2 回出线均不设断路器，代之以隔离开关，以满足设备检修时电气隔离的要求。保护盘功能配置：

（1）每个断路器设置 1 块断路器保护盘，内部主要配置 PRS-721A 断路器失灵保护、自动重合闸装置以及分相操作箱。由于 ABB 提供的 GIS 配有较为完善的断路器操作回路，本柜的分相操作箱主要用于断路器位置接点的重复。

（2）PRS-721A 具有综合重合闸装置、断路器失灵保护、三相不一致保护等功能。综合重合闸装置经选择开关可分别实现综合重合闸、单相重合闸、三相重合闸及重合闸停用。为适应各种运行方式，本装置应满足如下要求：

①重合闸有两种启动方式：一是由线路保护跳闸启动；二是由断路器位置不对应启动。

②三相重合闸时，可根据实际运行状况自动检查同期合闸或检查无压合闸。

③在重合失败后，应有接点输出以闭锁另一断路器的重合闸启动回路，同时应提供足够的接点，加速启动线路后备保护以切除故障线路。

④机组保护动作、母线差动保护动作、三相不一致动作、失灵保护延时跳闸、手动跳闸、手动合闸、断路器操作压力降低时，均应闭锁重合闸。

⑤当重合闸装置故障或直流电源消失、重合闸整定为“停用”或“三相重合闸”位置以及重合闸未充好电时，重合闸装置应发沟通三跳信号，使断路器具备三跳的条件。

⑥由于 1 号、2 号机之间及 3 号、4 号机之间均为联合单元接线，在出现故障启动重合闸时，应有选择开关可任意指定其中一台为先重合，在先重合成功后，另一台经 Δt 再

发重合指令；若指定先重合的断路器退出运行，则后重合的断路器无须经过前述的 Δt 延时发重合命令；在选择开关被置于“退出”时，则由各重合闸装置内部的控制字决定两个断路器的重合顺序。

⑦断路器失灵保护由故障元件电气量保护接点启动，用三个相电流元件判别断路器位置（相电流元件应有足够的灵敏度，保证在线路末端短路时能可靠动作，其动作及返回时间均不大于 20 ms），用负序或零序电流元件进行闭锁。

失灵保护启动后，瞬时重跳本断路器一次；如不成功，则延时动作于与该断路器在同一母线的另一个断路器的 2 个跳闸线圈、发远跳令，并动作于所在母线相连机组的停机；对接于另一段母线的断路器，则通过启动本段母线的两套保护，由这两套母线保护视母联跨条的连接情况，自动实现有关断路器或机组的联切。

⑧断路器三相不一致保护。由断路器分相位置接点启动，能快速返回的负序或零序电流元件闭锁，启动独立的时间元件以延时跳本断路器并发信号。在故障继续存在的情况下启动断路器失灵保护。

2）母线保护

500 kV 开关站的 2 段单母线各配置两套母线保护。2 段母线的第一套保护均为深圳南瑞科技有限公司生产的 BP-2B 型保护装置，2 段母线的第二套保护均为国电南京自动化股份有限公司生产的 GSGB750 型保护装置，每套保护装置各配 1 块保护盘。保护盘功能配置：

每套母线差动保护的保护范围均为主变压器高压侧 TA 至 500 kV 线路 TA 以及母联跨条 TA 之间的一段电气设备。4 套保护均采用低阻抗比率制动原理，应具有抗 TA 暂态饱和功能，在外部短路时可靠不误动。为确保动作可靠，用母线复合电压元件进行闭锁。保护动作于跳开主变压器高压侧的 4 台断路器（在两组联合单元接线的连接跨条处于运行的情况下）、停机以及启动远方跳闸。此外，每套保护装置还有断路器失灵延时联跳的输入接口。

每段母线的第一套保护均动作于断路器的第一跳闸线圈，第二套保护均动作于断路器的第二跳闸线圈。

3）线路保护

500 kV 开关站的 2 段母线各有 1 回出线与 5 km 之外的地方 500 kV 枢纽开关站相连。每回线路配置两套光纤保护。2 回线路的第一套保护均为南京南瑞继保工程技术有限公司生产的 RCS-931A 型保护装置以及 RCS-925A 型数字式故障启动判别装置；2 回线路的第两套保护均为北京四方继保自动化有限公司生产的 CSC-103C 型保护装置以及 CSC-125A 型数字式故障启动判别装置。

（1）保护盘功能配置。每套保护均以光纤分相电流差动作为主保护，并配有三段式相间距离保护、接地距离保护和 4 段接地方向电流保护。

远方跳闸采用就地判据，即收到对侧跳闸信号，且本侧就地判据动作才允许跳闸。

（2）保护性能要求。

①线路在空载、轻载、满载条件下，在保护范围内发生金属性或非金属性的各种故障（包括单相接地、两相接地、相间短路、三相短路、非全相运行故障及转移故障）时，主保护应能无时限可靠快速动作。并能适应平行线路，以正确地按相切除跨线故障。

②在保护范围外部正方向及反方向发生金属性或非金属性故障时，保护不应误动。外部故障切除、外部故障转换、故障功率倒向及系统操作等情况下，保护不应误动。

③非全相运行时，非故障相保护不应误动，若健全相又发生任一种类型故障，保护应能正确地瞬时跳三相。

④当手动合闸或自动重合于故障线路时，保护应可靠三相跳闸，且不再重合，并加速后备保护跳闸；合于无故障线路上时，保护应可靠不动作。

⑤本线全相或非全相振荡时：

a. 无故障应可靠闭锁保护装置。

b. 如发生区外故障或系统操作，装置应可靠不动作。

c. 如在本线路发生三相故障，允许以短延时切除故障。本线路发生各种类型的不对称故障，纵联保护仍应快速动作。

d. 单相或三相重合到永久性故障，装置应可靠切除故障；重合到无故障线路，应可靠不误动。

⑥保护装置允许过渡电阻的能力不小于 300 Ω。

⑦距离继电器各段相间和接地故障均有不同的测量元件，并能同时进行测量。

⑧距离继电器的记忆时间应大于 100 ms，以保证在发生内部故障或出口反向故障时能正确动作。

⑨在 TA 饱和时，区内故障不应导致电流差动保护拒动作、区外故障不应导致电流差动保护误动作。对于线路两侧 TA 的特性不完全一致的情况，电流差动保护应有相应的应对措施。

⑩当通信回路故障时，应闭锁电流差动保护的跳闸出口回路。

⑪至地方枢纽开关站的 2 回输电线路的第一套主保护均配置 2 个光纤通信接口装置，这 2 个光纤通信接口装置将分别与 2 回输电线路的 OPGW 的专用光纤芯连接，实现该保护通道的热冗余配置。正常时均投入，当一路中断时，保护能自动识别及无缝切换。

保护装置设有电流互感器监视回路。当一相或两相交流电流断线时，保护装置不应误动，并能发出告警信号。

1.8.3　故障录波装置和故障信息处理系统

故障录波装置及故障信息处理系统包括 5 套故障录波装置和 1 套故障信息处理系统。

1）故障录波装置

每台机组配置 1 套故障录波装置，布置于相应机组段发电层；500 kV 变电站配置 1 套故障录波装置，布置于 500 kV 变电站继电保护盘室。

故障录波装置基本功能要求如下：

（1）具有不定长暂态录波功能，能按要求自动地对扰动全过程进行暂态记录；

（2）能记录系统发生大扰动的时刻（年、月、日、时、分、秒、毫秒）；

（3）能记录系统发生大扰动前后各输入量（交流电流、交流电压、直流电压、直流电流、开关状态等）的变化过程；

（4）实时监测，可实时显示电压、电流波形及系统的有功/无功功率、相角；

（5）能完整地记录机组或电网连续多次发生大扰动时的每次扰动的全过程；

（6）能及时记录保护和其他自动装置的动作情况；

（7）500 kV 变电站故障录波装置具有出线故障测距功能，测距精度小于或等于 5%，并能显示；

（8）具有谐波分析功能、序分量分析功能。

2）故障信息处理系统

故障信息处理系统由 1 面故障信息采集柜和 1 面故障信息远传管理柜构成，布置于 500 kV 变电站继电保护盘室。故障信息采集柜与位于地下电站的发变组保护盘和机组故障录波盘间采用光纤通信，与同一房间的 500 kV 保护盘和故障信息远传管理柜之间则采用非屏蔽超五类以太网线连接。故障信息远传管理柜与计算机监控系统采用 RS485 接口形式通信，到网调、省调接口型式满足网调、省调相关接口要求，并预留至梯调中心接口。

故障信息处理系统基本功能要求如下：

（1）采集定值信息、动作信息、自检信息、采样信息等；

（2）数据查询、检索以及备份功能；

（3）保护及录波装置的数据报告按优先级上传送至主站（保护动作总报告及故障录波简报，2 min 内自动上传至主站；保护动作分报告、采样点数据、保护启动报告、保护自检报告，在主站空闲时 10 min 内上传至主站；故障的详细报告，就地保存在录波器内，管理柜可根据授权随时调阅）；

（4）监控系统向故障信息处理系统提供 1 路 IRIG-B（DC）码（RS422）对时时钟源，由故障信息处理系统扩展 19 路 IRIG-B（DC）码（RS422 或 RS485）接口至变电站保护装置、变电站故障录波装置、发变组故障录波装置、功角测量装置、安全自动装置。

1.8.4 备自投装置及 10 kV 开关柜保护

1）10 kV 系统备自投装置

10 kV 厂用电系统有 4 段母线 1LM、2LM、3LM 和 4LM，每段母线从各自的高压厂用变压器取得电源，此外，1LM 和 4LM 分别从厂外接入备用电源。相邻的两段母线之间均设有母联断路器，正常运行时，1LM、2LM 为一组互为备用，3LM、4LM 为另一组互为备用。

（1）正常情况下，各系统的两段母线分开运行。

（2）当某一段母线所连高压厂用变压器失去电源而另一段母线正常时，备自投装置动作断开该段母线进线断路器，并自动投入母线分段断路器，或自动投入本段母线上的外来进线断路器，两种方式可切换选择。

（3）当该段母线所连高压厂用变压器恢复正常，备自投装置动作断开母线分段断路器，或本段母线上的外来进线断路器，并自动投入该段母线进线断路器，恢复正常运行工况。

（4）当本供电系统的 2 台高压厂用变压器电源均消失时，应自动投入 1LM（或 4LM）母线上的外来进线断路器。

（5）若是因保护动作的原因导致进线断路器跳闸，将闭锁备自投动作。

2）0.4 kV 系统备自投装置

按照负荷用途和布置，共设有 8 个供电点，除了放空洞检修门供电点外，其他每个供电点均采用双回电源供电，每路电源取自不同的 10 kV 母线组。双回电源供电的供电点均采用单母线分段接线。

（1）正常情况下，各供电点的两段母线分开运行。

（2）当某一段母线所连低压厂用变失去电源而另一段母线正常时，备自投装置动作断开该段母线进线断路器，并自动投入母线分段断路器。

（3）若是因保护动作的原因导致进线断路器跳闸，将闭锁备自投动作。

3）10 kV 开关柜保护

（1）10 kV 进线开关柜保护配置：限时电流速断、过电流保护、过负荷保护（对于来自保安自备电站和地方施工变电站的进线电源，还应装设指向电源侧的带方向反时限过电流保护）。

（2）10 kV 出线开关柜保护配置：电流速断保护、过电流保护、过负荷保护、欠电压保护、过电压保护、具有滑差 $\Delta f/\Delta t$ 及低电压闭锁的低周减载跳闸功能（低压厂用变压器保护功能主要由 10 kV 出线开关柜实现，零序电流保护则由装于 400 V 进线开关柜的继电器实现。厂内的零序电流保护跳低压厂用变压器两侧断路器，厂外的零序电流保护由于距离 10 kV 出线开关柜太远，仅跳低压厂用变压器低压侧断路器）。

（3）小电流接地选线装置：当系统发生单相接地故障时，装置能自动判别接地线路或母线，本功能将由装于第二段或第三段母线的 TV 柜内的小电流接地选线装置完成。

（4）10 kV 母联开关柜配置：限时电流速断、过电流、过负荷保护。

（5）10 kV 消谐功能：装置具有消除系统所发生的各种频率铁磁谐振功能，能区分铁磁谐振、过电压和单相接地，自动记录和显示铁磁谐振发生的时间及相关参数（谐振频率和幅值)，并具有故障信息追忆功能（不少于 5 次）。消谐装置装于 10 kV TV 柜内。

涉及新/改建水电厂继电保护及安全自动装置的部分国家和行业标准如下：

GB 20840.2—2014　互感器　第 2 部分：电流互感器的补充技术要求

GB 50171—2012　电气装置安装工程盘、柜及二次回路接线施工及验收规范

GB/T 14285—2023　继电保护和安全自动装置技术规程

GB/T 14598.301—2020　电力系统连续记录装置技术要求

GB/T 15145—2017　输电线路保护装置通用技术条件

GB/T 15544.1—2023　三相交流系统短路电流计算　第 1 部分：电流计算

GB/T 50062—2008　电力装置的继电保护和自动装置设计规范

DL/T 280—2012　电力系统同步相量测量装置通用技术条件

DL/T 317—2010　继电保护设备标准化设计规范

DL/T 478—2013　继电保护和安全自动装置通用技术条件

DL/T 527—2013　继电保护及控制装置电源模块（模件）技术条件

DL/T 553—2013　电力系统动态记录装置通用技术条件

DL/T 559—2018　220～750 kV 电网继电保护装置运行整定规程

DL/T 670—2010　母线保护装置通用技术条件

DL/T 671—2010　发电机变压器组保护装置通用技术条件

DL/T 684—2012　大型发电机变压器继电保护整定计算导则

DL/T 770—2001　微机变压器保护装置通用技术条件

DL/T 1073—2019　发电厂厂用电源快速切换装置通用技术条件

DL/T 1075—2016　保护测控装置技术条件

DL/T 1309—2013　大型发电机组涉网保护技术规范

1.9　直流系统

起初使用的直流蓄电池是开口式铅酸蓄电池，这种电池酸雾多，占地大，维护麻烦，目前大中型电厂已经普遍使用阀控式密封铅酸蓄电池。这种电池分为贫液式和胶体电池两类。阀控式密封铅酸蓄电池由电极、隔板、电解液、电池槽及安全阀等组成。其安全阀的作用体现在三个方面，首先，是在正常浮充状态，安全阀的排气孔能逸散微量气体，防止电池的气体聚集。其次，是在电池过充等原因产生气体使阀到达开启值时，打开阀门，及时排气以减少电池内压。最后，是气体超过定值时放出气体，减压后自动关闭，不允许空气中的气体进入电池内，以免加速电池的自放电，故要求安全阀为单向节流型。

某电站配置 2 套 220 V 直流电源系统，地下厂房机组及公用设备直流电源系统、开关

站 500 kV 直流电源系统。机组及公用设备直流电源主要供给机组控制及保护、机组录波、励磁、调速器、厂用电控制及保护、排水控制、空压机控制、暖通控制、厂房事故照明等所需的交直流电源。500 kV 开关站直流电源主要供给 500 kV 开关站设备控制、保护、故障录波、安全稳定装置、开关站事故照明等所需的交直流电源。

直流电源系统接线采用单母线分段接线方式，每段母线上分别接有 1 组蓄电池及 1 套充电装置，两段直流母线之间设联络开关。当其中 1 套充电设备故障或更换电池时，该段母线所接直流负荷可以转移至另 1 段直流母线。

机组及公用设备直流电源系统由 5 块直流电源主盘（即 2 块充电盘、2 块馈电盘和 1 块联络盘）、2 组蓄电池（每组容量 600 A・h）、1 块公用设备交直流配电分盘和 4 块机组交直流配电分盘组成。

500 kV 开关站直流电源系统由 5 块直流电源主盘（即 2 块充电盘、2 块馈电盘和 1 块联络盘）、2 组蓄电池（每组容量 600 A・h）、1 块 500 kV 保护交直流配电分盘和 1 块 GIS 室直流配电分盘组成。机组及公用设备直流电源系统、500 kV 变电所直流电源系统均配置两组 600 A・h 阀控式密封铅酸蓄电池组，每组蓄电池有 103 只电池，蓄电池事故放电时间大于 1 h。

涉及新/改建水电厂直流系统的部分国家和行业标准如下：

GB/T 19638. 1—2014　固定型阀控式铅酸蓄电池　第 1 部分：技术条件

GB/T 19826—2014　电力工程直流电源设备通用技术条件及安全要求

DL/T 5044—2014　电力工程直流电源系统设计技术规程

1.10　厂房通风系统

某电厂的通风系统分为地下厂房通风系统和地面通风系统两部分。

1）地下厂房通风系统

（1）地下厂房主通风空调系统。地下厂房主通风空调系统主要负责对主厂房发电机层、发电机夹层、水轮机层、母线洞等部位进行通风。

①在副厂房高程 226.0 m 左端设有直通厂外的通风洞，该洞断面（5 m×4.5 m）作为厂房新风进风道兼逃生通道。在洞中靠主厂房的端部设有组合式空调机房和冷冻机房，布置有组合式空调机和水冷冷水机组、水过滤器、水泵等。这部分设备一直未实际投运。

②地下厂房左侧高程 226.0 m 通风洞中，布置 2 组组合式空调机组，组合式空调机组对通过通风洞进入的室外新风进行处理后，通过布置在主厂房吊顶内上游侧的纵贯全厂送风管，以及送风管上的送风喷口，向主厂房发电机层送风。

③主厂房发电机层上游侧每个机组段（包括安装场）地面上开设 2 个面积为 0.63 m^2

的通风口，吸取主厂房发电机层的空气，并向发电机夹层送风；在发电机夹层上游侧防潮墙上部每个机组段开 1 个面积为 0.5 m^2 的通风口，每个通风口处布置 1 台 T35-11No7.1 接力风机，单机风量 11 052 m^3/h，共 4 台；每个机组段开 1 个面积为 0.5 m^2 的通风口向水轮机层送风，在水轮机层下游侧地面上对应每个水车室布置 T35-11No5.6 轴流风机，单机风量 7721 m^3/h，每个水车室 1 台，共 4 台，并埋设 1 根 ϕ800 mm 的风管从水车室抽风并排至水轮机层下游侧地面。进风通过水车室进人门上游进入。

④送入发电机层的冷风在发电机层分为两部分：一部分沿发电机层横向流向下游侧，带走发电机层的热、湿负荷后进入母线洞；另一部分通过地面上的通风口送往发电机夹层上游侧。以上两股到达水轮机层下游侧的空气通过楼梯间和风口汇入母线洞。上述发电机层、发电机夹层、水轮机层三层的气流，流经母线洞给母线降温。

⑤在每个地下母线洞布置 3 台冷风机（单台冷量 44 kW），共 12 台，对母线洞中空气就地循环，降低洞中空气温、湿度。在每个母线洞位于地面附近的出口处各布置 1 台 4-79No2-10E 排风机（单台风量 70 000 m^3/h，总排风量 280 000 m^3/h），将上述进入母线洞的气流排出洞外。为便于不同季节的风量调节，排风机的电机为变频电机。

（2）地下厂房单独通风空调系统。厂内蓄电池室、10 kV 开关柜室、空压机室、储油罐室等房间设置在右端安装场下部副厂房内，在 1 号机组右分缝线处下游走道砖墙上部布置 1 台 T35-11No7.1 轴流风机，风量 14 581 m^3/h，集中排出 10 kV 开关柜室、空压机室的空气；在吊顶上布置 1 台 BT35-11No5 轴流防爆风机，风量 6179 m^3/h，排出蓄电池室、储油罐室的空气，风管通过防潮夹层进入吊顶，利用主厂房顶部的施工排风洞排出厂外。主风管上设阀门，便于在必要时关闭。

2）地面通风系统

（1）地面母线洞降温、除湿系统。1 号、2 号、3 号母线竖井上部高程 315.0 m 各有一条母线平洞通向地面开关站，为排除母线平洞中的热、湿负荷，在地面开关站管理楼顶布置 2 台 LSF250 风冷式冷水机组（内置 2 台冷冻水循环水泵，1 台工作 1 台备用），单台冷量 261.9 kW。在 315.0 m 高程母线平洞中布置有冷风机：其中 1 号母线洞布置 3 台，2 号母线洞布置 2 台，3 号母线洞布置 1 台，单台冷量 44 kW。冷风机所需的冷冻水由上述风冷冷水机组的循环水泵通过管道供给，回水通过管道直接排回风冷冷水机组。母线平洞中冷风机对洞中空气就地循环，以降低洞中空气温、湿度。这部分设备一直未实际投运。

（2）开关站分散空调系统。开关站管理楼的中控室、电梯机房、通信、计算机、实验室、办公室等其他房间布置分体热泵式空调机，共 30 台。

（3）厂外绝缘油处理室及透平油库通风系统。绝缘油处理室及透平油库各布置 2 台 BT35-11No3.55 防爆轴流风机，单台排风量 2423 m^3/h，为油处理室及透平油库通风换气。进风口安装防火阀。

（4）GIS 室排风系统。GIS 室上部布置 10 台 T35-11No6.3 轴流风机（单台风量 11

052 m^3/h)，用来排出 GIS 室的余热；由于 SF_6 气体比空气重 5 倍，下部布置 1 台 T35-11No10 轴流风机，排风量 34 500 m^3/h，并在楼板上每间隔 3 m 设 1 个排风口；通过风管与下部风机连接，排出室内泄漏的 SF_6 气体。

上述轴流风机均安装在土建预留墙洞内。每台轴流风机的出风口处安装 1 个带集水沟的单层铝合金防雨百叶窗。

第 2 章 发电机组电气部分故障分析及处理

2.1 发电机出口短路问题

2.1.1 设备简介

某电厂发电机出口断路器为阿尔斯通公司产品，型号：FKG1X。发电机出口断路器组合柜为全封闭式箱内组合体，它包括隔离开关、断路器（FKG1X 型发电机 SF_6 断路器）、TV：RY7/HT、CT：AON/F1020、C：CDCT0322B10、避雷器：T&D 及操作机构等设备。

2.1.2 故障过程

2016 年 8 月 7 日，该厂 1 号、4 号机组并网运行，2 号、3 号机组停机备用，厂用电 1012 开关带 10 kV Ⅰ、Ⅱ段，1013 开关带 10 kV Ⅲ、Ⅳ段。事故时段有如下报文：

8：27：00　3 号机组开机并网；

8：31：19　03 开关合闸；

8：31：29　3 号机组 PP1 盘定子 90%一点接地保护动作；

3 号机组 PP2 盘定子 90%一点接地保护动作；

3 号机组 20 Hz 定子接地保护动作；

03 开关分闸，灭磁开关分闸；

3 号机组 2 号保护盘总停机信号动作，启动紧急停机流程；

8：50：00　3 号机组停机完成。

机组停机完成后，检查故障录波发现故障过程中 C 相电压不断降低，A、B 相电压不断升高，最高接近线电压。检查发电机电制动开关端口绝缘无异常。检查发电机定子出口及主引出线定子侧绝缘支撑均未发现异常。

断开励磁变压器高压侧与发电机母线接线，断开发电机中性点接地变压器与发电机接线，拆下所有碳刷并将发电机转子接地，检查发电机整体绝缘不合格。

开发电机 A、B、C 三相出口与封闭母线连接处盖板，对绝缘支撑进行检查，如

图 2–1 红圈烧黑处所示，发现 C 相出口与封闭母线连接处的绝缘支撑被击穿，A、C 相绝缘支撑无异常。

图 2–1　C 相绝缘支撑被击穿

解开 3 号发电机主引出线与封闭母线软连接，拆除有放电痕迹的 5 块胶木块及穿心套管及螺杆，检查发电机整体绝缘合格。

更换新的绝缘垫块，连接 3 号发电机主引出线与封闭母线软连接，在 1TV、2TV、3TV 处进行 3 号发电机试验，吸收比、泄漏电流均合格。

倒换厂用电后检查，发现 4TV 二次侧 B 相电压仅为 12V，A、C 相电压正常，初步判断发电机出口断路器内 4TV B 相异常。

打开发电机出口断路器 B 相盖板，图 2–2 展示的是出口断路器内部情况，发现 4TV B 相破损严重，碎片、铜丝散落在断路器柜内，见图 2–3 所示。同时，打开 A、C 相盖板，外观检查完好，解开其一次接线，进行电气预防性试验，试验数据均合格。

图 2–2　出口断路器内部检查

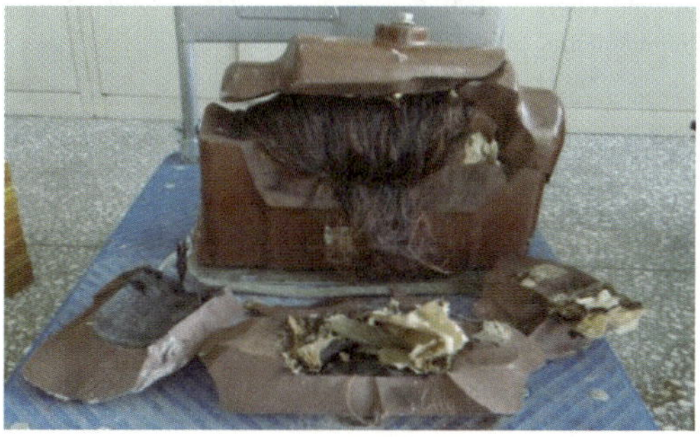

图 2–3　B 相电压互感器破损严重

拆除断路器柜内 4TV B 相破损 TV，通过大件移出、铜丝清理、吸尘器吸走碎屑、白布加无水乙醇擦拭四个步骤，彻底清扫发电机出口 B 相隔离开关、接地开关触头及其他设备表面。

2.1.3　原因分析

1）发电机事故原因

发电机出口绝缘支撑为环氧树脂材料的胶木块，其尺寸如图 2–4 所示，出口支撑实物见图 2–5。

由于 C 相出线的母线铜排与固定铜排的环氧绝缘压块之间存在间隙，运行中在该间隙部位长期有放电现象，随着运行时间推移，放电现象逐步发展恶化，放电处逐渐产生炭化的粉尘，随着风洞内冷却风的流动方向逐渐附着在某一侧的绝缘压块和绝缘穿心螺杆表

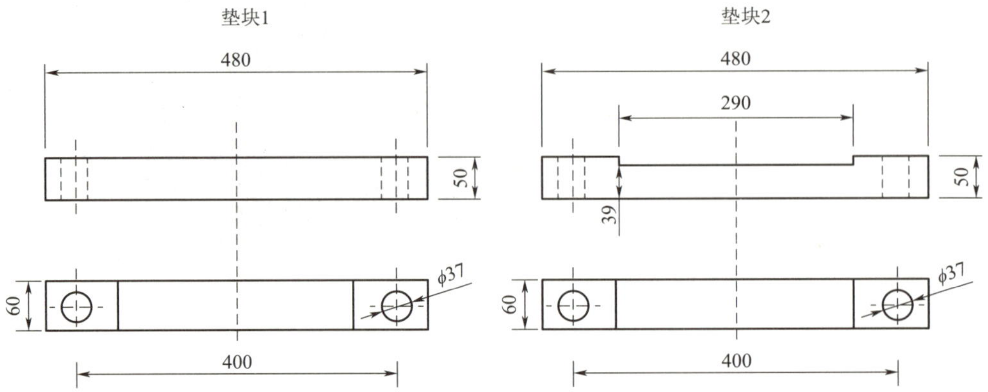

图 2-4　出口支撑结构图（单位：mm）

图 2-5　出口支撑实物图

面，最后形成对地爬电通道导致发电机定子接地故障。

2）电压互感器损坏原因

在对发电机出口断路器 B 相间隔进行检查时，在隔离开关内部发现少量 TV 解体产生的铜丝。由于隔离开关在合闸时为封闭的圆筒，且分合闸速度较慢，在内部发现铜丝表明，TV 爆炸发生时间在隔离开关分闸之后。

由监控系统可知，4TV 的 B 相电压消失是在定子接地保护动作跳开发电机出口断路器 5 min 之后，因此也可判断发电机出口接地间接导致 B 相电压互感器爆炸解体导致，但 TV 爆炸解体与发电机出口短路接地有关联。

4TV 位于发电机出口断路器靠主变压器低压侧，1TV 位于发电机出口断路器靠发电机侧。1TV、4TV 在发电机出口断路器合闸期间电压波形应一致，根据 1TV 故障录波记录可知，在故障期间 4TV A 相承受的最高峰值电压为 162 V，B 相承受的最高峰值电压为 152 V，超出额定电压时间不超过 3 s，均在 TV 承受范围之内，B 相电压互感器损坏的诱因可能有发电机单相接地导致的过电压，或发电机出口断路器分闸时引起的电压互感器铁磁谐振。

从故障录波的事故波形看，发电机出口开关跳开前看不到有谐振过电压的迹象，但开关跳开后，由于事故 TV 仍带电且回路中还并联有电容器，因此，这期间是否出现铁磁谐振过电压情况就不得而知，因为没有录波图可以用来分析。但初步分析 B 相 TV 故障损坏的原因，应该还是在发电机 C 相接地时其他两相电压升至线电压，达到平时运行电压的 1.73 倍，加上闪络过程中的弧光过电压，这样 B 相 TV 可能由于匝间绝缘有薄弱环节存在，部分匝间绝缘首先击穿损坏，在随后继续带电运行的时间内（约 5 min），匝间绝缘继续过热恶化，最后导致对地击穿，其击穿电流回路应该是高压厂用变压器高压侧中性点。

2.1.4　后续措施

（1）发电机出线母排的固定应在母线与固定压块之间垫浸过环氧的适形材料（涤纶毡），因为如果硬碰硬时，由于运行中会有振动，会逐渐磨损出现间隙，而一旦有间隙存在，由于间隙中空气的介电系数小，压降比较大，会在间隙内产生放电，最后可能导致这次一样的结果出现。

（2）由于 B 相 TV 故障时，A、C 相电压达到线电压值，因此也要警惕其他两相 TV 是否绝缘有损伤，今后停机时应重点检查，可以考虑做局部放电试验。

（3）由于 B 相 TV 损坏瞬间应该有比较大的电流流过，而这个电流应该是通过高压厂用变压器的中性点和主变压器低压绕组和高厂变高压绕组形成回路，因此这些部位都应引起注意。

2.2　定子铁心松动、断齿问题

2.2.1　设备简介

某电厂发电机组定子铁心高度为 2920 mm，铁心内径 ϕ10 900 mm，铁心外径 ϕ11 920 mm。定子铁心沿轴向共分布 72 个径向通风沟，通风沟高度 5 mm，每段铁心高约 35 mm。结构如图 2–6 和图 2–7 所示。

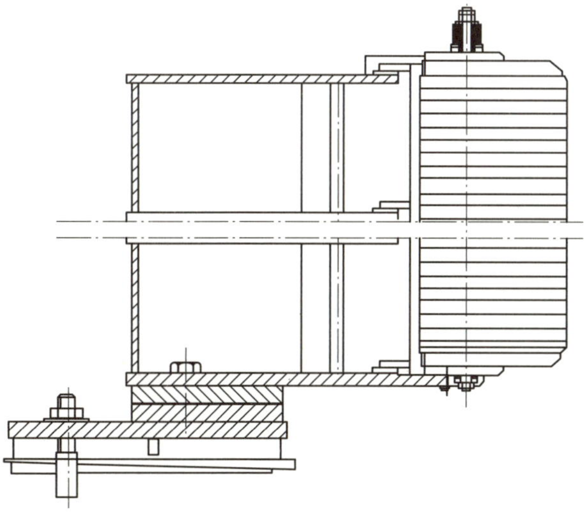

图 2–6　定子铁心结构图 1

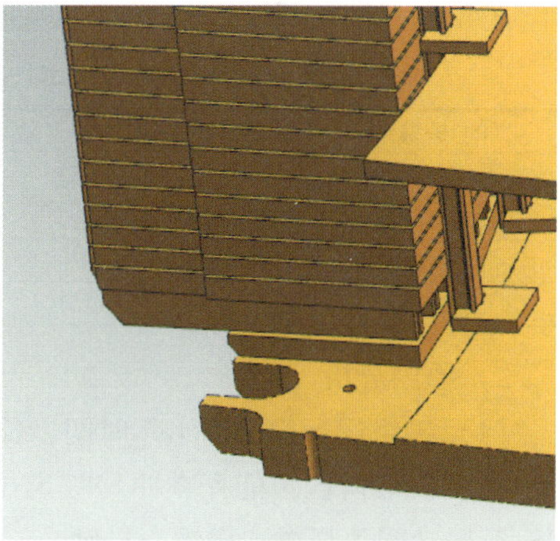

图 2–7　定子铁心结构图 2

定子冲片由 0.5 mm 厚的 50W250 无取向硅钢片冲制，每张冲片有 2 个鸽尾槽。冲片冲后去毛刺，双面涂 F 级涂环氧聚酯酚醛半无机硅钢片绝缘漆以减少涡流损耗。

定子铁心采用穿心拉紧螺杆压紧，拉紧螺杆为 M30，材料 ϕ30mm 为银亮圆钢 42CrMo4 h9。拉紧螺杆外套绝缘套管，为全绝缘拉紧螺杆。螺杆上下端部扣有绝缘帽，避免电晕。拉紧螺杆上端用碟形弹簧，以保持一定的压力。冲片间压力按 1.7 MPa 时，每根定子拉紧螺杆的拉伸长度为 3.76 mm。

定子冲片错 1/2 叠片。铁心上、下两端分别叠成 3 mm×6 mm 的台阶，用环氧室温固化胶将铁心上、下两端端片粘成整体。

定子铁心通过 80 根冷拉成型的双鸽尾定位筋固定于定子机座上。定位筋与铁心、托块之间无间隙。托块与机座的焊缝能承受发电机突然短路产生的切向力和磁拉力产生的径向力同时作用时的剪应力。

定子铁心的通风沟布置均匀，使空气流动顺畅，铁心冷却均匀、高效和充分，并使风阻损耗最小。通风槽钢采用非磁性材料。

2.2.2 存在问题及原因分析

1）定子铁心存在的问题

2016 年冬修至 2018 年初，该电厂相继发现 4 台发电机定子铁心齿部阶梯片不同程度松动、断齿。截至 2018 年 12 月，铁芯阶梯片松动已导致 12 根线棒主绝缘损坏。4 台发电机铁芯齿部阶梯片松动及线棒绝缘受损情况统计见表 2–1。

表 2–1 某电厂 4 台发电机定子铁心阶梯片松动及绝缘受损线棒数量

机组号	线棒绝缘受损（根）	首次检查铁心齿部阶梯片松动（处）
1F	0	253
2F	2	163
3F	8	63
4F	2	151

三年来累计发现 1、2、3、4 号发电机定子铁心松动情况见表 2–2。

表 2–2 检修期间 1、2、3、4 号发电机定子铁心阶梯片松动统计

机组号	2016 年（处）	2017 年（处）	2018 年（处）
1F	253	46	4
2F	163	55	6
3F	63	28	4
4F	151	9	6

2）原因分析

（1）机组运行发电近十年时间，长期振动造成。

（2）安装阶段可能存在冲片与定位筋卡阻，造成正常压紧时片间存在间隙，经长时间运行振动间隙释放造成铁心松动。

（3）机组结构影响，齿压板全部在冲片上，没有顶丝作用于机座环板固定压牢，致使铁心压紧效果不理想。

（4）铁心个别压指受力不均及偏移，导致一侧紧度合格，一侧存在松动（一般为右侧）情况。在机组长时间运行振动的情况下，铁心局部阶梯片齿部因振动产生电腐蚀，严重时会断裂。

总体来说，定子铁心设计上总体是合理的，但细节设计上考虑不足，如齿压板结构。该厂定子铁心齿部宽 45 mm，为降低端部漏磁场和涡流损耗，齿端部开有 3 mm 宽的槽。铁心压指采用了单压指压指宽 25 mm，由于制造及安装原因，造成压指中心线与齿部开槽中心线发生了偏移，由于齿部开槽两侧受力不均匀，造成齿部一侧松动。随着机组频繁启停和长期运行，齿部单侧松动现象加剧，松动的齿振动磨损线棒绝缘造成线棒接地事故；且齿部长期振动，也会造成断齿。

2.2.3　处理方案及建议

为彻底解决此问题，需拆除定子铁心，更换压指，重新叠片下线。

该厂定子铁心齿宽 45 mm，齿部中心线上开有 3 mm 宽的槽，采用单根压指易造成 3 mm 槽两侧受力不均，因此，需重新设计压指，将压指改成双压指结构。双压指由两根压指组成，两根单压指间通过连接块焊接成整体，图 2-8 为改造后双压指。压指与压板焊接后，加工压指与定子扇形片接触面，保证压指平面度，使相邻压指高度差在 0.3 mm 以内。

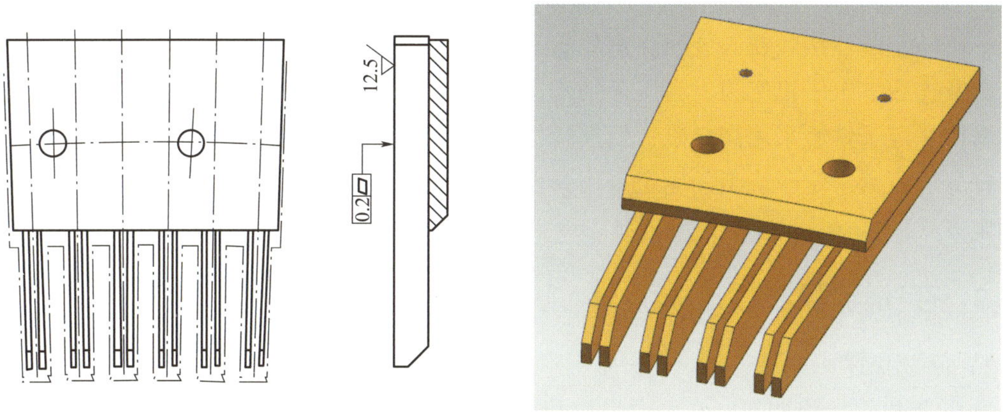

图 2-8　改造后的双压指

双压指对铁心齿部压紧范围更大，稳定性更好，通过专用装焊模具，确保压指间齿距公差在±1 mm。

此双压指结构压紧效果良好，对定子铁心齿部压紧范围更大，稳定性更好，使齿部开槽两侧受力更加均匀，不会发生“V”字变形，较单压指结构更适用于齿部开槽的水轮发电机定子铁心压紧。此结构已广泛应用于哈电所生产的大型水轮发电机组中，如三峡右岸电站、溪洛渡电站、向家坝电站等，图 2-9 为溪洛渡电站铁心双压指结构。目前应用电厂详见表 2-3。

图 2-9　溪洛渡电站双压指结构

表 2-3　双压指结构哈电机组应用举例

电站名称	溪洛渡	向家坝	三峡右岸/地下	龙滩	阿海	水布垭
额定容量（MW）	770	800	700	700	400	460
额定电压（kV）	20	20	20	18	20	20
定子槽数	648	834	840	624	612	480
定子铁心内径（mm）	14 200	19 410	18 766	15 000	15 350	11 900
定子铁心高度（mm）	3350	3250	3200	3300	2450	2920
定子齿宽（mm）	42. 58	45. 73	44. 93	51. 68	48. 94	45

2. 3　发电机定子铁心端部阶梯片窜出问题

2. 3. 1　设备简介

发电机定子主要由定子机座、铁心和绕组组成。定子外径 13. 9 m，内径 10. 9 m，定子机座高度为 3. 05 m，定子铁心高度为 2. 92 m。定子机座由钢板焊接而成，分 4 瓣运至现场，机座组圆焊接、铁心装压在主厂房安装场进行，整体吊运至机坑，在机坑内安装定子线棒及连线。定子机座为大齿压板结构，定子铁心为浮动式双鸽尾定位筋结构，适应铁心热膨胀。定子铁心采用高导磁、低损耗优质硅钢片叠成，铁心的压紧方式采用高强度穿心螺杆分层压紧。定子绕组的固定采用弹性波纹板固定结构、双层端箍和多道层间绑扎端箍固定方式。

2. 3. 2　存在问题及原因分析

1）问题描述

2016 年机组检修期间，在 4 台发电机定子铁芯及线棒清扫检查时，该电厂陆续发现铁心上下端部多处松动、断齿，压指偏移。图 2-10 为定子铁芯端部示意图。其他电厂出现过定子最下层阶梯片移位突出，切入下层线棒，导致其发生金属性接地的事故。例如，文献《混流式水轮发电机组运行与检修》P425 提及“某电站发电机定子铁芯端部冲片窜出故障”。该厂端部阶梯片结构与其一样，存在阶梯片窜出损伤线棒绝缘，最终导致定子接地事故的风险。

2）原因分析

由于机组在多次起、停机时铁心温度发生变化，定子机座与铁心之间存在温差，铁心和机座径向膨胀程度不同，定子铁心端部扇形片与压指间的摩擦力大于其相邻扇形片间的摩擦力，造成最下端扇形片产生位移。以上分析如图 2-11 所示。

改造前，定子铁心端片均是在工地现场粘接，由于工地工人刷胶量不够，以及铁心装压时下端压紧效果不好等原因，端片整体性较差，这也是定子铁心抗窜片能力较差及端部松动的原因之一。

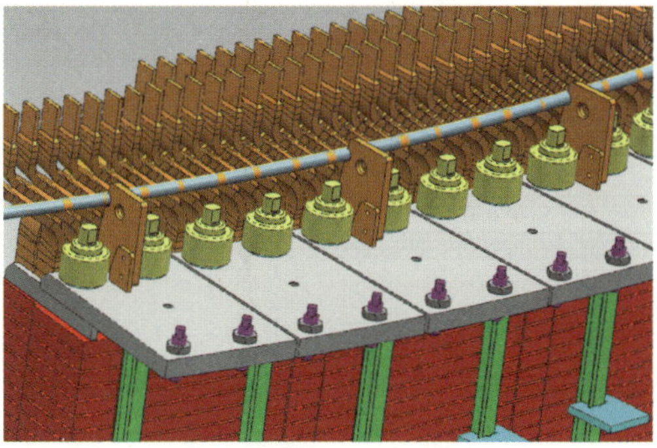

图 2-10　定子铁芯端部示意图

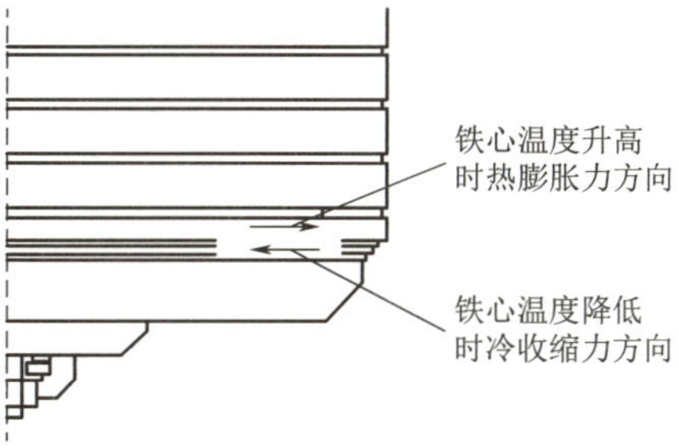

图 2-11　定子铁心热膨胀受力状态示意图

2. 3. 3　处理方案及建议

为避免阶梯片窜出风险，此次改造方案如下：

（1）铁心端部阶梯冲片工厂整体粘接。每种尺寸阶梯片的若干片厂内粘成一摞，工地叠片时按基本片的错片方式进行摞间粘接，以加强端部阶梯片的整体性。阶梯片厂内粘接易于控制涂胶量且冲片受压力均匀，端部槽型也更受控，粘接片最大错槽小于 0. 1 mm，粘接片粘接牢固且无溢胶。

（2）为提高定子铁心冲片鸽尾槽限位能力，如图 2-12 所示，定子铁心首末段冲片鸽尾槽由开口槽改为闭口槽，端片两侧卡在定位筋中，抗滑动的能力较开口槽增加了 2 倍。

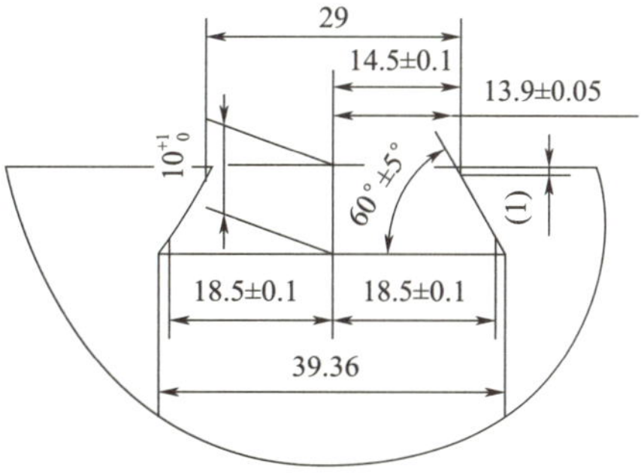

图 2-12　端部扇形片闭口鸽尾槽（单位：mm）

（3）为保持定子铁心首末段冲片的整体性，首末段冲片的轭部设置销孔，工地叠装定子冲片时，销孔内装入绝缘销，并用 3543 硅钢片粘接胶粘牢。

（4）定子铁心冲片片间压应力按 1. 75～1. 95 MPa 进行设计，并设置可以保持铁心恒压的碟形弹簧，进而可以保持铁心在长时间运行和频繁启动等工况下，片间的压力保持在许用范围值内，不易产生铁心松动的情况，铁心压紧结构如图 2-13 所示，定子铁心最终压紧使用液压拉伸器压紧。

（5）定子铁心压指与定子扇形片接触面喷涂二硫化钼润滑剂，减小压指与定子扇形片间的摩擦力。

（6）设计细节：①铁心端部阶梯片采用厂内粘接结构，同时变更为闭口槽结构，增加绝缘销；②相邻压指的平面度应调整至不大于 0. 3 mm，整体压指的平面度应调整至不大于 2 mm；③铁损试验后，在上、下端使用六角薄螺母锁紧，并加装绝缘螺母；④上、下端压指与定子扇形片接触面需喷涂二硫化钼润滑剂，减小压指与扇形片间的摩擦力；

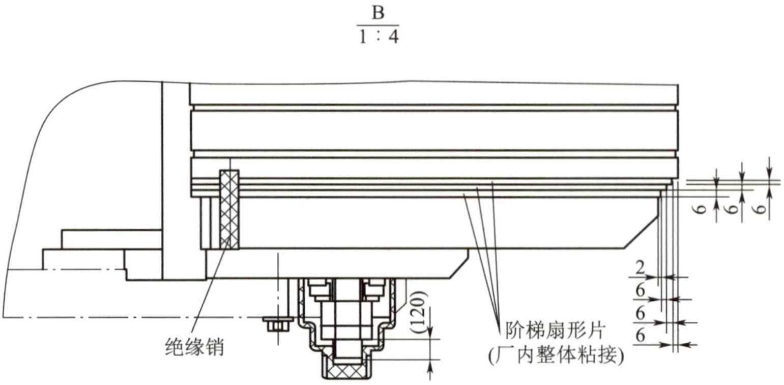

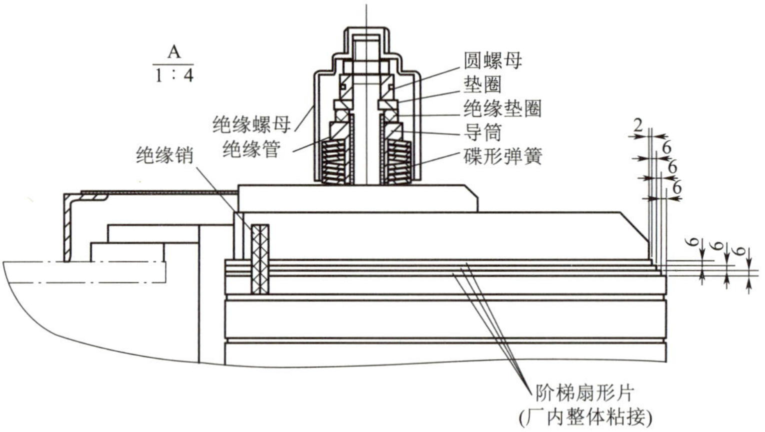

图 2-13　铁心压紧结构示意图（单位：mm）

⑤定子装配完成后，喷环氧酯晾干红瓷漆 9130 之前应采取必要的防护措施，防止压指与第一层冲片间渗入 9130 漆，增大摩擦力。

改造前后总体效果对比见表 2-4。

表 2-4　改造前后铁心端部结构对比

序号	结　构	改 造 前	改 造 后
1	端部扇形片粘接	工地现场粘接，涂胶量及粘接效果无法控制	出厂前已粘接成整体，粘接效果更好，整体性更好
2	扇形片轭部鸽尾槽	扇形片轭部为开口鸽尾槽，鸽尾单侧限位及受力，防窜动能力弱	扇形片轭部为闭口鸽尾槽，鸽尾槽两侧均起限位及受力作用，防窜动能力强
3	铁心两端整体性	无限位绝缘销孔，整体性一般	增加限位绝缘销孔，提高铁心两端整体性
4	重新设计铁心螺杆预紧力及压紧方式	采用风动扳手把紧螺母，用力矩扳手校验，预紧力无法控制，可能造成碟簧过压，产生塑性变形，同时螺杆受到剪力	改用液压拉伸器拉伸螺杆，预紧力范围可控，扇形片间压力均匀可控，压紧效果更好。碟形弹簧不会过压，产生塑性变形，螺杆不受剪力
5	齿压板与定子扇形片接触面	接触面无保护，与扇形片直接接触，摩擦力较大，易发生窜片	在压指上喷涂三层二硫化钼润滑剂，降低摩擦力，不易发生窜片

2.4　定子铁心穿心螺杆绝缘套管结合方式问题

2.4.1　设备简介

某电厂定子铁心穿心螺杆如图 2–14 所示，使用绝缘套管进行防护，每根螺杆上套 5 根绝缘套管，绝缘套管长 640 mm，两端平齐、对接。

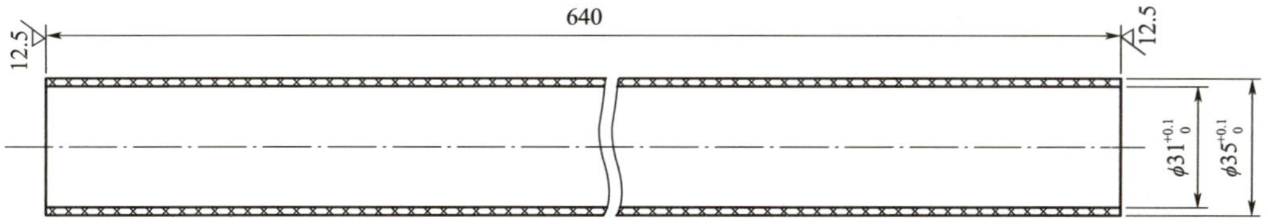

图 2–14　原绝缘套管（单位：mm）

2.4.2　存在问题及原因分析

机组运行过程中，绝缘套管接缝位置可能发生错位，出现缝隙，缝隙位置可能进入灰尘、水气、油雾等。此现象长期存在，可能造成穿心螺杆接地，最终导致穿心螺杆及铁心烧损。2017 年，该电厂 4 台发电机共发现 8 根穿心螺杆对地绝缘为零。2018 年，2 号发电机检修时发现 1 根穿心螺杆对地绝缘为零。

2.4.3　处理方案及建议

针对此问题，对绝缘套管结构进行了优化，套管两端分别导 30°，如图 2–15 所示。

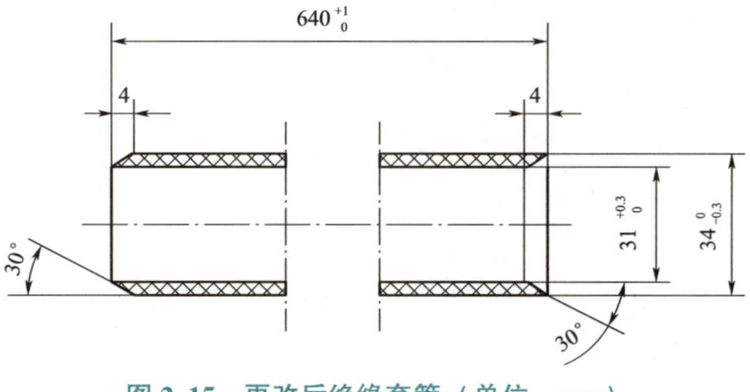

图 2–15　更改后绝缘套管（单位：mm）

套管安装时，两端接头分别插入其他套管接头，如图 2–16 所示，此结构不会因机组运行振动造成接头错位，套管接头无间隙，不会发生进入灰尘、油雾、水汽等情况，保证机组运行安全，防止铁心螺杆接地事故发生。

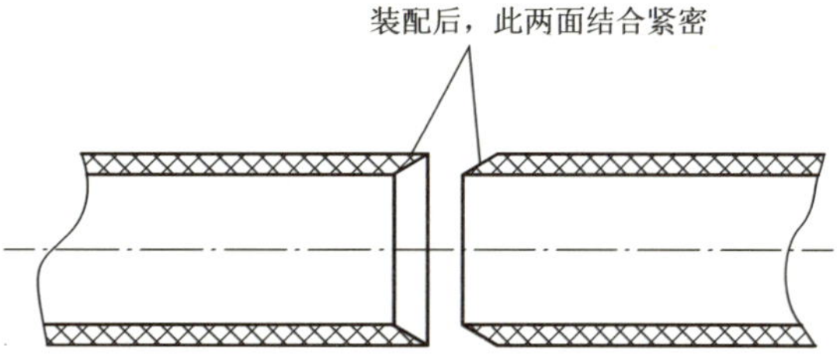

图 2–16　绝缘套管安装示意图

2.5 定子绕组电晕问题

2.5.1 设备简介

定子绕组的固定采用弹性波纹板固定结构、双层端箍和多道层间绑扎端箍固定方式，使绕组、槽楔固定牢固，并能补偿绝缘的老化收缩，避免绕组松动和绝缘损坏。定子线棒采用小于 360°的新型换位技术，有效降低定子线圈温度。

定子绕组由条式线棒组成，Y 形连接，5 支路并联，共 960 根线棒，所有的线棒接头连接采用银铜焊，绕组绝缘等级为 F 级绝缘。

2.5.2 存在问题及原因分析

1）存在的问题

2016 年机组检修期间，在 4 台发电机定子铁芯及线棒清扫检查时，某电厂陆续发现铁心上下端部多处松动、断齿，压指偏移，并伤及线棒绝缘，定子线棒和挡风圈环氧树脂防护板间隙处有多处电晕，电晕部位存在黄色油泥状固体及白色粉末状物质。具体见图 2–17。1 号机组处理铁芯松动 253 处、电晕 15 处；2 号机组更换上层线棒 1 根，处理铁芯松动 168 处、电晕 40 处，修复线棒出槽部位防晕层脱落 10 处；3 号机组更换上层线棒 8 根，处理铁心松动 70 处、电晕 14 处；4 号机组更换上层线棒 2 根，处理铁芯松动 151 处、电晕 61 处。

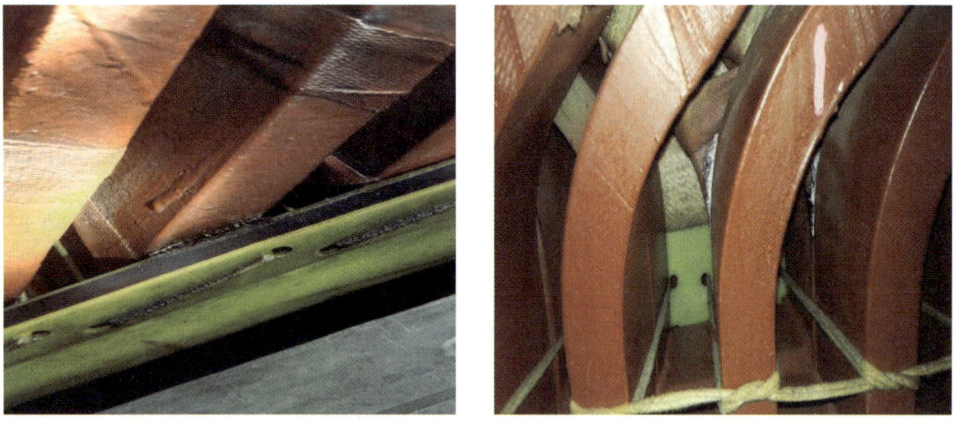

图 2–17 上端挡风圈防护板电晕及上端上下层线棒间电晕

2）原因分析

定子线棒电晕产生的原因较多，主要有线棒本身绝缘及防晕结构对电晕的影响（内部因素），定子绕组接线对电晕造成的影响（外部因素），以及安装质量（外部因素）的影响等。

（1）定子绕组接线对电晕的影响。定子绕组接线方式，是定子绕组防电晕设计必须重视的。均衡相间电位差对发电机绕组防电晕也是至关重要的。不良的定子绕组接线会造成定子绕组异相电位差增大，导致防晕设计外部环境变差，增加产生电晕的风险。

表 2-5　典型机组的绕组异相间最大电位差

序号	电站名称	机组型号	额定电压（kV）	相间电位差占线电压百分比（%）	电晕现象
1	水布垭	SF400-40/11900	20	93.80	无
2	云南小湾	SF700-40/12770	18	97.50	规律性发白
3	溪洛渡	SF770-48/15300	20	78.85	无
4	三峡右岸	SF700-80/19760	20	82.15	无
5	三峡地下	SF700-80/19760	20	82.15	无
6	向家坝	SF800-80/20400	20	82.15	无

从表 2-5 可见，水布垭和小湾发电机定子绕组的接线方式，导致其异相间最大电位差高于其他机组的 15%~24%，大大增加了绕组端部相间线棒之间的电场强度，实际情况是小湾发电机定子绕组端部在机组运行 1 年后，陆续出现有规律的每隔 7 根线棒的发白现象，经过分析，发现存在发白现象的位置恰恰是绕组异相之间，这与绕组相间电位差大具有一定的关系。水布垭发电机组虽然没有出现线棒规律性发白的现象，但机组长期运行，异相间电位差过高是引发电晕的主要外部隐患。

综合分析，某电厂机组发电机定子绕组接线设计有待改进：原定子绕组接线，W 相主引线侧位置（第 45 槽、第 141 槽、第 213 槽、第 309 槽、第 405 槽）上层线棒引出线异相电压差达到 93.8%（其他引出线位置异相电压差为 61.66%），该位置产生电晕的隐患非常大。

（2）定子线棒的主绝缘和防晕结构对电晕的影响。某电厂发电机额定电压 20 kV，定子线棒单面对地绝缘厚度 4.6 mm，绝缘设计平均工作场强 2.51 kV/mm，同三峡发电机平均工作场强 2.51kV/ mm 一致。绝缘结构如图 2-18 所示。

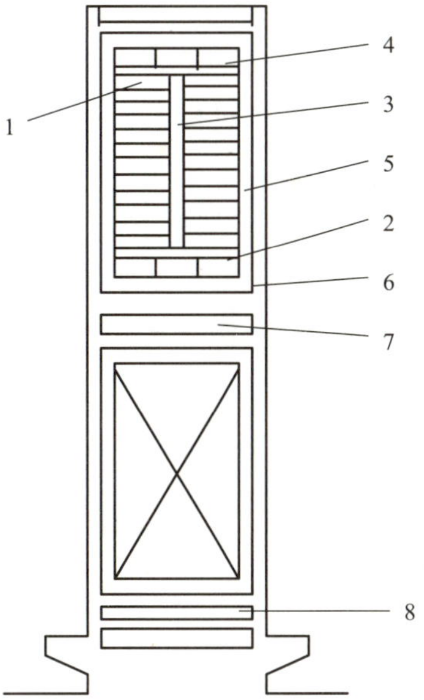

图 2-18　水布垭定子槽部绝缘结构示意图

1—电磁线；2—换位绝缘；3—排间绝缘；4—覆平物；5—对地绝缘；6—低阻层；7—层间垫条；8—楔下垫条。

表 2-6 为哈电系典型发电机防晕设计结构对比汇总，某电厂发电机额定电压 20 kV，按照公司内部技术规范进

行正常的防晕设计，绕组端部为三段防晕梯度设计并外加防晕层。某电厂机组同三峡机组发电机额定电压均为 20 kV，定子线棒防晕采用了相同的结构。

表 2-6　哈电典型发电机防晕设计结构对比

项目名称	电压等级（kV）	海拔高度（m）	绕组端部防晕结构	绕组端部防晕材料	运行是否存在电晕
龙滩	18	400	ABC 三级	HEC 系列	正常
小湾	18	998.5	ABC 三级	HEC 系列	轻微电晕
拉西瓦	18	2240	ABC 三级	HEC 系列	正常
三峡	20	70	ABC 三级	HEC 系列	正常
水布垭	20	204	ABC 三级	HEC 系列	正常
官地	20	1213	ABC 三级	HEC 系列	正常
锦屏一级	20	1647	ABC 三级	HEC 系列	正常
向家坝	20	277	ABC 三级	HEC 系列	正常
阿海	20	1600	ABC 三级	HEC 系列	正常

根据 JB/T 8439—2008《使用于高海拔地区的高压交流电机防电晕技术要求》中规定“在海拔超过 1000 m 至 5000 m 时”需要进行防晕等级的修正，某电厂机组同三峡机组一样，发电机层海拔高度没有超过 1000 m，防晕等级不需要进行修正，哈电 20 kV 电压等级（容量 400~800 MW）水电机组已经投运 30 多台，运行情况良好。

（3）安装过程因素对电晕的影响。安装过程中，由于工期紧张等原因，某电厂机组定子绕组端部个别位置存在打磨不光滑、绑绳和涤纶毡存在局部尖角毛刺和间隙的现象，这也可能导致电晕点的出现，特别是相间电位差较高的线棒之间出现电晕点的可能性更大。某电厂 4 号机组发现部分定子线棒和挡风圈环氧树脂防护板间隙处、上下层线棒间有白色粉末状固体，经检查是电晕痕迹。

仔细检查确定：电晕痕迹是由线棒、涤纶毡及挡风板之间的间隙放电和线棒与线棒之间尖角毛刺放电造成的。

2.5.3　处理方案及建议

1）定子线棒绝缘材料更新

定子线棒绝缘结构和防晕结构不变，材料更新。根据前面的分析，线棒的主绝缘结构和防晕结构经过试验验证没有问题，目前的防晕结构已经是哈电在制的、成熟的、有多个项目运行经验的 20 kV 等级的设计结构。因此，某电厂机组重新制造定子线棒的主绝缘和防晕结构不变，提高原材料性能，主绝缘材料用新型的 HEC5440-1S 桐马多胶粉云母带，线棒主绝缘性能更加均匀稳定，电气性能水平有了大幅的提高，其中介电强度提高了 10%，长期耐电寿命提高了 1 倍。防晕材料用柔软性好的薄型防晕材料。

2）接线优化方案

原定子绕组接线，W 相主引线侧位置（第 45 槽、第 141 槽、第 213 槽、第 309 槽和第 405 槽）上层线棒引出线异相电压差达到 93.8%（其他引出线位置异相电压差为 61.66%）。将 W 相主引出线侧引出位置分别调整至第 93 槽、第 189 槽、第 261 槽、第 357 槽和第 453 槽。引出线异相电压差可由 93.8%降至 81.9%，相对原接线方案减少电晕隐患。

优化定子绕组接线方案，仅对定子绕组 W 相引出线位置（引出线棒槽号）进行了调整，对机组整体的接线方式、绕组分布及主、中引出线位置并未改变，此更改对电压波形畸变也无影响，故定子接线方案调整对机组无不良影响。

2.6　发电机励磁引线烧蚀处理问题

2018 年 2 月 15 日，某厂 2 号机组在空载升压试验，建压至额定 8 min 后，机组转子接地Ⅱ段告警动作，励磁内部事故停机动作，紧急停机流程启动，机组事故停机。检查发现下环励磁引线大轴内大螺母处存在烧蚀，且转子绝缘为零。后更换烧蚀部分引线，转子绝缘恢复正常。

2.6.1　故障经过

2018 年 2 月 14 日，发现 2F 机组保护 A 柜上“转子接地保护二段”报警黄灯亮。读取相关数据，发现 2 月 13 日 19：02（开机并网后约 10 min）转子绝缘电阻值降至报警值，1 s 后，该绝缘电阻恢复。之后该机组并网运行约 3 h 后停机正常。

发现该问题后，主要做了以下检查：

（1）20：00 时，由于网调未批准退出备用检查，班组在未拆除碳刷，仅断开灭磁开关及相关二次保险的情况下，测量转子、引线、电缆及滑环绝缘电阻为 4 MΩ，满足要求。

（2）申请机组空转 5 min，转子绝缘未报警。

（3）23：00 时，网调批准退出备用 2 h，班组检查并清扫了滑环，清扫前绝缘电阻为 2000 MΩ，清扫后为 2000 MΩ。检查转子上平面，未发现异常。

（4）2 月 16 日上午，申请机组空转，空转约 18 min 后，机组励磁事故停机。

随后拆除碳刷检查转子绝缘电阻为零，确定一次设备存在永久接地点。断开滑环与引线连接，测量上下滑环绝缘电阻正常，引线及滑环绝缘为零。检查大轴内引线时，发现下环引线大轴内大螺母处存在烧蚀，初步确定故障点，见图 2-19。

图 2-19　故障点

2.6.2 原因分析及处理

1）原因分析

2017 年 10 月持续满负荷运行期间，班组发现集电环室内下环引线大螺母处温度高，由于 2F B 修非标项目已经下发，未列入检修非标项目，但在首次检修碰头会时提出了该问题，并要求重点检查处理。检修时，发现集电环室侧螺母存在松动，铜排存在变形无法压平的问题，后对这些均进行了处理。

从烧蚀情况看，出现该问题的主要原因为大轴内侧螺母存在松动，导致接触电阻变大后，长时间流过大电流发热，最终导致烧蚀，烧蚀后的铜水布满绝缘垫圈表面，从而导致接地。螺母松动原因可能有如下 4 个方面：

（1）该处螺母除了紧固的作用外，还承担导电的作用，所以螺母不能使用螺纹紧固胶，且该处无法加锁片，在运行过程中随着机组转动、振动等，逐渐变松；

（2）由于该部分使用的紧固件均为铜材质，螺杆和铜排为紫铜，螺母为黄铜，铜质地较软，随着运行中的热胀冷缩，该处螺栓也会逐渐变松；

（3）上面两个因素导致螺栓变松后未及时紧固，恢复紧固力矩；

（4）在处理时紧固外部螺母时，螺杆存在轻微转动，导致内部螺栓变松。

2）处理过程

根据现场材料的情况，对烧蚀部位进行了临时处理。从最上部两个线夹中部锯断引线铜排，然后用新铜排接上，效果见图 2–20。

图 2–20　新旧引线铜排连接部位

处理过程中改变了部分结构：

（1）引线铜排增加了 1 个接头；

（2）由于无 12 mm 厚的铜排，新铜排为 2 根 6 mm 厚的铜排叠加而成；

（3）由于该连接方式使铜排增厚，使最上部的线夹无法安装，后用接头延长螺杆，重新加工压板；

（4）由于没有同尺寸的环氧套管，在铜螺杆上绕包 12 层云母带作为绝缘，并在最外侧增加一层玻璃丝带增加其耐磨性；

（5）由于该连接方式使铜排增厚，增加了双螺纹铜杆的长度，并在集电环侧增加了 6 mm 厚的环氧垫圈；

（6）考虑到螺母与铜排接触面积不够的问题，将大轴内侧与引线铜排接触的 4 颗螺母加工成带裙边，加大了与铜排的接触面积。该方法可以在今后的处理中应用。

2.6.3　效果检查及后续运行建议

1）效果检查

处理完毕后，测量转子绝缘 2000 MΩ，转子直阻 136.6 MΩ，符合标准要求。开机并网试验成功，测量空载态、并网带 5 万、10 万、30 万负荷集电环内大螺母及引线温度正常。处理前的最高温度为 76 ℃（见图 2–21），处理后的最高温度为 42 ℃左右（见图 2–22）。

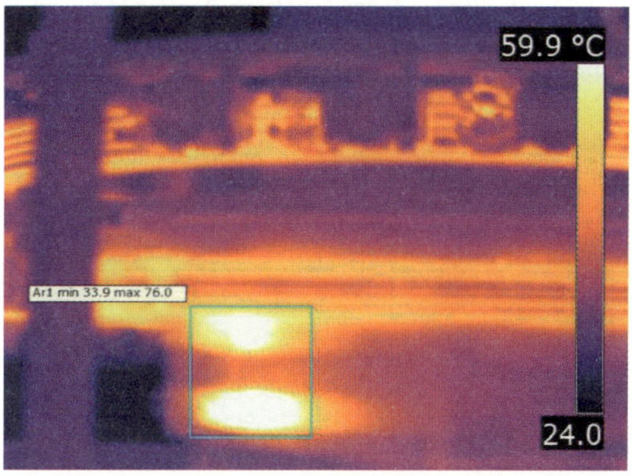

图 2–21　处理前集电环室侧大螺母红外成像温度

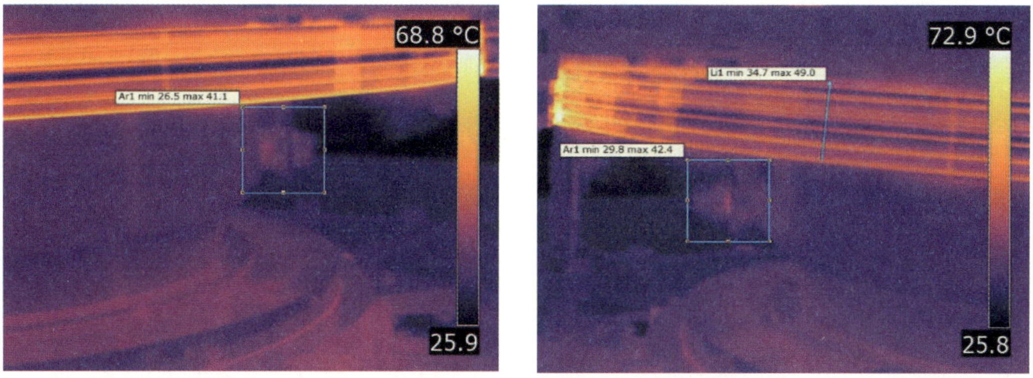

图 2–22　处理后集电环室侧大螺母红外成像温度

2）后期运行建议

（1）3 号、4 号机组集电环内大螺母及引线温度未出现异常，但应及时检查这 3 台机组大轴引线情况，并定期进行紧固。现 3 号、4 号机组集电环室内无锁紧螺母，应检查 3 号、4 号机组大轴引线有无锁紧螺母，若无，建议及时加上。

（2）在检查时发现大轴内油雾及制动粉尘较多，而励磁引线穿轴大螺母、螺杆及铜排均裸露在外，油雾及粉尘长期累积，极易导致绝缘低。建议加强该处卫生清扫，也可对其进行改造，使其外面自带绝缘层。

（3）滑环及引线检查为 C 级检修标准项目，且 B 修标准项目中着重提到了大轴引线检查。检修过程中应加强过程验收，同时应增强检修人员及维护人员的责任心，杜绝“重非标轻标准”的怪象。

（4）继续以红外测温的方式加强运行状态下该部位的温度情况，有变化及时上报。

（5）梳理备件，及时采购备件，并在 2F 春修时将临时处理的励磁引线部分恢复至原状态。

（6）核实 3 号、4 号机组该部位的所有备件的尺寸，若与 1 号、2 号存在差异，及时联系厂家采购。

（7）及时补充本次抢修过程中使用过的紫铜、黄铜棒，同时采购宽 100 mm、厚 12 mm 的铜排作为通用材料，以备紧急情况下加工使用。

第 3 章 发电机组机械部分故障分析及处理

3.1 推力轴承甩油及接触式密封磨损与粉末危害问题

3.1.1 设备简介

水轮发电机采用立轴半伞形结构，在发电机上、下导轴承油槽和推力轴承油槽都分别设置了接触式油挡装置，该装置由座圈、梳齿挡圈、滑板、弹簧、限位螺钉、挡板组成，其特点是接触式密封具有一定的随动性，能起到很好的密封效果。

3.1.2 存在问题及处理情况

1）存在的主要问题

（1）在运行过程中，4 台机组都出现不同程度的推力甩油，油帘顺着推力挡油圈流到下机架中心体上，需定期对下机架中心体的油进行清理。发电机推力轴承内大量的油雾在机组运行过程中随着大轴转动，进入发电机组风洞附着在转子上，对转子绝缘产生威胁。

（2）接触式密封磨损主要是材料不理想，造成磨损明显，并有粉末油泥阻塞密封条，导致油挡不能随动而失效，磨损产生的粉尘进入油槽内部污染油质，并附着在发电机集电环上引起转子绝缘降低。

（3）推力外循环镜板密封挡块铜密封存在不间断磨损现象，导致循环集油槽上下密封挡块与镜板间隙变大，镜板外圆立面出现划槽。

2）可能导致的后果

（1）无论是接触式油挡装置还是推力外循环镜板密封挡，其目的都是防止轴承甩油或者油雾外溢，一旦它们的效用降低或者消失，就会造成轴承大量甩油，使轴承油槽油位迅速减低，如果补油不及时则会造成轴承瓦温过高，甚至严重时引起烧瓦。

（2）接触式密封磨损而产生的粉尘会进入油槽内部污染油质，另外，上导处的接触式密封磨损而产生的粉尘会附着在发电机集电环上，引起转子绝缘降低。

（3）推力外循环镜板密封挡块铜密封有不间断磨损现象，导致挡块与镜板间隙变大，会引起推力外循环油路供油不畅，影响推力轴承润滑油的冷却效果，同时磨损产生的铜颗粒造成推力瓦面的损坏。

3）处理情况

对甩油严重的3号和4号机组进行了推力油槽内挡油圈、加装回油箱、更换呼吸器和更换油槽盖板接触式密封等一系列的改造，效果显著，甩油情况得到明显改善，但后期3号机甩油现象再次出现。

3.1.3 原因分析

接触式密封磨损主要是由于材料不理想，接触齿（滑板）与大轴间隙调整不合适，弹簧压力过大造成磨损过快；油槽盖板过重，检修拆卸油槽盖板时，易对接触式密封造成碰撞损坏以及接触齿的受力不均匀，出现部分接触齿后的弹簧弹性力下降或者紧固螺栓滑丝，使得油挡处于自由或半自由状态，高速旋转的主轴易对接触齿造成一定程度的磨损等。

推力外循环镜板密封挡块与镜板间隙调整不合理。2013年1月，3号机组检修期间对推力外循环镜板密封挡块内圆和镜板外圆之间间隙测量，发现部分密封挡块与镜板之间存在间隙，其中4号上下层均为0.2 mm、9号上下层均为0.02 mm、14号上下层均为0.45 mm，其他镜板接触部分未发现间隙存在。按照要求密封挡块与镜板的密封间隙，安装完成后检查应为0。

3.1.4 后续措施

（1）仔细检查推力轴承内挡油筒密封是否损坏，更换合缝面密封条，并在合缝面涂密封胶，同时适当加高挡油筒高度或与厂家联系，在保证机组安全运行的前提下适当降低油面高度。最好是进行一次系统的盘车，按要求调整各部导轴承间隙，确保机组各部轴承摆度在规定范围内，避免由于振动而引起瓦温升高加快油雾外溢。此外，还应适当加大推力头上油呼吸器的数量、直径，使推力头内侧压力与外侧大气压平衡。

（2）选用更耐磨、粉尘较少的接触式密封接触齿材料，对现有的接触齿进行全面更换。

（3）由于该厂4台机组除1号机组镜板泵循环效率相对较高，其余3台机组镜板泵循环效率均相对低，在3号机组、4号机组扩修期间，对镜板进行检查发现：镜板泵循环集油槽密封铜挡块，不仅出现磨损，同时对镜板外圆立面造成近3 cm的划槽损伤。后经讨论分析后，将4台机组镜板泵循环模式取消，优化为推力油槽外加泵强循环模式，镜板及推力头进行车床加工修复，彻底解决了镜板循环集油槽密封铜挡块磨损对推力油槽内部的损伤。

（4）检修时收集旧油，对其所含杂质成分进行成分测定，从而判断推力轴承油污染的主要来源。

（5）油槽盖板过重，检修拆卸油槽盖板时，易对接触式密封造成碰撞损坏，可以考虑将油槽盖板更换为轻质铝合金盖板。

3.2　机组转子变形问题

3.2.1　设备简介

发电机组转子主要由圆盘支架、磁轭和磁极组成，转子中心体上部通过螺栓与上端轴相连，转子中心体下部通过螺栓与发电机轴及推力头相连。磁轭由 2.5 mm 厚的高强度冲片在现场叠装而成，热套于转子支架外侧，并用弹性键、切向键和切向主键进行固定。磁轭分上、下两段，每段高 1560 mm，段间用间隔块隔开，采用加强键将两段连成整体。磁轭的外侧利用挡块和磁极键固定 40 个磁极。其中，弹性键、切向键是对转子整体在径向起支撑作用；切向主键主要传递磁轭及转子的扭矩，在机组启动、停机时受力较大；加强键主要是维持磁轭的整体性。

3.2.2　存在问题及处理情况

在 2 号机组“扫膛”后，为了更好地维持转子的整体性，在磁极与磁极间隔处安装了极间撑块和拉紧螺杆，见图 3–1。

2012 年 2 月 22 日，对上窜磁轭键（弹性键）垫板与支臂进行焊接固定处理，焊接厚度 5 mm；3 月 2 日发现转子上挡风被编号 5 号、编号 21 号和编号 25 号方向垫板与支臂焊接点贯穿裂纹，垫板未继续上窜，其他焊接点收烛处存在局部裂纹。3 月 16 日开始检修前，对转子磁轭弹性键焊缝开裂情况进行重新检查（见表 3–1）。处理效果不满足运行要求。

图 3–1　极间撑块

表 3–1　2 号机转子磁轭弹性键检查情况

对应上挡风板编号	检查情况
05	焊缝整体开裂
09	未开裂
13	未开裂
17	未开裂
21	尾部开裂
25	焊缝开裂

2012 年 3 月 16—18 日检修期间，按照东方电机有限公司的建议，为防止垫板进一步上窜，2 号机组在垫板背部与切向键处加焊挡块（12×60×60 Q235A），焊接为在转子中心体内每侧靠下侧的 3 个切向键下沿，挡块与相邻的切向键尽量靠近，焊条由原来的 J507 改为不锈钢 A102，对挡块单侧进行焊接，焊接挡块 60 块，具体安装位置见图 3–2。

1 号（2012 年 3 月 30 日）、3 号（2012 年 4 月 21 日）和 4 号（2012 年 3 月 18 日）机组在磁轭键垫板背部处，最下侧 3 个紧靠调节键下沿处，各焊接一块尺寸为 12×28×60 的 Q235A 挡板，使用不锈钢焊条 A102，对挡块两侧进行焊接，每台机组焊接 60 块挡块，具体安装位置见图 3–3。

2012 年 4 月 10 日，经过运行，对已经焊接挡块 1 号、2 号机组进行检查，焊缝未开裂，弹性键也未出现上窜。4 台机组焊接挡块完成后，2012 年 6 月 20 日，对 4 台机组焊接挡块进行检查，焊缝未开裂，弹性键也未出现上窜，处理达到预期效果。

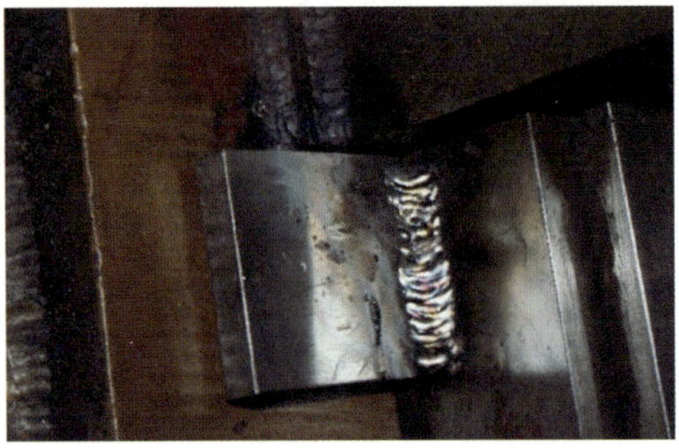

图 3–2　2 号机组转子挡块安装位置

图 3–3　1 号、3 号、4 号机组转子挡块安装位置

3.2.3　原因分析

对转子整体分别进行转子上圆盘波浪度、立筋垂直度及切向键与磁轭的间隙测量发现：4 台机组转子圆盘波浪度数值变化较大，切向主键与磁轭间隙数值以及立筋垂直度数值较稳定，垫板未继续上窜，焊缝也未出现开裂情况。

3.2.4　后续措施

（1）日常运行需加强状态检测关于发电机转子的相关数值，尤其是发电机转子磁极的圆度（静态安装圆度在 1.90 mm 以内）、定子和转子间隙（理论值 31.5 mm），不能出现数值的突然跃变，当数值偏离理论值过多时，需停机进行检查。

机组检修时，对转子磁轭拉紧螺杆焊缝开裂以及挡块焊缝进行全面检查处理，必要时进行补焊。

（2）如出现机组异常甩负荷后，需加强对定子和转子间隙检查，查看周向间隙是否均匀，转子磁轭拉紧螺杆焊缝是否开裂。

（3）对转子整体变形数据长期测量，这些数据是否科学必要，是否控制在允许变化范围，以及是否有其他更好的测量手段来掌握转子的整体变形情况，还需与厂家展开进一步的商讨。

（4）由于转子的整体性一部分是靠弹性键的弹性给磁轭径向的支撑来实现的，由于在垫板与切向键处焊接挡块阻止了垫板的向上运动，是否会引起弹性键的向上窜动，需平时检修时加强关注。

3.3　推力瓦瓦温不平衡问题

3.3.1　设备简介

水轮发电机推力轴承采用小弹簧束支承巴氏合金瓦推力轴承，自身镜板泵外循环冷却方式，冷却油的循环动力来源于 16 个均布于镜板直径为 50 mm 的甩油孔。推力瓦为巴氏合金瓦，瓦面油室为单油室；单瓦面积为 0.267 m^2，属于大型瓦，承重性好；推力瓦在工厂加工完成，在厂内及工地均不刮瓦。托瓦厚度 80 mm，托瓦面开 16 条宽 20 mm 深 15 mm 的周向油沟，用于冷却推力瓦与托瓦，以降低推力瓦温度。在下机架腿之间设置高效列管式冷却器。推力油槽内的热油抽出经冷却器冷却后再注入推力油槽，以带走轴承产生的热量。

3.3.2　存在问题及处理情况

1）存在的主要问题

（1）2013 年 1 月发现：3 号机组 20 块推力瓦均存在不同程度的磨损，高压油环槽磨损严重，在运行时出现 2 号、11 号、17 号、19 号推力瓦温过高，存在瓦温不平衡现象。

（2）备用瓦以及加工后的 3 号机组 12 号瓦的巴氏合金厚度明显小于 3 号机组、4 号机组其他推力瓦的巴氏合金厚度。

（3）工作人员曾对 4 台机组推力外循环油流量现场数据进行读取，除个别流量计无法显示，其他读取流量严重少于设计流量。

（4）在检修过程中发生推力瓦与高压油泵连接螺纹损坏。

2）可能导致的后果

推力瓦严重磨损会导致推力瓦与镜板之间油膜厚度不匀，甚至达不到机组安全运行油膜厚度要求，进一步加速推力瓦的磨损，促使部分推力瓦瓦温大幅升高，严重时引起烧瓦事故。

3）处理情况

2008 年 6 月，因 12 号的巴氏合金厚度相对比较薄，从仓库拿来备用瓦 B-20 对其进行更换。2013 年 1 月对 3 号机组进行检查，发现 20 块推力瓦均存在不同程度的磨损，其中 1 号、12 号推力瓦磨损尤为严重（见图 3-4 和图 3-5），均需进行卷边处理和解体清扫。测量了 4 号机组推力瓦相关数据，运行情况好于 3 号机组，故暂未做处理。

3.3.3　原因分析

3 号机组 20 块推力瓦均出现不同程度磨损，导致推力瓦与镜板之间油膜厚度不均匀，甚至达不到机组安全运行油膜厚度要求，进一步加速推力瓦的磨损，促使部分推力瓦瓦温大幅升高。镜板外圆与密封铜挡块、接触式油档碳精块、巴氏合金等磨损后出现的杂质颗粒，降低油润滑作用，加剧瓦面磨损。

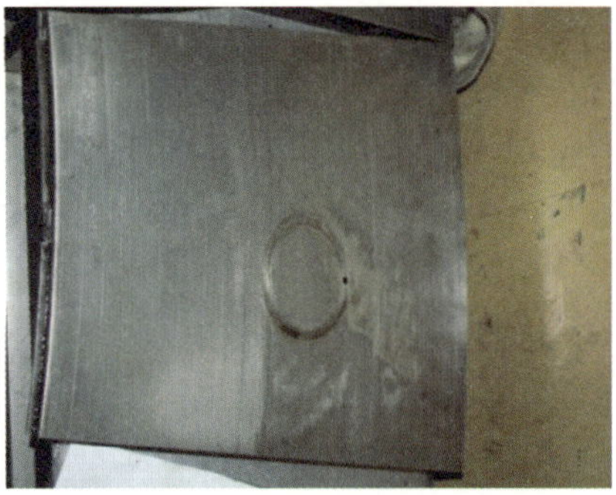

图 3-4　1 号推力瓦瓦面磨损情况

图 3-5　12 号推力瓦瓦面磨损情况

3.3.4　后续措施

（1）订购一套推力瓦备件，对 4 号推力瓦进行整体更换。

（2）分析计算流量情况，参照对于类似的自身镜板泵外循环冷却方式的机组，有无其他增加外循环油流量的措施，如适当增加推力头甩油孔的数量、直径，以提高油冷却的效率，对推力瓦温的降低更有效。

（3）考虑增加一组外部强压冷却系统，提高推力油槽内部冷却效率。

3.4　下风洞内推力轴承甩油问题

3.4.1　设备简介

2013 年 12 月，3F 检修期间，针对 2013 年上半年 3F 推力油混水缺陷出现 2 次，且循环效果不佳，对全部推力外循环冷却器进行换型更换。更换前后的现场情况见图 3-6 和图 3-7。由于 3F 旧的推力油槽盖板过于笨重，不易拆卸，对其进行换型，并对推力油槽接触式密封进行换型更换。更换前后的现场情况见图 3-8 和图 3-9。

图 3-6　更换前的推力冷却器

图 3-7　更换后的推力冷却器

图 3-8　更换前的推力油槽盖板

图 3-9　新型推力油槽盖板配置的接触式密封

2013 年 12 月，3F 推力油槽相关设备换型改造后运行初期，推力油槽冷却效果和甩油情况均有所改善，2014 年 1—3 月 3F 运行期间，推力油槽冷却效果相对降低，下风洞内甩油情况相对变差。现场甩油情况见图 3-10。

图 3-10　3F 下导盖板处甩油情况

3.4.2　存在问题及处理情况

1）3F 下风洞内甩油情况现场检查

首先，对推力油槽内挡油筒进行检查时发现：大部分下导盖板上未发现大量油渍，改造后的外接油盒的油泵启动次数，由于无具体的监视设备，无法确定其启动的频率和次数相对推力冷却器改造前，是否有所改善。

其次，2013 年 12 月对 3 号机组推力盖板和接触式密封进行了换型改造。2014 年 3 月 18 日，3F 推力盖板处进行检查时发现：见图 3-11 和图 3-12，推力盖板上和推力油槽门四周有大量油渍；见图 3-13，两个呼吸器其中的一个（12 号推力油槽门正对处），内部海绵上有大量油渍；见图 3-14，3F 推力油槽靠近轴领处存在大量乳白色沉淀物，通过检查，确认为油槽盖板接触式密封的接触尺磨损后的异物，并随机对推力油槽门 2 号、16 号、12 号、10 号正对的接触式密封处的间隙进行测量，相对 2013 年 12 月换型时的间隙测量数据（用 0.02 mm 的塞尺无法通过上、下 2 层接触式密封）明显偏大，具体测量数据见表 3-2。

表 3-2　3 号机组推力盖板接触式密封间隙测量情况

推力油槽门编号	上层接触式密封间隙（mm）	下层接触式密封间隙（mm）	间隙长度（mm）
2	0.1	0.1	100
16	0.1	0.1	100
12	0.15	0.1	100
10	0.15	0.15	100

图 3-11　推力油槽盖板上的油渍（整圈盖板上均有）

图 3-12　推力油槽门处的油渍（整圈 20 个油槽门处均有）

图 3-13　推力油槽呼吸器内的油渍

图 3-14　接触式密封的磨损情况

2）推力外循环油流量计显示值偏低和部分流量计无读数

2013 年 12 月，3F 检修结束开机试验时，3 号机组的 8 个推力循环油流量计均有显示，平均值在 4 m^3/h 左右，平均瓦温 63 ℃左右，油温在 30 ℃左右，冷却效果明显改善，甩油情况也相应有所改善。

2014 年 3 月 18 日，对运行中的 3 号机组进行检查，在负荷 90.22 MW 时，推力瓦温 1 号为 65 ℃、2 号为 63 ℃、3 号为 69 ℃、4 号为 63 ℃，油温 1 号和 2 号均为 34 ℃，此时 3F 推力循环油流量平均流量值偏低，推力外循环油压力太小，现场压力表计无法读取，很多油流量表计不能正常工作或者不显示。总体流量统计见表 3-3。

表 3-3　3 号机组推力外循环冷却器流量统计（90.22 MW）

冷却器编号	流量计读数（m^3/h）	备　注
1	0	
2		无显示
3		无显示
4	0.16	

续表

冷却器编号	流量计读数（m^3/h）	备　注
5	0.16	
6	0	
7	0	
8	0.20	

由此可见：3F 推力外循环油流量明显偏低，使得推力瓦温和油温增大，造成油槽内部油大量雾化，增大了推力轴承甩油的概率。

3）推力油槽注油情况统计（2013 年 1 月—2014 年 3 月）

2013 年 6 月 6 日：3F 推力轴承加注透平油 220 L，3 F 推力轴承最高瓦温由注油前的 75.2 ℃下降至注油后的 73.4 ℃，推力运行油位 930 mm，注油前后运行油位无变化，停机后对 3F 推力停机油位进行记录，设备运行正常。

2013 年 7 月 4 日：对 3F 机组推力油槽加油 210 L 后，3F 推力瓦温由 74.4 ℃度降至 73.4 ℃，运行时密切监视 3F 推力瓦温度。

2013 年 8 月 3 日：3F 推力油槽注油 200 L 左右，推力油位 865 mm，机组运行时加强推力瓦温的监视。

2013 年 12 月 29 日：对 3F 推力油槽注油 110 L 后，推力油位（水平观察）由 845 mm 上升至 855 mm。

2014 年 3 月 18 日：推力平台油位检查为 850 mm。

由此可见：推力轴承外循环冷却器换型前，推力油槽甩油较为严重的时间段主要集中在夏季，换型后注油一次，甩油情况相对有所改善，由于运行时间相对较短，有待进一步观察。

4）推力油槽油质检查

2013 年 12 月底至 2014 年 3 月，即推力油槽检修过后，主站多次出现“高压油泵油流量低/复归报警”报文，7 次更换 3F 高压油顶起设备过滤器滤芯，第 1 次更换滤芯时，排出的油内出现大量乳白色沉淀物（接触式密封磨损物）和金属物质，以后更换滤芯时，白色沉淀物（接触式密封磨损物）和金属物质逐渐减少。

3.4.3　原因分析

（1）接触式密封磨损主要集中于接触齿磨损严重，造成接触式密封间隙过大，机组运行时随着转速上升，使得推力油槽内部油从此处甩出。同时，接触式密封间隙变大也造成推力油槽内部压力无法满足推力油的有效循环，内部油温上升，形成油雾从接触式密封间隙大的位置或者呼吸器处溢出。

（2）内部油质所含的金属物质目测为铜颗粒，推力油槽内具有铜材质的设备主要集中于黄铜材质的推力外循环镜板密封挡块，因此，初步分析油质内的金属物质为镜板密封挡块磨损物。镜板密封挡块如发生磨损，造成间隙过大，直接引起推力外循环油流量下降，使瓦温、油温升高，加剧下风洞内的推力甩油现象。

3.4.4 后续措施

（1）在 3F 机组春季检修期间，对 3F 推力油槽内部透平油进行过滤，并对油槽内部进行一次彻底清扫。

（2）对 3F 推力轴承接触式密封进行跟踪检查，监督接触式密封磨损情况。如果磨损情况继续恶化，磨损量持续增加，则应考虑对 3F 推力油槽接触式密封进行改造。

（3）在 3F 推力油槽清扫过程中，对推力外循环镜板密封挡块与镜板间间隙进行检查，每次检修分别对上下层进行测量，全面掌握间隙的真实数据，一旦间隙变大则应安排处理。

（4）将推力油槽内甩油接油盒油泵的启动信号接入中控室或者设置油泵启动计数器，便于记录油泵的启停频率和次数，以便做进一步分析。

3.5 大轴补气装置内金属撞击异响问题

3.5.1 设备简介

某厂大轴补气阀主要由阀芯杆、压缩弹簧、缓冲油缸、浮筒等组成，具体结构如图 3-15 所示。阀芯杆起到上下连接作用，可以上下移动，其最大行程为 120 mm；缓冲油缸用液压油作为缓冲介质，以减小阀芯杆在复位时浮筒与阀芯底座的撞击力。在缓冲油缸上下端均有密封装置，防止缓冲油缸漏油；在浮筒上沿也有密封装置，防止大轴补气管反水发生时出现漏水现象。

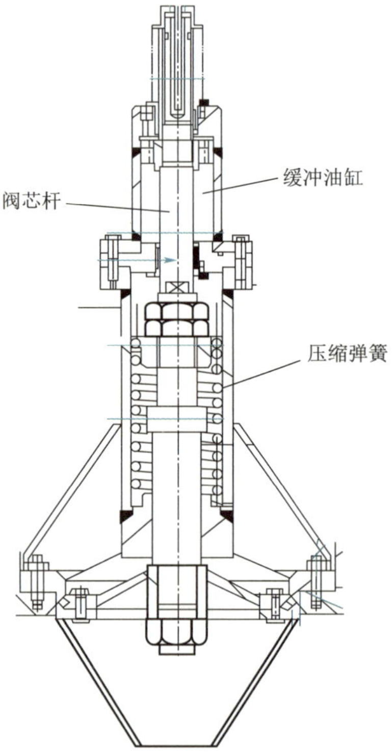

图 3-15 大轴补气阀结构示意图

当机组处于非最优工况运行而在尾水管产生真空时，补气阀在大气压的作用下，克服弹性力开启，给转轮下方真空区进行自然补气，保证机组的稳定运行。补气阀下方设有浮筒，当紧急停机或有反水现象时，浮筒产生的浮力及弹簧弹性力的合力保证补气阀阀盘紧闭，不会漏水。缓冲油缸中填充液压油作为缓冲介质，在缓冲活塞回路中有节流孔。补气动作时，活塞下移挤压液压油，起到缓冲作用；补气结束后，活塞在弹簧作用下上移，液压油对活塞有阻力，使阀体缓慢关闭，起到缓冲作用。

3.5.2 存在问题及处理情况

该电厂 4 台机组在运行期间集电环室内大轴补气装

置都发出过金属撞击声，尤其是负荷控制在 350~380 MW 区间，大轴补气产生动作时金属撞击声最为频繁。在 4 台机组 C 修期间都会对大轴补气装置进行解体检查，更换补气阀内部磨损或老化的密封条（圈）并重新注入压力油。

3.5.3　原因分析

（1）阀芯杆摩擦导致补气装置内方形橡胶密封条磨损，使得缓冲油腔密封不严。阀芯杆在上下移动的时候，阀芯杆与方形橡胶条做相对运动，进而摩擦方形橡胶条，长时间摩擦导致橡胶条磨损，进而导致漏油现象，缓冲油缸失去原有作用。

（2）长时间运行 O 形密封圈老化。在整个缓冲密封装置中，一共有两个 O 形密封圈（见图 3-16），密封圈 1 在阀芯杆和衬套之间，密封圈 2 在缓冲油缸下端两个法兰面之间，在长时间运行后，O 形密封圈可能产生老化，失去密封效果产生漏油。

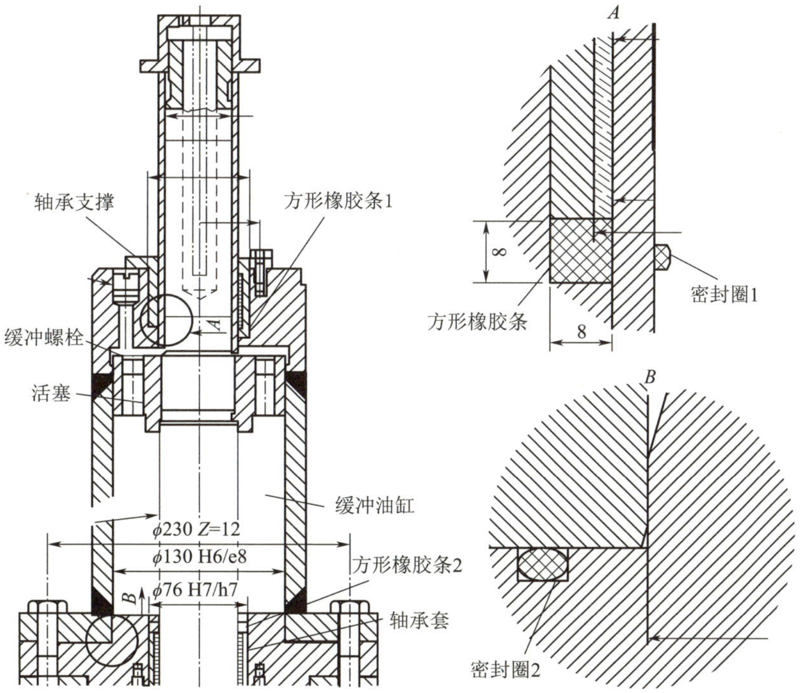

图 3-16　大轴补气阀易损 O 形圈位置图

3.5.4　后续措施

2017 年 3 月，对 4 号机组大轴补气阀进行了换型改造，在运行参数不变的情况下，由油缓冲式补气阀更换成气缓冲式补气阀。

由于现场不具备监测大轴补气阀补气量和开启开度的条件，但考虑到大轴补气阀作用是在机组出现不稳定工况时补入空气，改善机组的运行条件，对比机组在振动区（15 MW、30 MW）附近和正常工况下顶盖振动值及尾水、顶盖压力脉动情况，评估新型大轴补气阀效果。2018 年 8 月，对 4 号机组各工况下顶盖振动值及尾水、顶盖压力脉动进行了统计，如表 3-4 所示。

表 3-4　4 号机组不同负荷下顶盖振动、压力脉动及尾水管压力脉动值

名　称		10 MW	15 MW	30 MW	40 MW
顶盖振动值（μm）	*X* 向	80	82	58	68
	Y 向	80	76	60	69
	Z 向	105	96	73	68
顶盖压力脉动（kPa）		0. 41	0. 41	0. 41	0. 41
尾水管压力脉动（kPa）		0. 01	0. 01	0. 01	0. 01

从表 3-4 可以看出，机组在各工况运行时顶盖振动以及尾水、顶盖压力脉动无明显变化。同时，在大轴补气阀安装位置发电机集电环室也无补气阀活塞撞击阀体的声音。

此次大轴补气阀改造满足 4 号机组运行要求，缓冲方式改为气缓冲后解决了缓冲介质泄漏问题，达到了改造预期效果。

3. 6　机组各部位冷却器及轴承瓦运行可靠性问题

3. 6. 1　设备简介

某电厂 4 台机组自 2007 年投运以来，多次发生冷却器漏水缺陷，2016 年对 1 号机组 12 台空气冷却器进行耐压试验，发现有 8 台存在不同程度的密封老化现象。4 台机组轴承瓦运行情况良好，仅 3 号机组推力瓦 12 号瓦由于高压油环槽深度较浅影响油膜的建立，在 2008 年对其进行了更换。表 3-5 是各机组冷却器故障的统计。

表 3-5　各机组冷却器故障统计表

冷却器位置	机组	厂家	投产时间	故障时间	初步原因判断
上导冷却器	1F	东电配套	2007 年	2013 年	密封老化导致渗水
	3F	哈电配套	2007 年	2013 年	密封老化导致渗水
	2F	东电配套	2007 年	2013 年	密封老化
	4F	哈电配套	2007 年	2013 年	密封老化
下导冷却器	1F	东电配套	2007 年	2013 年	密封老化
				2016 年	2 处胀管渗漏，1 处管束砂眼
	3F	哈电配套	2007 年	2011 年	2 根管束存在砂眼
				2016 年	法兰、弯头及端盖开裂，与生产厂家沟通初步判断为材质问题
	4F	哈电配套	2007 年	2016 年	法兰、弯头及端盖开裂，与生产厂家沟通初步判断为材质问题

续表

冷却器位置	机组	厂家	投产时间	故障时间	初步原因判断
推力冷却器	3F	哈尔滨银河电机制造有限公司（2013 年 1 月更换）	2007 年	2013 年	3 根管束存在砂眼
空气冷却器	1F	东电配套	2007 年	2016 年	8 台冷却器渗水，其中 1 台冷却器铜管存在砂眼，其他 7 台冷却器密封老化导致渗水

从表 3–5 中可以看出，影响冷却器可靠性的因素主要有橡胶密封老化、胀管处渗漏、管束存在砂眼，以及连接管道、法兰开裂 4 种。

3.6.2　原因分析

1）冷却器故障的原因分析

（1）密封老化。从表 3–5 可以看出密封使用 6 年老化，达到了密封的使用寿命年限。应对措施：①将未更换密封的冷却器逐渐全部更换密封材料，同时提高密封的质量；②制定冷却器密封检查更换的周期，建议更换新密封后 5 年进行第一次检查，根据检查结果确定密封的更换周期并建立相关台账。

（2）法兰、管道开裂。法兰、管道开裂问题只出现在 3 号、4 号机组下导冷却器，其他部位冷却器未出现类似情况。经与厂家沟通，初步认定该批次冷却器管道及法兰选取的钢材材质存在问题，目前已更换该批次冷却器配件，运行效果良好。

（3）管束砂眼。管束砂眼产生的原因主要有两种：

①制造工艺不达标，冷却器出厂时存在缺陷。针对这一点，截取 1F 下导冷却器一节存在砂眼的管束，可以明显看到其壁厚不均匀，测量发现其最薄处仅 0.83 mm，最厚处 1.2 mm，见图 3–17。而下导冷却器图纸上技术要求明确说明壁厚 1 mm，显然，1F 原先使用的下导冷却器在壁厚这一项上是不符合要求的。若管束壁厚达不到要求，极易在薄弱处发生渗漏。

②冷却水水质不达标，水中离子与铜管发生化学反应致使管束锈穿。在循环水系统中，循环水始终充满在水冷器的换热管内或包围着换热管，由于换热管最厚处 1.2mm 表面的不均一性，就很容易在换热管表面形成微电池发生腐蚀。铜与冷却水中的酸性或者碱性离子发生化学反应导致铜管形成砂眼甚至裂纹，从而导致渗漏，见图 3–18。研究表明，铜在 pH 为 7~9 时能形成致密氧化膜，防止铜的进一步腐蚀。

图 3–17　管束壁厚检查

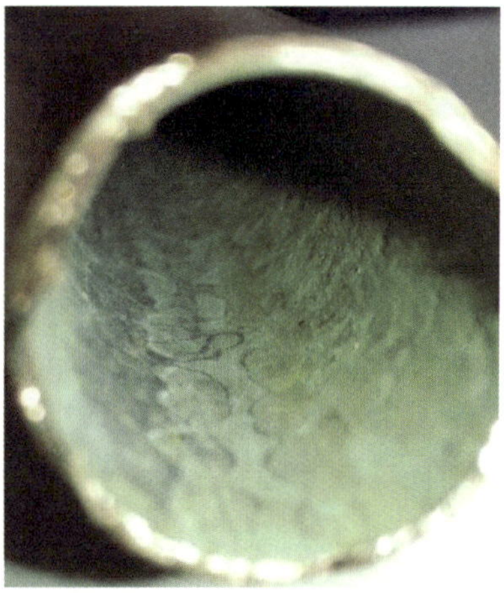

图 3–18　冷却器内壁有轻微锈蚀

图 3–19　冷却器外壁未见明显锈蚀

由图 3–19 可见损坏的冷却器管束外表面未见明显锈蚀，内表面光滑有轻微的铜锈，未形成明显的锈蚀凹点。用 pH 试纸对技术供水酸碱度进行测试，显示为中性（见图 3–20），排除技术供水水质问题。

（4）管路振动导致管束磨损以及应力腐蚀。管路压力脉动会导致管路周期性振动，管束振动会造成铜管与其支撑结构的摩擦，致使管壁变薄导致漏水，这种漏水多发于铜管与其支撑处及胀管处。

截取一节支撑处的管束，未见明显磨损痕迹，见图 3–21。

同时，观察下导冷却器发现其管束支撑处间隙较大，这样会使振动的力量传至胀管处，联系到多次发生管束胀管处漏水，建议以后换型改造将冷却器管束支撑处间隙减小或改为在支撑处增加软支撑。

图 3–20　技术供水 pH 试纸检测情况

图 3–21　管束支撑处未见明显磨损痕迹

2）影响轴承瓦可靠性运行的原因分析

该电厂 3 号机组推力瓦为巴氏合金瓦，2008 年 3 号机组检修期间对推力瓦厚度进行了 4 次测量，厚度基本相同（最大值与最小值相差 5 道）。油环槽深度测量结果见表 3–6。

表 3–6　推力瓦高压油环槽深度　（单位：道）

推力瓦编号	第 1 次	第 2 次	第 3 次	第 4 次
1	52	54	56	54
2	60	56	56	60
3	48	38	42	34
4	58	54	52	50
5	50	56	58	54
6	60	70	60	76
7	60	70	60	70
8	38	40	50	48
9	42	58	60	52
10	56	56	56	58
11	50	32	22	38
12	32	28	10	12
13	40	58	56	52
14	48	54	52	44
15	54	52	54	56
16	52	54	54	20
17	60	54	56	26
18	54	52	50	50
19	56	52	48	54
20	56	58	54	56

注：图纸标注高压油环槽深度应为 80 道。

由表 3-6 可以看出 12 号瓦的高压油环槽深度要明显低于其他瓦，高压油环深度不够将影响油膜的建立，从而导致瓦面磨损。在 2008 年 3 号机组检修期间对 12 号推力瓦进行了更换，避免了由于瓦面磨损引起的其他事故。

该电厂推力瓦为小蝶簧支撑结构，各瓦受力均匀，从推力瓦厚度基本相同也可以看出这一点。12 号瓦油环槽深度磨损严重与推力巴氏合金厚度过大有关，巴氏合金厚度增加会导致推力瓦整体厚度增加，导致此瓦受力最大而加速它的磨损，油环槽又是在巴氏合金处加工的，随着推力瓦的不断磨损，油环槽深度必然变小。瓦温是反映瓦运行可靠性的重要指标，下面对各处轴承瓦温进行分析。

对照 2016 年机组运行时各处瓦温统计表 3-7 和报警值表 3-8 可以看出：该电厂 4 台机组运行时，上导瓦温、下导瓦温、水导瓦温距离报警温度较远，能够安全可靠运行；4 台机组中 2F、4F 推力瓦温最高接近 70 ℃，能够保障机组的可靠性运行，而 1F 最高推力瓦温是 3 号瓦达到了 75 ℃、3F 最高推力瓦温是 2 号瓦达到了 75 ℃，距离报警温度 80 ℃较近，需重点关注。

表 3-7　2016 年某电厂机组运行时各处轴承最高瓦温统计表　（单位：℃）

机组	上导瓦温		推力瓦温				下导瓦温		水导瓦温	
	1 号	2 号	1 号	2 号	3 号	4 号	1 号	2 号	1 号	2 号
1F	44	43	66	69	75	70	52	42	45	45
2F	40	39	69	69	68	69	45	45	44	42
3F	39	37	72	75	68	68	47	44	44	45
4F	45	42	66	69	69	70	48	48	45	44

表 3-8　某电厂机组运行时各处轴承瓦温报警值表　（单位：℃）

名　称	整　定　值		是否停机	备　注
	高报警	过高报警		
上导轴承瓦温	75	80	√	
推力轴承瓦温	80	85	√	
下导轴承瓦温	75	80	√	
水导轴承瓦温	65	75	√	

由历年统计表 3-9 可以看出 1 号机组推力瓦温整体比较平稳，基本稳定在 68 ℃左右，仅 3 号瓦温在 2015 年 11 月检修后，瓦温突增至 73 ℃并长期保持在 74 ℃左右，大发期间达到 75 ℃，2016 年 11 月检修后又降至 70 ℃，检修中只是抽瓦检查并未对 3 号推力瓦有任何处理，初步判断瓦温变化与 RTD 安装有关。3 号机组推力瓦整体瓦温较高，自有数据查询以来，最高瓦温一直保持在 73 ℃左右，但无明显突增现象，初步判断瓦温高与机组安装的工艺有关，在日常巡检过程中需重点关注 3 号机组推力瓦温变化情况。

表 3-9　历年 1F、3F 推力瓦最高瓦温统计表　（单位：℃）

名　称	推力瓦编号	2016 年	2015 年	2014 年	2013 年	2012 年
1F 推力瓦温	1	66	67	65	66	71
	2	69	65	65	65	68
	3	75	67	67	70	72
	4	68	64	63	65	67
3F 推力瓦温	1	74	70	68	71	68
	2	75	69	66	67	71
	3	69	73	72	75	72
	4	69	69	66	72	67

3.6.3　后续措施

冷却系统和轴承瓦对机组的安全稳定运行有着重大影响，日常巡检应重点关注，检修期间及时做好冷却器和轴承瓦的维护和保养。为保障设备的可靠运行，建议对各部位冷却器及轴承瓦做如下改进措施：

（1）将未更换密封的冷却器逐渐更换全部密封材料，同时提高密封的质量。制定冷却器密封检查更换的周期，建议更换新密封后 5 年进行第一次检查，根据检查结果确定密封的更换周期并建立相关台账。

（2）加强备品备件质量验收工作。严格控制冷却器法兰、管道配件的质量；对推力瓦等关键备件的尺寸要进行测量确认，避免备件因质量问题影响机组运行可靠性。

（3）减轻振动对冷却器的影响，在以后的改造中可适当将冷却器管束支撑处间隙减小或改为在支撑处增加软支撑。

（4）在满足机组运行冷却效果的前提下，尽可能提升冷却器铜管的壁厚。

（5）平时巡检重点关注瓦温、油温并做好记录，方便对比发现问题。每次检修对各处轴承瓦瓦面进行检查，发现问题立即处理。

3.7　转子支架改造问题

3.7.1　设备简介

某水电厂安装 4 台单机容量 460 MW 立轴半伞式结构水轮发电机组，发电机转子外径为 10 959 mm，高度为 3120 mm，重量为 870 t。

原转子支架为直支臂结构，包括中心体和外环组件，转子支架和磁轭之间采用径、切向键分开的结构。其中，径向键为弹性键，与转子支臂配合；传递扭矩的切向主键与上下环板配合。磁轭采用两段结构，在安装时热套在转子支架上，以满足 1.15 倍额定转速的分离转速下不分离。

3.7.2 存在问题

3 号机组于 2008 年投入运行，每年两次对转子变形情况进行测量，在机组投入运行的前 3 年，先后发现 10 个转子支臂发生垂直度最小为 0.5 mm，最大 1.64 mm 的不等量塑性变形；转子支架上圆盘波浪变形最大达到 60 mm；切向主键与磁轭径向间隙平均值从初始值 6 mm 增加到 10 mm，说明一对切向主键的配合面变小，传递扭矩能力变弱，磁轭在运行时浮动后并未完全恢复到原始状态。

2010 年上半年起，测量发现以上数据逐步稳定，分析为近几年在转子自身约束下，没有出现恶化情况。2012 年 4 月，发现与 10 个弹性键相配合的垫板中有 6 个从转子上平面上窜，高度最高至 8 mm。以上现象说明转子存在强度偏弱的可能性，机组长期运行存在一定的风险。

3.7.3 原因分析

1）对转子支架强度的分析

通过对原转子直支臂结构分离转速按 1.15 倍额定转速计算，并进行有限元分析计算，结果如下：

（1）静止工况（过速前）

$$\sigma_{v,max} = 399.57\ \text{MPa} > [\sigma] = \frac{2}{3}\sigma_s = 216.67\ \text{MPa}$$

（2）静止工况（过速后）

$$\sigma_{v,max} = 344.76\ \text{MPa} > [\sigma] = \frac{2}{3}\sigma_s = 216.67\ \text{MPa}$$

（3）额定工况

$$\sigma_{v,max} = 167.91\ \text{MPa} < [\sigma] = \frac{2}{3}\sigma_s = 216.67\ \text{MPa}$$

（4）飞逸工况

$$\sigma_{v,max} = 252.21\ \text{MPa} < [\sigma] = \sigma_{s1} = 325\ \text{MPa}$$

通过对原转子直支臂结构分离转速按 1.4 倍额定转速计算，并进行有限元分析计算，结果如下：

静止工况（过速前）

$$\sigma_{v,max} = 434.25\ \text{MPa} > [\sigma]$$

$$=\frac{2}{3}\sigma_{s}=216.67\ \text{MPa}$$

额定工况

$$\sigma_{v,max}=290.15\ \text{MPa}>[\sigma]$$
$$=\frac{2}{3}\sigma_{s}=216.67\ \text{MPa}$$

飞逸工况

$$\sigma_{v,max}=239.84\ \text{MPa}<[\sigma]$$
$$=\sigma_{s}=216.67\ \text{MPa}$$

应力最大值：434.25 MPa，位于立筋与打键交接处。

通过对拟用斜支臂结构分离转速按 1.4 倍额定转速计算，并进行有限元分析计算，结果如下：

（1）静止工况（过速前/打键工况/过速后）

$$\sigma_{v,max}=199.53\ \text{MPa}<[\sigma]$$
$$=\frac{2}{3}\sigma_{s}=216.67\ \text{MPa}$$

（2）额定工况

$$\sigma_{v,max}=189.08\ \text{MPa}<[\sigma]$$
$$=\frac{2}{3}\sigma_{s}=216.67\ \text{MPa}$$

（3）飞逸工况

$$\sigma_{v,max}=305.94\ \text{MPa}<[\sigma]$$
$$=\sigma_{s1}=325\ \text{MPa}$$

（4）甩负荷工况

$$\sigma_{v,max}=185.35\ \text{MPa}<[\sigma]$$
$$=\sigma_{s1}=325\ \text{MPa}$$

正常运行工况的最大综合应力不应大于屈服极限的 2/3，故障工况的最大综合应力不应大于屈服极限。

2）失稳分析

机组运行 10 年来上圆盘已有明显变形，对失稳进行计算可以看出，原结构转子支架上圆盘翘曲安全系数为 2.56。该系数较低，会引起上圆盘失稳变形，见图 3-22。

为解决上圆盘翘曲变形问题，提高转子支架刚强度和翘曲安全系数，将支架外环组件直支臂改为斜支臂进行了计算，新结构翘曲图见图 3-23 和图 3-24。

斜支臂方案第一阶翘曲形式位于主立筋，翘曲系数为 6.8>5.0，满足翘曲稳定性要求。第二阶翘曲型式位于上圆盘，翘曲系数为 7.5>5.0，计算表明，如将直支臂改为斜支

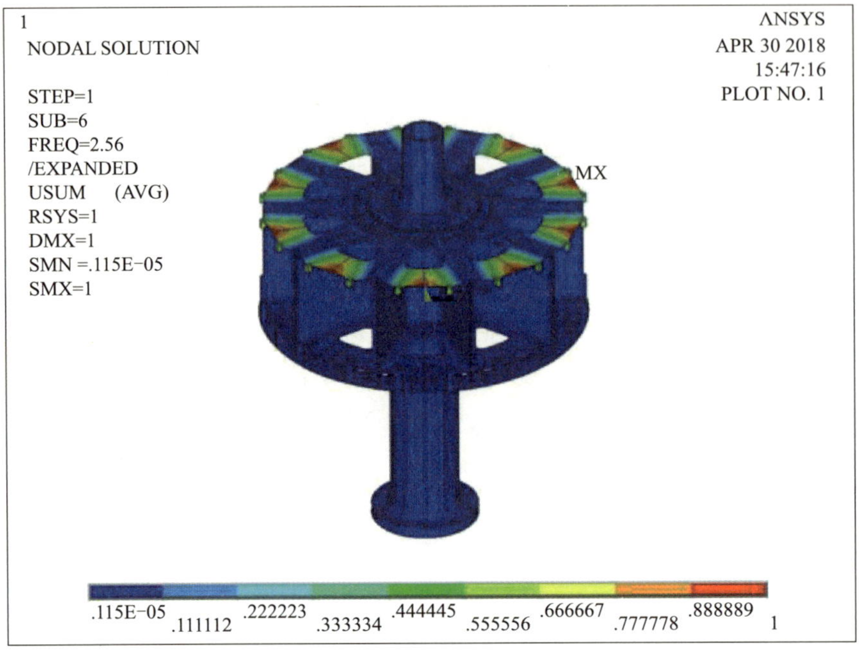

图 3-22 原结构翘曲示意图

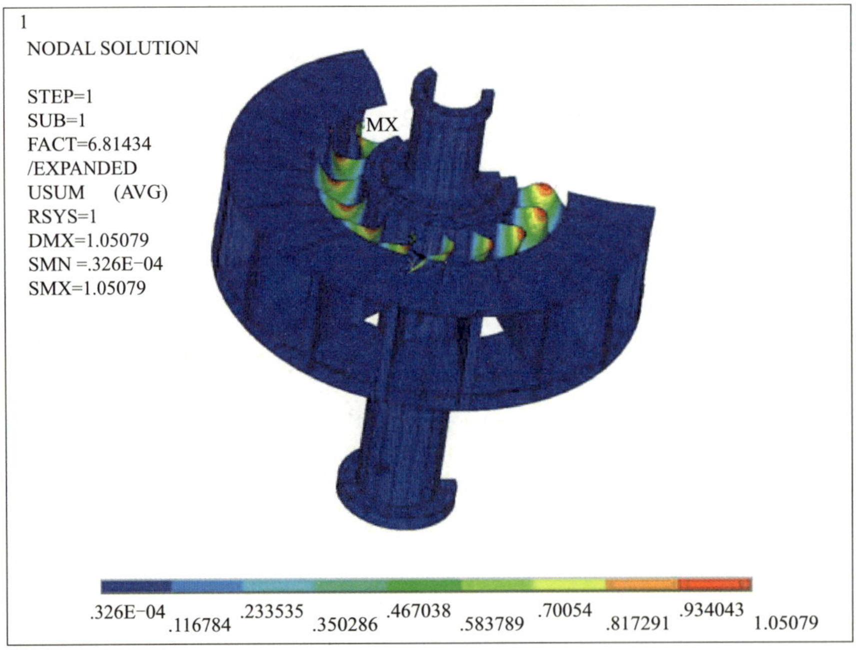

图 3-23 第一阶翘曲形式——上圆盘翘曲

臂，可满足翘曲稳定性要求。

3）分析结论

随着机组运行之初圆盘内应力逐渐释放，上圆盘出现局部波浪变形，经过一段时间已

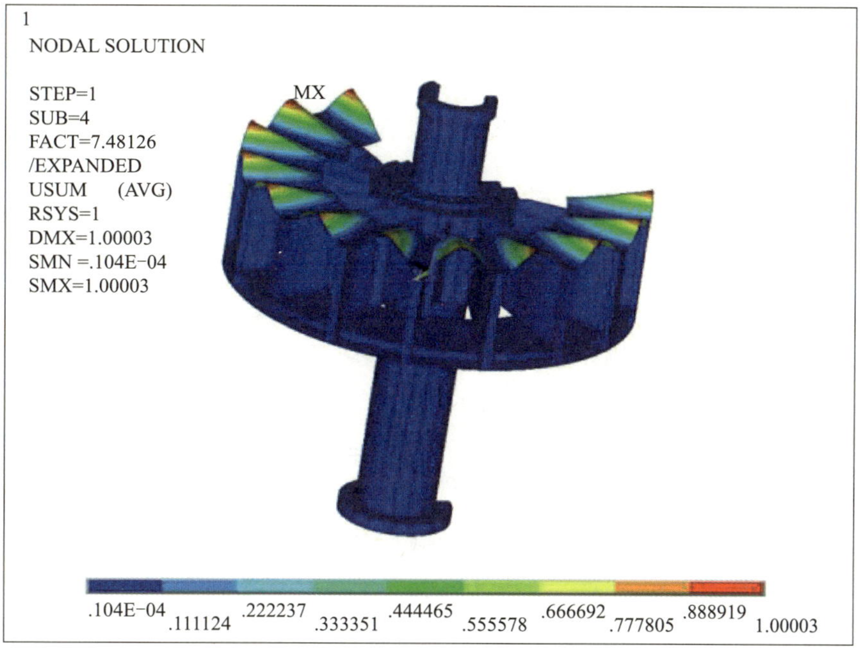

图 3-24　第二阶翘曲形式——上圆盘翘曲

趋于稳定，暂时不会影响运行，但仍有以下问题：

（1）原直支臂结构分离转速按 1.15 倍和 1.4 倍额定转速计算，静止工况、额定工况下原直支臂结构最大应力均超材料许用应力（Q345B），导致上下环板在这两种常用工况下，局部受磁轭热套力和切向力偏大，转子支架发生变形，弹性键受力减小，转子产生不可控的塑性变形。

（2）该电厂系华中电网骨干调峰电厂，机组启停频繁，在此过程中加剧了疲劳破坏。

（3）原转子支架立筋数量为 10 个，使圆盘支架两腹板之间的跨度略大，容易出现梅花瓣变形，对机组的低频振动带来不利影响。

（4）原立筋在厂内加工，转子支架工地组焊好后靠多对调节键调整大立筋与磁轭键的接触面，该结构为三峡引进的调节键加弹性键的磁轭主键结构，虽然安装简洁方便，但是立筋与主键无法充分接触，使局部区域的紧量达不到设计要求。

（5）根据同类机组的实际运用情况，原转子支架中心体圆筒壁较薄，上环板和支臂较薄，刚度较弱。

以上因素可能导致机组在长期运行或多次出现甩负荷等工况之后，转子产生严重缺陷，导致发电机转子波浪度超标、定转子空气间隙变小、导轴承摆度增大等问题，因而需要对转子进行改造。

3.7.4 处理情况

1）改造简介

该电厂于 2019 年 9 月开始对 3 号机转子改造，改造采用将原磁轭整体加热脱出，更换转子中心体，将 10 个直支臂的外环组件更换为 20 个斜支臂的外环组件，再将原磁轭整体与转子支架热套装回的方案，转子外环组件共分 4 瓣，每瓣由上圆盘、下圆盘、制动环和 5 个斜支臂组成。其中，上、下圆盘和支臂厚 50 mm，制动环厚 70 mm，外环组件与转子支架中心体圆筒在工地焊接成整体，焊接后，根据实测尺寸通过配刨副立筋的方式保证键槽的径向、弦距尺寸以满足后续安装要求。磁轭热套前焊接副立筋。原转子结构和优化后的转子结构分别如图 3–25 和图 3–26 所示。

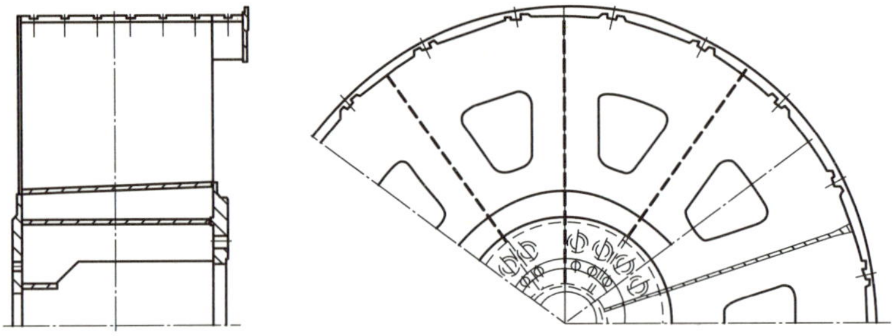

图 3–25　原转子支架图

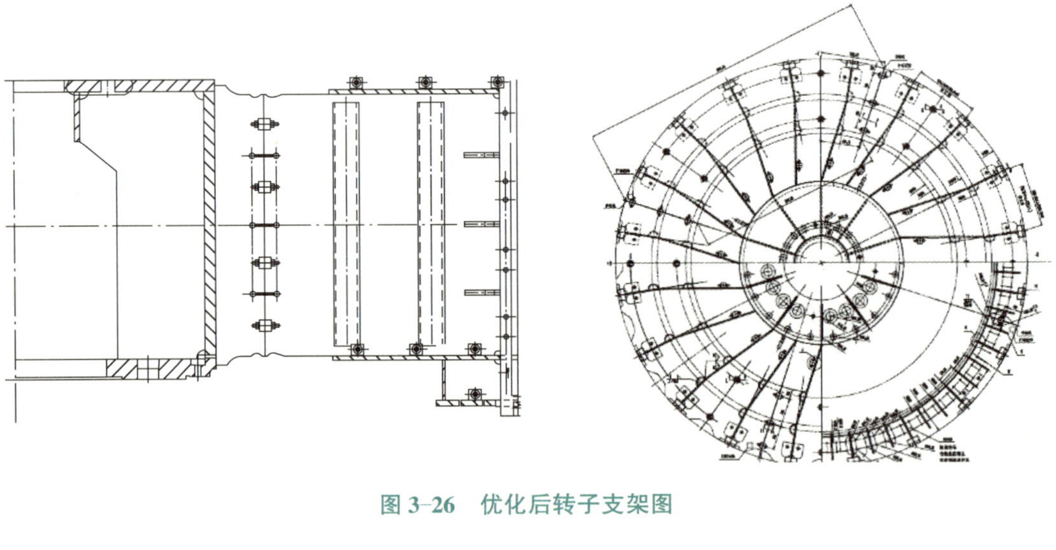

图 3–26　优化后转子支架图

详细内容如下：

（1）立筋数由原有的 10 根增加至 20 根，磁轭主键数目也相应增加至 20 根，切向主键由 20 处减少为 10 处，加强键不变。

（2）扇形支臂增加中间环板。

（3）立筋调圆由原有的调节键方式更改为现场加工，主键形式为弹性键加一对硬键的组合方式。

（4）转子解体方式：不拆磁轭，而是在拔键后将扇形支臂吊出磁轭圈。

改造后的转子支架强度进一步提高，立筋采用工地加工工艺，有助于提高磁轭键与立筋的接触面，改善转子支架与磁轭键之间配合，使径向受力更好，从而使机组稳定性更高。

2）转子改造主要工艺流程

传统的发电机组对转子支架改造，必须经过以下几个主要工艺步骤：拆除磁极→整体吊出磁轭→工地组焊转子支架→重新叠装磁轭→挂装磁极。

该电厂 3 号机组转子支架改造工艺主要步骤为：拆除磁极→热拔转子支架与磁轭弹性键→保留整体磁轭，转子支架整体吊出→工地组焊转子支架→转子支架吊装热套整体磁轭内→挂装磁极。其中，新的转子支架改造工艺采用新转子与旧磁轭整体热套（见图 3–27），避免了拆除和重叠旧磁轭，节省了将近 3 个月的工期以及大量人力成本，这种工艺目前在国内尚属首次。

图 3–27　新转子与旧整体磁轭套装

3）转子支架与磁轭组装中心定位方式

传统转子安装是先在工地焊接转子支架，通过转子支架主立筋定位磁轭，使转子支架与磁轭中心满足设计要求。

本次改造保持整体磁轭不动，通过磁轭反向定位新转子支架中心，为避免磁轭变形，现场无法采用将转子支架套入磁轭后，再利用磁轭作为支点调整中心的工艺。所以需在套装的同时完成同心度调整定位，这种转子支架与磁轭中心调整工艺目前在国内也是首次。

为保证同心度，此次改造专门制作了 4 套高精度对楔结构的复位工具，在套装前先根据磁轭内键槽至中心的测量尺寸和转子支架副立筋键槽至中心的测量尺寸，计算出磁轭内键槽与转子支架副立筋键槽的径向实际尺寸，根据计算值分别调整 4 套复位工具的厚度，并在试吊转子支架上做好对应标记。在转子支架将要落入磁轭中时，每隔一个副立筋使用木方进行引导，使转子支架落入磁轭中并缓慢下降。待转子支架下圆盘距中心体支墩上平面 5 ~ 10 mm 时停止下落，将转子支架复位工具按做好的标记插入对应的磁轭凸键键槽中，同时调整副立筋键槽与磁轭键槽切向对称性，调整合格后继续下落转子支架，直至转子支架完全落在中心体支墩上。

4）磁轭与转子支架连接方式

原磁轭直接落在转子支架下环板上，再通过 10 根弹性键以热打键方式与转子支架连接。

此次 3 号发电机转子改造将转子支架套入磁轭后，在主力筋挂钩处塞入卡键、护板

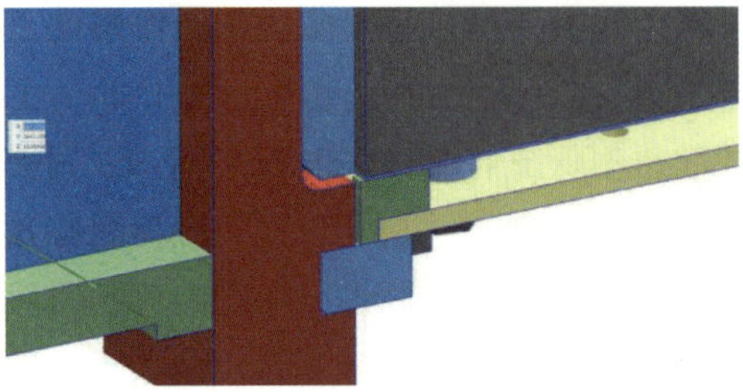

图 3-28　新转子与磁轭固定件结构

和卡板，见图 3-28。再在转子支架副立筋和磁轭键槽内用 20 根凸键热加垫连接。这种磁轭与转子支架连接方式，使转子支架能够承受较大的径向紧量，保证机组在 1.4 倍额定转速下运行时，磁轭与转子支架之间不发生分离，从根本上解决了弹性键上窜的问题。

3.7.5　总结

此次机组改造将水轮发电机转子支架直支臂结构改造为斜支臂结构，经计算，与旧转子相比，新转子整体和局部强度应力计算值均在允许范围内，新结构的 20 个斜支臂与中心体焊接成整体，磁轭在热膨胀、离心力下斜支臂有良好的回弹性，可以维持定子与转子的同心度。相比较于原结构的直支臂，斜支臂方案的翘曲系数更大，满足翘曲稳定性要求，能够有效保证机组长时间的安全稳定运行。

机组通过各工况的稳定性试验、过速试验、甩负荷试验及 72 h 试运行，各项参数指标在标准范围内，可以长期稳定运行。

3.8　发电机下风道甩风问题

3.8.1　设备简介

某电厂水轮发电机采用双路径向无风扇通风方式。冷却空气在转子支架、磁轭和磁极产生的压头作用下，轴向进入转子支架内，然后径向流经磁轭风道、磁极极间和气隙，再径向流经定子风沟，完成电机通风散热过程。冷却气体携带发电机的损耗热最终经定子铁心背部汇集至空气冷却器，热空气与冷却水热交换散去热量后，重新分成上、下两路进入转子支架，构成密闭自循环通风系统。发电机主要通风结构参数见表 3-10。

表 3-10　发电机主要参数

名　称	参　数	名　称	参　数
定子铁心外直径（mm）	11 920	定子铁心内直径（mm）	10 900
定子铁心长（mm）	2920	定子槽数（槽）	480
定子槽宽度（mm）	25.8	定子槽数深度（mm）	199.02
定子风沟数（个）	72	定子风沟高（mm）	5
气隙（mm）	31.5	极数（个）	40
极靴高度（mm）	75	极靴高度（mm）	610
极身高度（mm）	380	极身宽度（mm）	500
磁极长度（mm）	3040	励磁线圈宽度（mm）	80/85
转速（r/min）	150		

1）转子支架

转子支架入风口是冷却空气必经的过流通道，入风口尺寸及位置的选择既要满足过风面积的需要，又要考虑提供旋转压头的需要。转子支架采用斜支臂结构，共有 20 个支臂，转子支架入风口内径为 1.927 m，外径为 2.500 m。

2）磁轭入风口

该电厂水轮发电机转子磁轭采用无通风沟结构。磁轭沿轴向分为两段，每段高度 1.48 m，磁轭段间隙为 60 mm，磁轭上下两端各有 40 mm 高的通风间隙。磁轭冲片厚度为 2.5 mm，一片挂 4 极，采用两片一叠整极串的叠片方式，磁轭叠片形成风隙，风隙入口及出口宽度均为 100 mm。

3）定子径向风沟

定子径向风沟数为 72，定子径向风沟高为 5 mm。

4）挡风板位置

在磁轭轴向、磁极轴向及气隙处均装有挡风板等部件，用以增大电机有效风量。其中，气隙端部挡风板风隙为 10 mm。

5）存在问题

该电厂 3 号机组扩修改造更换转子直接和中心体后，下风道紊乱向上甩风，造成空气冷却器冷凝水随风道甩至下风道墙壁及发电机出口引线上，见图 3-29，严重威胁发电机安全稳定运行。

图 3-29　3 号发电机上风洞空冷冷凝水情况

3.8.2　原因分析

该电厂水轮发电机风路示意图如图 3-30 所示。根据图 3-30 可以看出，发电机上风道过流比较顺畅，冷却器出风经机座上端开孔位置流入机座内，经铜环、定子绕组上端部后，一路顺畅地流入转子支架内；而下风道过流阻碍较多，冷却器出风经地坑通道进入机座内，流经定子绕组下端部、制动器，受阻于轴承油箱后改变方向流入转子支架内。下风道冷却气体在制动器、制动环绑合筋板、轴承油箱所形成的空间内将发生撞击，形成漩涡，由此形成流动阻力影响气流顺畅流入转子支架内。

根据风路图分析可知，电机上下风路不对称、风量不平衡，导致下风道冷却风量不能顺畅进入转子支架内，造成向上甩风现象，空气冷却器冷凝水随风吹散在上风洞电气设备上，威胁发电机安全运行。

3.8.3　处理措施

为解决这一问题，可以从两个方面入手，一是在保证冷却风量的前提下，在空冷器处

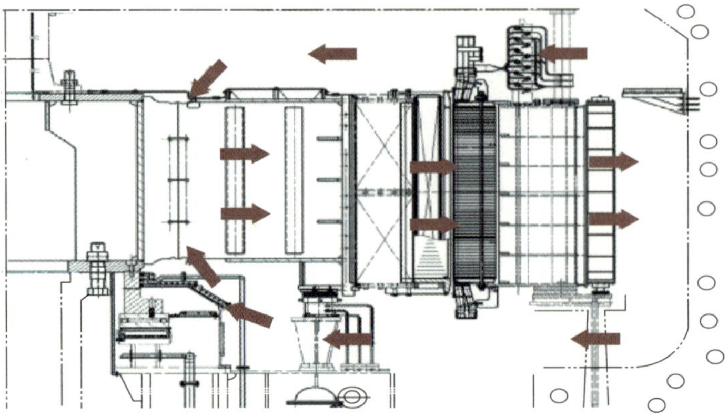

图 3-30　水轮发电机风路示意图

设置阻挡、收集冷凝水；二是改变风路结构对称性，在上风道转子支架入风口位置加设挡风板，减小入风口面积，从而增加风阻、降低上风道入风量，使上下风道平衡，从根本上解决向上甩风的问题。

由于 3 号机组已投产发电，临近汛期，为防止发电机出口引线潮湿导致短路事故，我们采取第一种方法，在空气冷却器进水侧加装无纺布挡水网来吸收空气冷却器冷凝水，再在下方安装集水槽排水，如图 3-31 所示。加装挡水网后，增加风阻，从挡水网出来的风量明显降低，冷凝水在挡水网上析出，汇集在集水槽后排至排水沟，发电机定子绕组及铁心温度无明显变化。

该电厂 4 号机组发电机与 3 号机组发电机采用相同的改造工艺，为从根本上解决风道紊乱情况，在 4 号机转子支架上入风口位置加设挡风板，挡风板位置如图 3-32 所示。转子支架原入风口 $R_{外}$ 为 2700 mm，$R_{内}$ 为 1700 mm，现调整为 $R_{外}$ 为 2100 mm。加设挡风板后，转子支架上入风口面积显著减少，从而增加风阻系数，风量与下风道阻力相当。

图 3-31　空冷器加装挡水网

图 3-32　加设挡风板位置

根据发电机的通风结构，确定计算网络，其中包括转子支架、磁轭和磁极等压力元件及风阻元件，还有定子入口、出口、气隙入口和冷却器等风阻元件。应用流体计算软件 FLOWMASTER 进行通风系统的计算分析。转子支架上入风口加设挡风板后，发电机总风量由 180.6 m^3/s 减小为 176.0 m^3/s，减小约为 2.5%。机组现运行温度较低，总风量略微减小不会对电机冷却系统造成影响。上下风道风量分配发生显著变化，原来受上下风道阻力不对称影响，上下风道占比约为 1.96 : 1，加设挡风板后变为 0.92 : 1，下风道风量明显增大，上下风道风量较平衡，从 4 号机组增加挡风板后效果来看，该方案从根本上解决了向上甩风的问题。

3.8.4　后续措施

该电厂水轮发电机下风道甩风问题，主要原因是上下风路不对称，冷却风量在下风道内流通不顺畅，受阻碍形成漩涡，进入转子支架入风口阻力较大，下风道风量明显低于上风道，造成空气冷却器冷凝水甩至上风洞内电气设备上，威胁发电机安全运行。

在空冷器进水侧加装挡水网，虽能防止冷凝水甩至发电机设备上，但不能从根本上解决甩风问题，且需对其进行维护保养及更换，在转子支架上入风口位置加设挡风板后，增加上风道风阻，与下风道阻力相匹配，使上下风道风量平衡，从根本上消除向上甩风情况。后续将在机组检修期间对 3 号机组转子进行改造，在上入风口增设挡风板。

3.9　发电机推力轴承甩油问题

3.9.1　设备简介

某电厂水轮发电机推力轴承采用小弹簧束支承巴氏合金瓦推力轴承，自身镜板泵外循环冷却方式，如图 3-33 所示。冷却油的循环动力来源于 16 个均布于镜板直径为 50 mm 的甩油孔。推力瓦为 20 块巴氏合金瓦，瓦面油室为单油室；单瓦面积为 0.267 m^2，属于大型瓦，承重性好；推力瓦在工厂加工完成，在厂内及工地均不刮瓦。托瓦厚度 80 mm，托瓦面开 16 条宽 20 mm 深 15 mm 的周向油沟，用于冷却推力瓦与托瓦，以降低推力瓦温度。在下机架腿之间设置高效列管式冷却器。推力油槽内的热油抽出经冷却器冷却后再注入推力油槽，以带走轴承产生的热量。

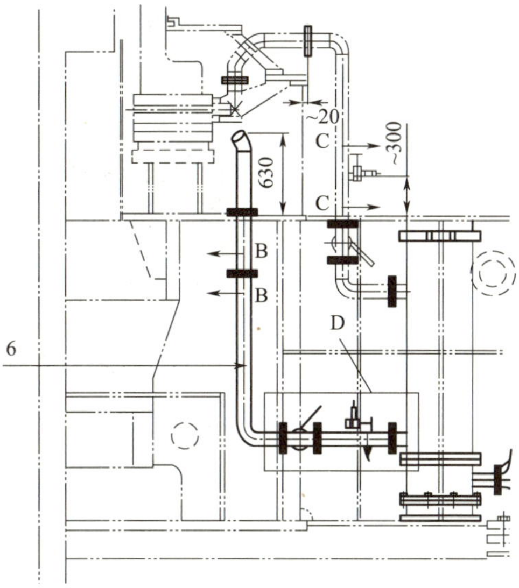

图 3-33　镜板泵外循环系统

3.9.2 存在问题

1）镜板泵运行情况

3 号机组推力油槽设计静止油位为 980 mm，近年来实际静止油位约 850 mm，夏季连续满发运行时平均瓦温约 69 ℃，最高瓦温 74.5 ℃，油温约 37 ℃。原设计推力轴承通过 8 台冷却器与外界进行热交换，镜板甩油孔甩出的油通过集油盒与冷却器管路连通，集油盒与镜板之间采用铝青铜材质的挡块以接触式密封形式进行密封。总体结构示意图如图 3-34 所示。

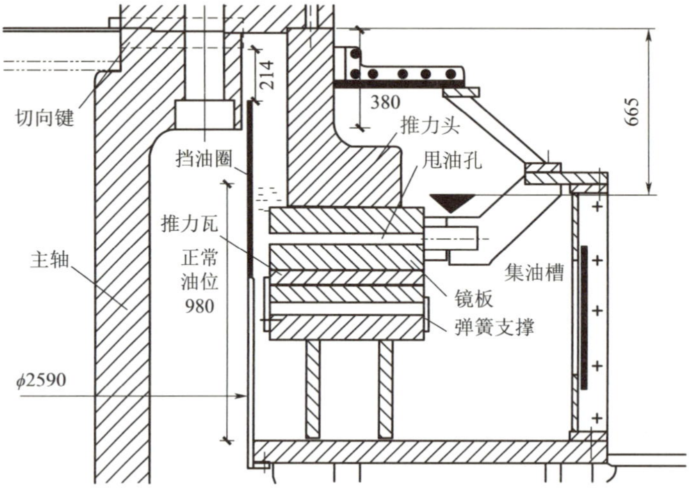

图 3-34 发电机组原推力轴承结构示意图（单位：mm）

运行多年以来挡块与镜板均有不同程度磨损，见图 3-35，集油盒与镜板之间的间隙逐渐增大，最大处达到 1.2 mm，导致镜板泵循环效率降低。

图 3-35 镜板与铝青铜挡块接触处磨损情况

近年来外循环冷却器油流量极低，推力油槽与外界热交换效率低。实测推力冷却器油循环流量见表 3–11。

表 3–11　3 号机组推力冷却器油流量统计表

冷却器编号	1	2	3	4	5	6	7	8
流量（m^3/h）	0.2	0	0	0	0.18	0.18	0	0.2

2）推力轴承甩油情况

为防止油槽内油雾外逸，推力油槽装有接触式密封盖，密封盖的随动密封材料为炭精块。密封盖上装有呼吸器，可使油槽内产生的油雾凝结成油滴，返流回油槽内，过滤后的空气被排出，保证油槽内外压力平衡。

3 号机组推力油槽甩油可分为两种情况：油雾外逸和内挡油管甩油。机组旋转以及推力油槽内复杂的结构，搅动油槽内油流一方面形成油雾，油雾通过接触式密封盖处外逸，见图 3–36；另一方面搅起的油流通过内挡油管甩出来，据统计机组满负荷运行 72 h，内挡油管甩油约 85 L。

3.9.3　原因分析

从 2010 年开始，在 3 号机组 B 级和 C 级检修期间，从阻止透平油甩出和油雾逸出出发，多次采取措施对挡油管、接触式密封盖进行优化改造、增加吸油雾装置等，但效果均不理想，现场油污见图 3–37。这些措施均不治本，要想彻底解决 3 号机组甩油问题，需要从根本上减少油雾的产生和降低油面的波动。

图 3–36　油雾顺着油槽接触式密封盖外溢痕迹

图 3–37　下风洞内聚集大量油污

油雾的生成和油面的波动与油槽内油位、温度、压力及油流的流态密切相关，而推力油槽的结构及热交换效率是影响以上参数的关键因素。

一方面镜板泵循环效率低，造成油槽内瓦温、油温及环境温度升高，加剧油雾的生成，同时还会造成油槽内压力增大，导致接触式密封盖无法对油雾进行有效封堵，使油雾外逸。另一方面镜板泵循环效率低就需要通过增加透平油量来降低瓦温，使机组安全稳定运行，而油槽内压力增高和油位加高，会导致部分油从内挡油管甩出来。推力油槽的结构直接影响油面的波动，剧烈的油面波动会加剧甩油并产生油雾。

3.9.4 处理措施

2019—2020 年，该电厂对 3 号机组进行了扩修改造。针对推力轴承甩油问题，从改变推力油槽透平油循环方式出发，对推力轴承进行了一系列优化改造。

1）自身镜板泵外循环改为强迫外循环

取消镜板泵外循环，将镜板甩油孔进行封堵，拆除镜板泵集油盒。在油槽外加装 7 套外循环油泵电机组及冷却器，采用 6 主 1 备的方式运行，如图 3-38 所示。油泵电机组及冷却器的循环流量设计值为 634 L/min，平均每 4 min 就能将油槽内透平油循环一遍。同时，在油槽内部形成从内挡油管到油槽外壁吸油口的油流路径，降低内档甩油情况。

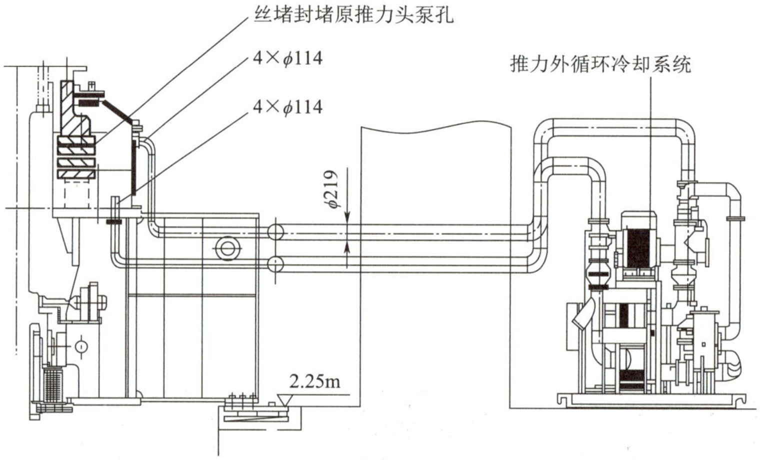

图 3-38 强迫外循环示意图（单位：mm）

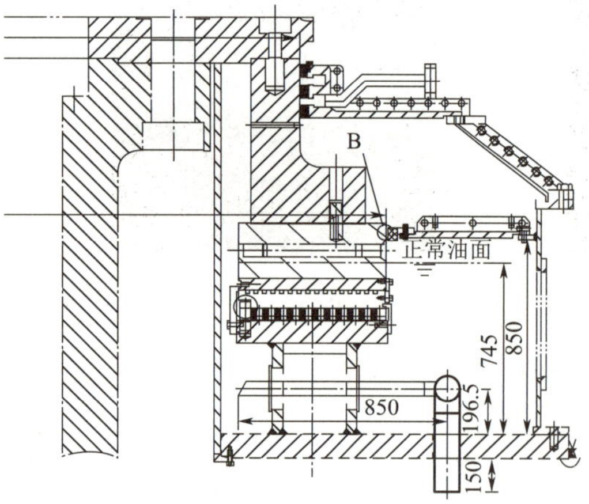

图 3-39 改造后推力油槽结构图

由于加强了油槽内油循环效率，在综合考虑瓦温和透平油量后，将推力油位由原先的 845 mm 降低至 745 mm，进一步减少油雾的生成和甩油。

2）加装稳油板

在油槽内壁和镜板之间加装稳油板，稳油板与镜板之间保留 0. 5~1 mm 的间隙。利用稳油板降低油面波动，减少油雾的产生。同时稳油板将油槽分为上下两腔，使通过稳油板溢出的油雾在上腔液化，从而减少油雾外溢，如图 3-39 所示。

3）更换密封盖

更换接触式密封盖，新盖板密封梳齿分为 3 道，其结构示意图如图 3-40 所示，将密封盖分为上下两腔。最上面为气密封板，与大轴紧密接触。在上腔加装 3 台功率 1.5 kW 的抽风风机，下腔加装 1 台 250 W 的静电过滤器。3 台风机将油槽内空气往外抽，由于气密封板的存在，最开始从油槽内抽出的空气要多于从接触式密封盖进入油槽的空气，使得油槽内形成负压。油槽内负压一方面阻止油雾通过接触式密封盖往外溢；另一方面阻止油从内挡油管甩出。同时，密封盖下腔安装的静电过滤器可将油槽内油雾吸出收集。

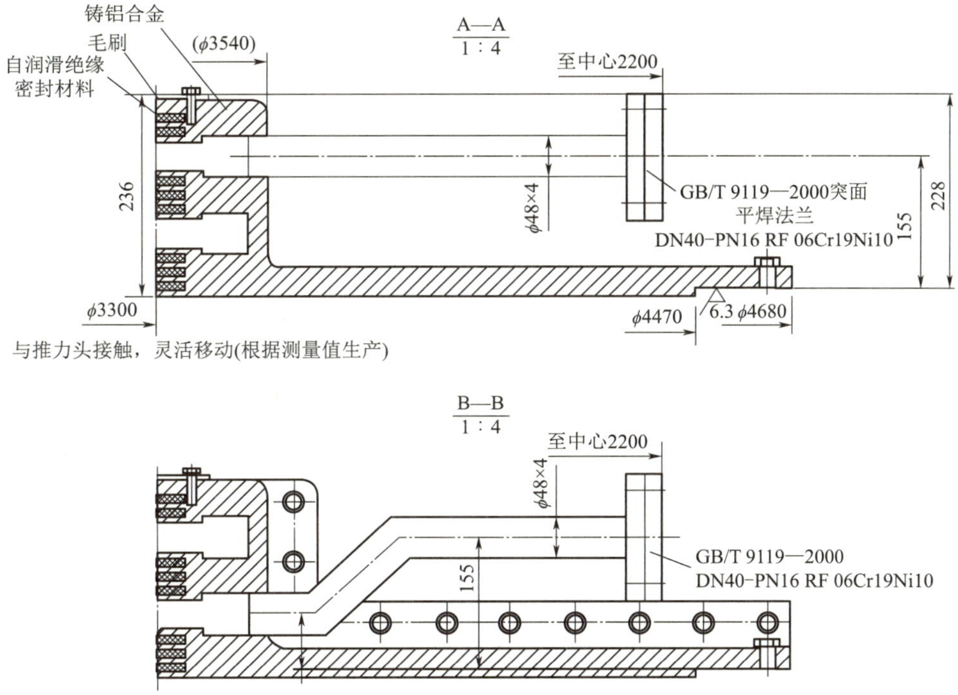

图 3-40　密封梳齿结构示意图

4）内挡油管改造

由于 3 号机组推力油槽内挡油管存在变形情况，挡油管变形会形成变心泵效应，加剧甩油。此次将内挡油管进行了更换，将其高度加高至距离转子支架地面 10 mm，并增加其厚度。

5）运行效果

3 号机组推力轴承改造结束投产将近 3 个月，期间经历了汛期连续 20 多天满负荷运行。满负荷运行时机组推力轴承平均瓦温约 62 ℃，最高瓦温 70 ℃，平均油温约 38 ℃，单台外循环冷却器油流量约 500 L/min。目前推力轴承密封盖处无油雾逸出，内挡油管处无甩油现象，静电过滤器油箱内无油雾吸出，3 台排风风机出风口有少量油雾吸出。

6）后续措施

此次 3 号机组推力轴承改造，一方面通过强迫外循环的循环方式提高油槽内油循环效率，降低瓦温、油位；增加稳油板减缓油面波动；加装排风风机，降低油槽内环境温度；加高稳油板等措施，从根源上减少甩油和油雾的产生。另一方面利用排风机在油槽内形成负压，从根源上减少油雾的产生和降低油面，阻止油雾从油槽梳齿密封处往外逸，利用静电过滤器将油槽内油雾吸出收集。

从目前运行效果来看，此次改造彻底解决了 3 号机组推力轴承甩油及油雾外逸问题。静电过滤器处无油雾吸出，3 台排风机出风口处却有少量油雾吸出，该问题说明静电过滤器和排风风机的功率不匹配，建议后续通过试验对其进行调整，或者在排风机出风口处加装油雾收集装置。

第 4 章 水轮机和辅件故障分析及处理

4.1 自动锁锭不能拔出问题

4.1.1 设备简介

某电厂水轮机设置有 2 个油压操作、双作用、液压直缸无渗漏接力器，用于通过导叶操作机构来操作导叶。接力器缸和盖采用钢制造，活塞采用铸钢，活塞杆采用不锈钢，并进行高精度抛光。配有 4 个活塞环和 1 个形状合适的刮油圈，使油缸壁的压力均匀并防止油通过活塞而渗漏。活塞杆设有双重青铜导轴承，以使活塞不承受侧向力，外侧轴承是自润滑型。在接力器上设置有锁定装置，便于水轮机导叶可靠地锁定在关闭压紧位置上。导叶锁定机构包括带接点的限位开关，限位开关在锁定装置完全啮合或脱开时动作。

4.1.2 存在问题及处理措施

2013 年 8 月 6 日 7 时 28 分某电厂 1 号机并网，开机过程中主站报“拔自动锁锭失败，流程退出”。现地检查发现 1F 机组锁锭未全部拔出。

缺陷发生后，工作人员对 1 号机组自动锁锭进行运行方式、电气、机械等多个方面的分析，并通过短接 1 号机自动锁锭拔出位置信号接点来模拟开机时自动锁锭拔出动作，接点正常。现场测量发现自动锁锭最多只能拔出 58 mm（设计高度 75 mm），自动锁锭不能全部拔出。现场检查 1 号机调速器油压正常、接力器管道无渗漏。对自动锁锭弹簧进行检查，自动锁锭弹簧正常（长度为 140 mm），无形变。自动锁锭上腔体内部存在高度约为 20~30 mm 的积油，对积油进行清扫后，自动锁锭回装，试验自动锁锭投退正常。

8 月 12 日再次拔自动锁锭不成功，对自动锁锭积油清扫后，自动锁锭回装，自动锁锭投退正常，缺陷消除。为防止出现重复缺陷，8 月 13 日对自动锁锭上腔旋塞进行拆卸，使积油可以有效排出，拆除后自动锁锭投退实验正常。

4.1.3 原因分析

经初步分析，此次自动锁锭不能拔出的原因是由于自动锁锭活塞密封渗油。渗油导致上腔存有积油，当自动锁锭拔出时上腔积油形成了压力腔，致使自动锁锭不能完全拔出到位。

4.2 停机时间过长问题

4.2.1 设备简介

某电厂水轮机型号为 HLS45-LJ-597，2008 年投入运行，由上海福伊特西门子水电设备有限公司制造。每台水轮机有活动导叶 22 个，通过套筒与顶盖径向配合、活动导叶轴与轴套动配合、轴套与套筒内壁静配合，导叶套筒密封对活动导叶轴和套筒间隙进行密封。

4.2.2 存在问题

近两年来，2 号机多次发生停机过长问题，自 2004 年 8 月 10 日发现调速器液压系统管路振动，直至 9 月 3 日将比例阀控制油路互换前，2F 机组投电制动时间明显增加，最短为 8 分 10 秒，具体情况见表 4-1。长时间的低速运行给推力轴承瓦面造成威胁，也降低了机组实际备用时间。经过两年的长周期跟踪，发现接力器之后的操作机械及过流部件也存在一些问题，以下从这个方面进行分析并提出措施。

表 4-1　重要时间节点的停机时间

日期	时间	T_1	T_2	$T_{3\text{-}3}$	水头（m）	主要工作
9 月 3 日	00：54：47	1′34″	49″	8′5″	193	9 月 3 日油路互换后首次停机
9 月 3 日	00：21：49	1′38″	50″	8′41″	196	此次停机后对油路互换，空转及负载试验后一直运行
8 月 30 日	15：40：59	1′41″	55″	10′	189.5	励磁投入电制动 10 min 后自行切除
8 月 27 日	15：22：26	1′39″	52″	9′46″	186	停机过程中动作手动急停阀
8 月 12 日	18：54：36	1′38″	51″	9′7″	183.5	油路恢复原状空转及并网 100、300 MW 后停机
8 月 12 日	16：17：19	1′38″	52″	9′15″	183.7	开机前油路互换，空转后远方停机（与 9 月 13 日后相同）
8 月 12 日	10：24：28	1′37″	52″	8′54″	183	开机空转接入笔记本观察 A 套 PLC 控制输出无异常
8 月 11 日	16：07：14	1′36″	54″	8′42″	183	开机空转：监测自动比例阀位置反馈信号正常，解除电气柜所有指示表计接线短时间观察振动未改善。空转后停机

续表

日期	时间	T_1	T_2	T_{3-3}	水头（m）	主　要　工　作
8 月 11 日	11：35：52	1′35″	50″	8′10″	182	10 日下午机组负荷 100 MW 发现调速器管路振动较大。11 日上午负荷 150 MW 检查导叶控制正常，PLC 工作正常
8 月 4 日	23：24：26	1′29″	49″	7′2″	181	

4.2.3　原因分析

1）导叶端面密封不合格

2014 年 10 月，检修期间发现水轮机 1 号、2 号活动导叶之间端面密封压板螺栓脱落，密封条变形，造成了漏水量增大。检修期间更换端面密封条并更换端面密封条压板压紧螺栓后回装。

此外，在这次检修时拆开一块密封垫板后，发现一块端面密封垫板的进压孔装在了内圈。密封垫板进压孔应装在外圈（靠蜗壳方向），才能确保端面密封块与导叶贴紧，起到最佳密封效果。

2）导叶立面间隙漏水

活动导叶存在立面间隙（测量时，接力器带压），且多个间隙值已超过允许值（最大的间隙不得超过 0.1 mm），具体数据见表 4–2。

表 4–2　电厂 2 号机历年导叶间隙记录　（单位：mm）

导叶编号	2008 年 9 月	2010 年 11 月		2013 年 10 月		2013 年 11 月		2014 年 10 月（修前）		2014 年 10 月（修后）	
	间隙值	间隙值	长度	间隙值	长度	间隙值	长度	间隙值	长度	间隙值	长度
1	0	0	0	0	0	0	0	0	0	0	0
2	0	0	0	0	0	0	0	0. 15	80	0. 15	70
3	0	0. 15	200	0. 1	250	0. 1	上 250	0	0	0	0
4	0	0	0	0	0	0	0	0	0	0	0
5	0	0. 15	200	0. 09	300	0. 1	上 300	0	0	0	0
6	0	0	0	0	0	0	0	0	0	0	0
7	0	0	0	0	0	0	0	0	0	0	0
8	0	0	0	0	0	0	0	0. 15	50	0. 15	40
9	0	0	0	0	0	0	0	0	0	0	0

续表

导叶编号	2008 年 9 月	2010 年 11 月		2013 年 10 月		2013 年 11 月		2014 年 10 月（修前）		2014 年 10 月（修后）	
	间隙值	间隙值	长度	间隙值	长度	间隙值	长度	间隙值	长度	间隙值	长度
10	0	0	0	0	0	0	0	0.15	50	0	0
11	0	15	50	0	0	0	0	0	0	0.15	220
12	0	0	0	0	0	0	0	0	0	0	0
13	0	0	0	0	0	0	0	0.15	50	0	0
14	0	0	0	0.08	300	0.1	上 300	0	0	0.15	70
15	0	0	0	0	0	0	0	0	0	0	0
16	0	0	0	0	0	0	0	0	0	0	0
17	0	0.1	60	0	0	0	0	0.2	100	0	0
18	0	0	0	0	0	0	0	0.15	30	0.2	200
19	0	0	0	0	0	0	0	0	0	0.15	40
20	0	0.1	60	0	0	0	0	0.15	100	0	0
21	0	0	0	0	0	0	0	0.15	40	0.15	200
22	0	0	0	0.15	150	0.1	上 200	0	0	0	0

检查发现，部分导叶立面间隙后部有汽蚀灰迹，虽然汽蚀较为轻微，但可证明立面间隙的存在，汽蚀近一年有进一步发展的迹象，2012 年 9 月 2 号机检修，检修报告显示，活动导叶未发现汽蚀磨损现象，而近两年汽蚀痕迹变的明显，可认为导叶关闭时的漏水产生的间隙汽蚀，据此判断，立面间隙漏水明显，汽蚀的情况如下：

（1）汽蚀灰迹普遍存在于导叶立面搭接线后 20 mm 处。

（2）上部 100 mm 长多数间隙都有汽蚀灰迹，下部 100 mm 长多数间隙没有汽蚀灰迹。

（3）汽蚀灰迹成对在相邻处同时出现，如一个导叶有汽蚀灰迹，则另一个也有；如一个导叶没有汽蚀灰迹，则另一个也没有。

（4）汽蚀灰迹宽度一般为 25 mm。

（5）汽蚀灰迹从上到下全部存在的导叶编号为：5、7、9、10、14、17、18、20 号导叶，全无灰迹的编号为：6、8、13、15、19 号导叶。

3）立面间隙产生的原因分析

（1）设计方面的问题。设计规范要求，导叶全开到接近空载位置范围内，其水力矩具有自关闭趋势，而该电厂导叶设计的承压面大头、小头是平均分配，没有这个效果，此问题不具备处理条件。

（2）自由状态下，导叶各个立面间隙值分配不均匀。左边导叶大头密封部位无汽蚀，右边的有，说明一个漏水，一个不漏，导致接力器关闭压紧后，间隙仍无法全部消除，有机会应调整，并重新确定偏心销及其压板。

（3）导叶单个立面间隙值不均匀。汽蚀痕迹是断开的，说明是局面漏水。部分导叶间隙密封面局部变形导致，上下、局部接触不均匀，造成部分导叶局部漏水，建议对局部间隙较明显的一对导叶的高出部分进行打磨处理，以保证间隙面直线度。

（4）导叶操作机械压紧行程偏小。2013 年测接力器全行程均为 590 mm，压紧行程设计值为 5 mm，实际 1 号机至 4 号机分别为 5 mm、4. 5 mm、5 mm、4 mm。2010 年压紧行程均为 5 mm，2 号机组变小了 0. 5 mm，检查接力器活塞值与插头并无相对转动，偏心销未偏心、未变动，目前无法得知其变小的原因，虽然多次发生停机时间过长，但也只是有时过长，判断为导叶传动系统在操作过程中受摩擦影响，导致每次关闭的压紧程度不同。

如要进一步检查，应查摩擦装置拉紧值是否变小，因此处螺栓未做转动记号，应立即做螺栓记号，并记录历次做记号的时间，以方便对照检查。从 4 号机压紧行程变小 1 mm，而未发生停机时间过长问题，可判断此因素非主要因素。

4）2 号机接力器关闭时间变长

2013 年 9—12 月，查检修报告，1 ~ 4 号机导叶关闭时间分别为 14. 8 s、15. 6 s、14. 6 s、13. 4 s，可看出 2 号机关闭时间偏长，且高于设计值 15 s，2009 年 11 月 4 号机 2 号接力器曾发生轴承套位移和转动，遮挡进油孔，影响活塞腔进油，4 号机 2 号接力器轴承套位移，轴封挤出漏油、轴封压板变形损坏，致手动锁锭无法投入。

据此经验，在排除电气因素后，结合 2 号机接力器超级螺母有渗油情况，判断 2 号机可能因发生这些情况，导致关闭时间变长，建议对手动锁锭接力器进行大修检查。

4. 3　水轮机活动导叶套筒渗水问题

4. 3. 1　设备简介

某电厂的水轮机型号为 HLS45–LJ–597，由上海福伊特西门子水电设备有限公司制造。每台水轮机有活动导叶 22 个，通过套筒与顶盖径向配合、活动导叶轴与轴套动配合（装配图见图 4–1 和图 4–2）、轴套与套筒内壁静配合，导叶套筒密封对活动导叶轴和套筒间隙进行密封。

4. 3. 2　主要问题及处理情况

1）主要问题

（1）4 台机组自投产以来，1 号机组分别于 2011 年 4 月和 2011 年 11 月在运行过程中

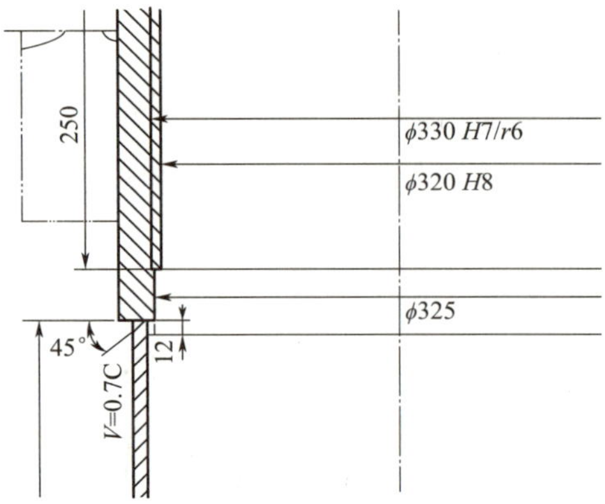

图 4-1　上轴套装配图（单位：mm）

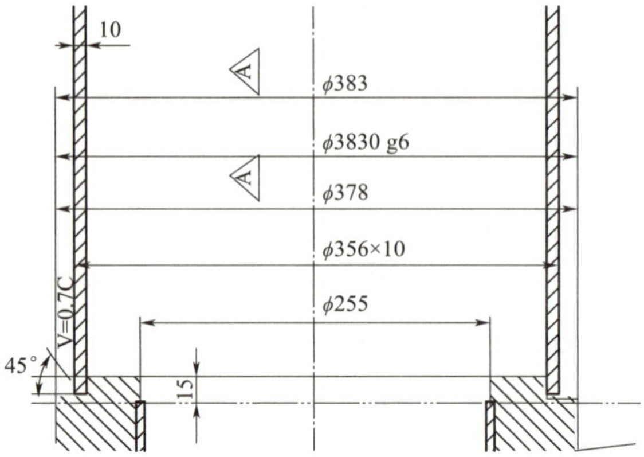

图 4-2　中轴套装配图（单位：mm）

出现大量漏水，不得不提前进行检修处理。在 2012 年 12 月 1 号机组检修后充水试验时 3 号、10 号导叶套筒再次出现漏水，延长检修工期对其做处理。2 号机组在 2011 年 5 月、3 号机组在 2013 年 1 月运行过程中各出现 1 次漏水，4 号机组 6 号、7 号、8 号、9 号出现导叶套筒渗水情况。

（2）1 号机组 3 号、10 号、16 号、22 号拐臂导叶套筒排水口在 2012 年 12 月检修完成后，开机时仍发现有微量渗水情况，2 号机组 19 号拐臂、3 号机组 11 号拐臂在运行过程中也有少量漏水。

水轮机的活动导叶轴承安装在轴套中，若轴与轴套之间的间隙设计不合理（过大或过小、偏心等），则可能引起机组关机时导叶动作失灵，漏水过大，停机加闸时间长，中、上轴套间隙过大、偏心，还可能造成顶盖漏水或引起导叶轴与轴套抱死，甚至卡死等现象，影响机组的安全稳定运行。一旦导叶套筒渗水量过大，顶盖排水泵排水能力不足，将导致机组非计划停运。

2）处理情况

检修主要处理了导叶套筒、导叶轴承和上、中轴套的磨损及变形情况，对导叶套筒密封进行了更换（套筒与顶盖间密封，规格为 ϕ1160mm×6mm，材质为聚氨酯）。

4.3.3　原因分析

根据机组导叶轴套筒的设计结构和实际运行情况，主要从以下几个方面进行分析：

（1）若轴与轴套之间的间隙设计不合理（过大或过小、偏心等）；安装工艺不到位，顶盖套筒中心孔与底环下轴套中心偏心过大；顶盖加工不精确，导叶上轴套和中轴套存在偏心，以上因素都可以引起轴套受损（见图 4-3）。

（2）由于受水中杂质及磨损轴套掉落物的影响，密封容易受到损害（见图 4-4），引起漏水。

图 4-3　受损轴套

图 4-4　受损密封

（3）轴承自身结构有一定的先天缺陷，轴承由铜复合材料和基材通过烧结而成，当轴承承载力过大或者有异物进入后，易造成铜复合耐磨层脱落，脱落耐磨层掉入密封后会对密封造成严重的损坏。

4.3.4　后续措施

（1）导叶套筒整体更换为不锈钢，材料为 SUS304 不锈钢或同等材料；上、下轴承座为铸件结构，中间套筒管壁使用无缝钢管。

（2）导叶套筒与顶盖间密封增加为 2 道，除了原 O 形圈外，增加一条密封，如图 4-5 所示。

（3）导叶中轴颈密封换型为 O 形圈与唇型密封一体式，以达到便于安装、封水可靠的目的。其示意图如图 4-6 所示。

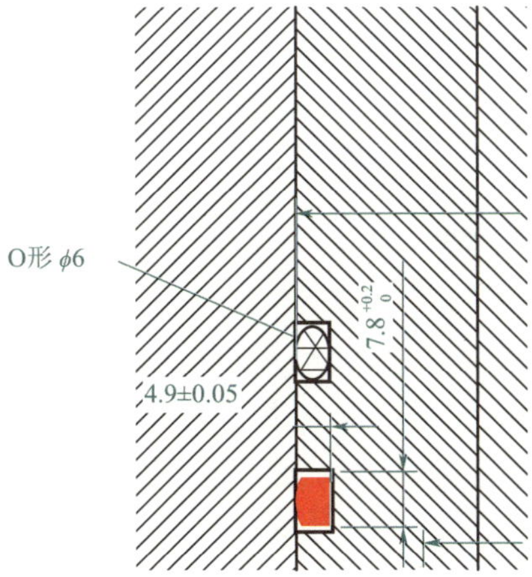

图 4-5　增加密封位置

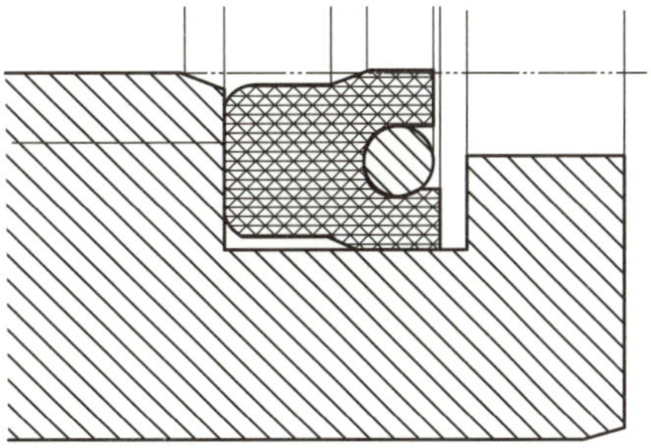

图 4-6　一体式密封示意图

4.4　调速器系统操作管路振动偏大问题

4.4.1　设备简介

某电厂调速器系统是由武汉事达电气股份有限公司生产的比例伺服阀可编程微机调速

器，由微机调节器和机械液压系统两大部分组成。微机调节器由用于自动调节的微机控制器Ⅰ、Ⅱ（自动通道）和用于手动控制的电手动微机控制器组成。调速器机械液压系统采用美国GE公司FC5000阀组，由双电液转换单元、手动紧急停机阀、电动紧急停机阀、过速液动停机阀、主配压阀、分段关闭装置及双过滤器等构成。调速器系统的控制核心部分是调速器电气调节柜，是用来接收外部的各项控制指令，有功率调节、开度调节和频率调节三种调节方式，它直接控制调速器压力油管上的电磁阀组，实现导叶的开关、自动锁锭的投退。调速器机械液压系统自动调节机械原理图及工作原理框图，分别如图4-7和图4-8所示。

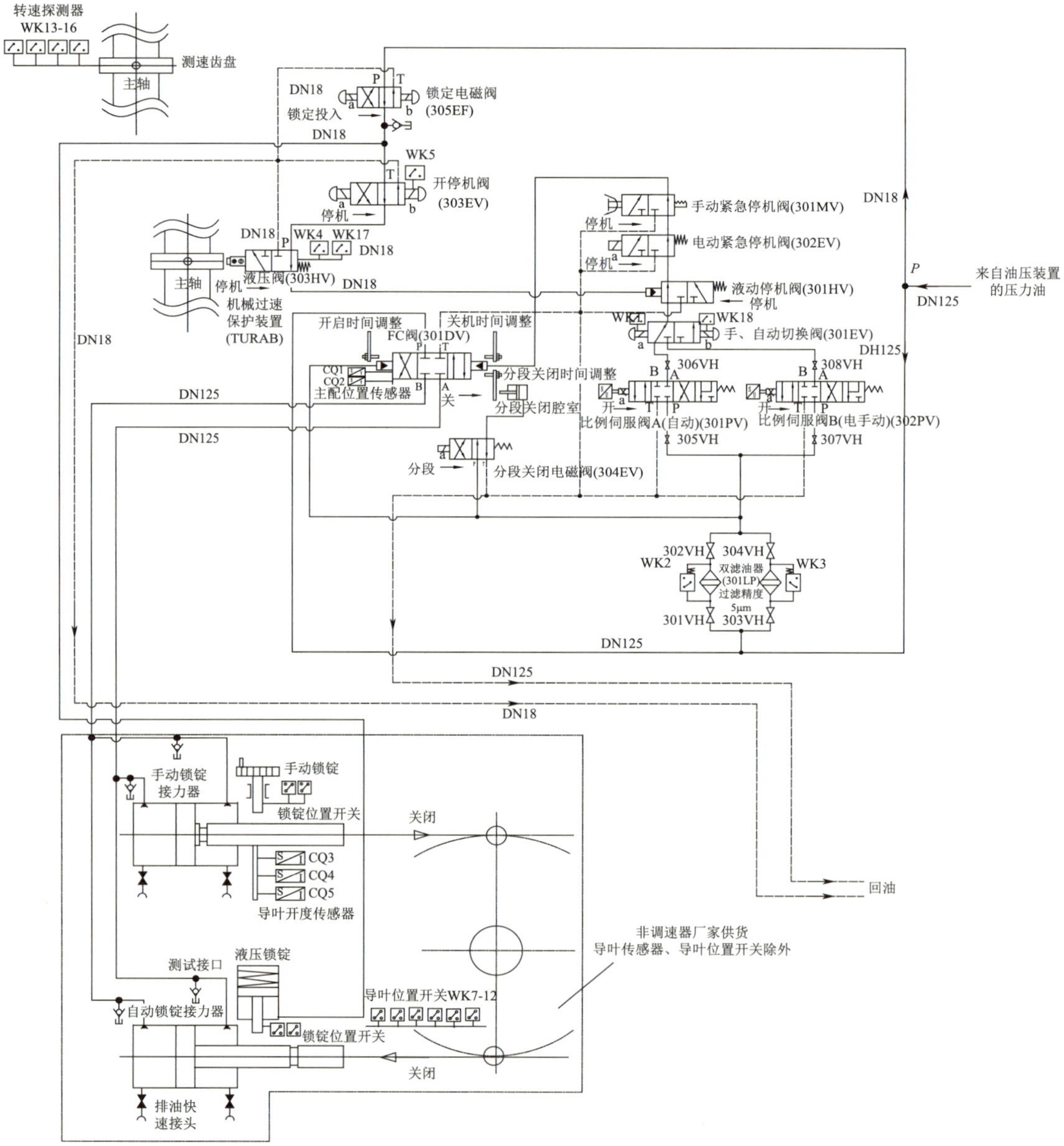

图4-7　机械原理框图

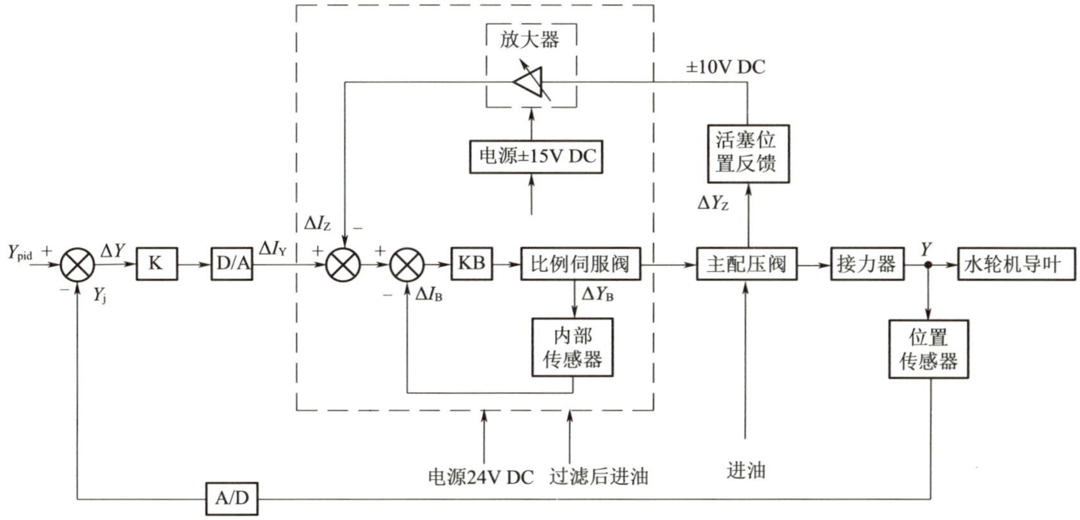

图 4-8　调速器机械液压系统自动调节工作原理框图

4.4.2　存在问题及处理情况

该电厂 3 号机组完成调速器检修后，对调速器进行静特性试验。电厂技术人员用调速器 C 套电手动操作导叶约 2 个全行程，校验导叶开度设置，设备管理部 2 人在水车室监视，未发现异常。调速器切 A 套控制，用测试仪进行静特性试验，导叶开度由测试仪发频自动控制。导叶开度由 50% 慢关至零后慢开至 36% 时，调速器系统发出一声巨响，且管路剧烈振动，立即切 C 套控制并关闭调速器主供油阀。现场检查 A 套控制的自动比例阀（下比例阀）处大量渗油，三颗固定螺栓断裂。

此后更换比例阀固定螺栓。调速器液压系统减压排气后，C 套电手动多次操作导叶无异常。切 A 套导叶由 50% 开至 60% 无异常，慢关至 53% 时调速器主配处出现较大异响，主供油管也有较大振动。暂停所有调速器检修工作，对设备故障原因进行分析和查找。

主配压阀的活塞与衬套属于精密配合部件，此次磨损范围较大，严重造成了不可恢复的破坏，检修期间对活塞及衬套进行了整体更换，对压力油不锈钢操作油管和接力器进行全部拆除，进行彻底清扫；对操作油管内发生晶间腐蚀部分进行打磨、抛光处理，后用煤油进行冲洗并回装；对接力器内部进行全面清扫。

更换原 A 套（自动侧）比例伺服阀，由于电厂未有新比例伺服阀，更换的比例伺服阀也是使用年限过久，因此，把比例伺服阀放大板电阻由 50 kΩ 更改为 10 kΩ，并重新调整跟踪参数。

4.4.3　原因分析

通过试验和检查发现，主配由于油质及运行 8 年过程中不断磨损，最终导致主配偶尔发卡出现，如果主配在导叶动作时突然出现轻微发卡的情况，并在导叶动作剧烈时冲破主配轻微发卡，由“堵”变“通”一瞬间导致压力急剧上升而出现，从而出现巨大异响。

振动出现的时间及频率与电气控制通道、切换阀、导叶位置和开关速度无必然联系，但在液压系统及电气控制系统检查过程中，原 A 套（自动侧）比例伺服阀操作易出现异常，此比例伺服阀可能存在故障。

4.4.4 后续措施

定期检查主配磨损情况、静电过滤器运行方式调整，对回油箱、接力器及相关管路进行清洗。

4.5 转轮裂纹问题

4.5.1 设备简介

某电厂 1 号机组转轮裂纹处理 1 次，4 号机组转轮裂纹处理 3 次，2 号、3 号机组运行至今未发现转轮裂纹，运行情况较好。其中，4 号机组 11 号叶片同一位置出现重复性裂纹。

4.5.2 存在问题及处理措施

2012 年 12 月 7 日，1 号水轮机组在检修期间发现 15 号转轮叶片距上冠 50 mm 处，出现一条 100~150 mm 左右的贯穿裂纹，正面照片见图 4-9，端面照片见图 4-10。由上海福伊特公司成功修复转轮叶片开裂部分，经厂家超声波探伤验收合格。

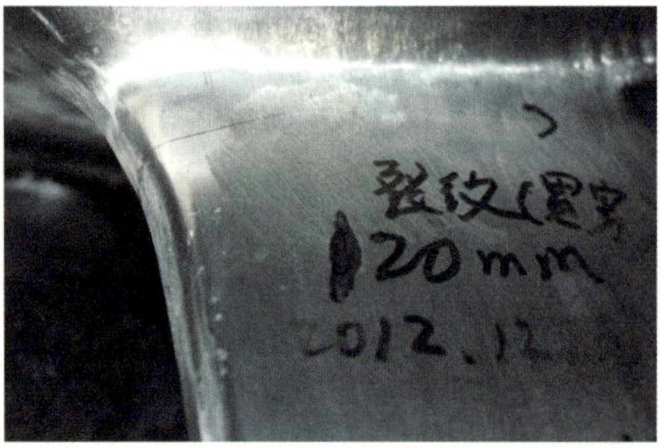

图 4-9　叶片贯穿裂纹正面照片

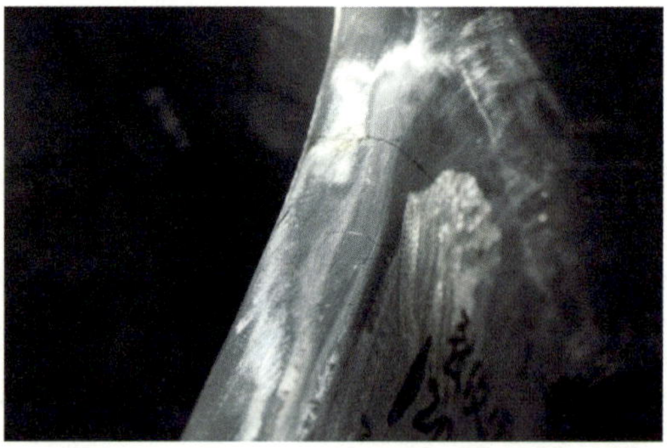

图 4-10　叶片贯穿裂纹端面照片

2013 年 9 月 8 日，4 号机组检修过程中发现转轮 2 号叶片出水边与上冠连接处有长度约 490 mm 长贯穿性裂纹，正面裂纹见图 4-11，背面裂纹见图 4-12。由福伊特厂家进行处理，经厂家和第三方机构（武汉中试所）超声波探伤验收合格。

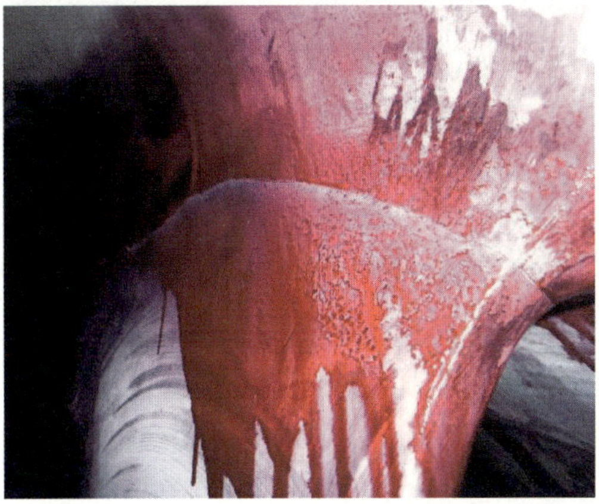

图 4-11　叶片正面裂纹情况

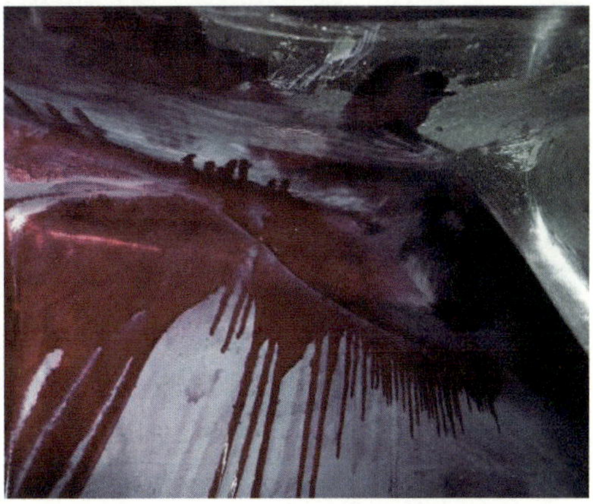

图 4-12　叶片背面裂纹情况

2014 年 2 月 22 日，对 4 号转轮叶片检查，运行情况良好。但在检查中发现：11 号转轮叶片出水边距下环约 10 mm 处，出现一条正面 100 mm 长，背面 90 mm 长的贯穿裂纹，正面照片见图 4-13，背面照片见图 4-14。由检修公司通过 4 天补焊叶片工作后，经表面着色渗透和相关超声波探伤机构探伤，验收合格。

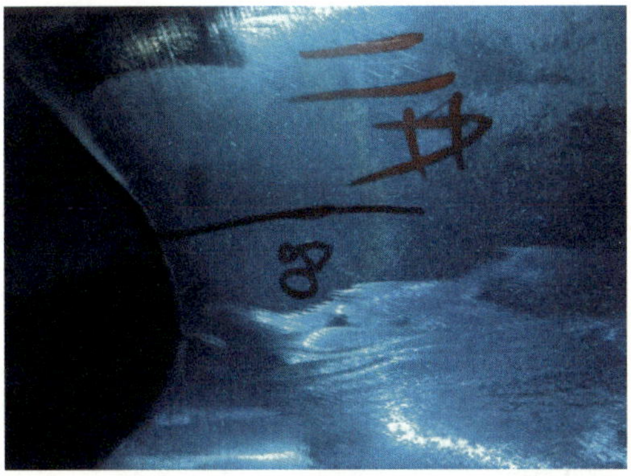

图 4-13　正面裂纹照片

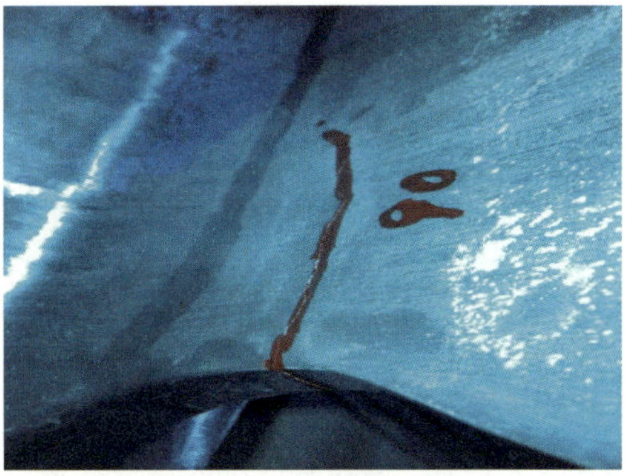

图 4-14　叶片背面照片

2016 年 2 月 26 日，对 4 号机组转轮 11 号叶片下环部位检查，发现长度为 590 mm 贯穿性裂纹，见图 4-15。厂家现场对所有叶片进行超声探伤，发现 3 号叶片下环出水边靠负压侧 4 mm 深处长约 15 mm 的内部裂纹，距下环距离 100 mm，见图 4-16。由上海福伊特公司成功修复转轮叶片开裂部分，经厂家超声波探伤验收合格。

4.5.3　原因分析

水轮机转轮叶片裂纹的频繁产生，对机组安全运行构成很大威胁，也给电厂带来极大的经济损失，因此，分析裂纹产生原因，并对易产生裂纹部位进行无损探伤检查，对及时处理缺陷，消除事故隐患是十分必要的。

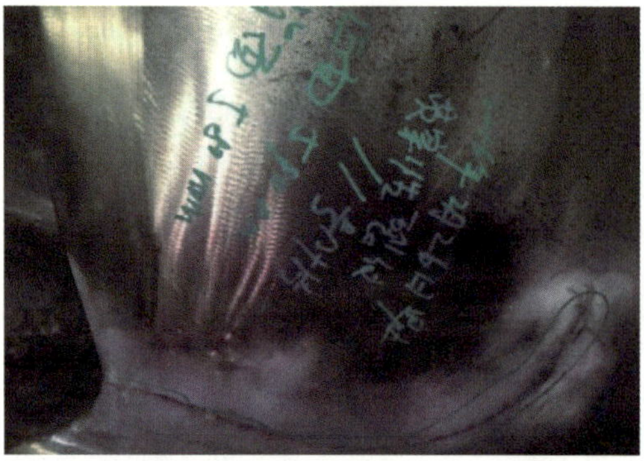

图 4-15　11 号叶片正面裂纹情况

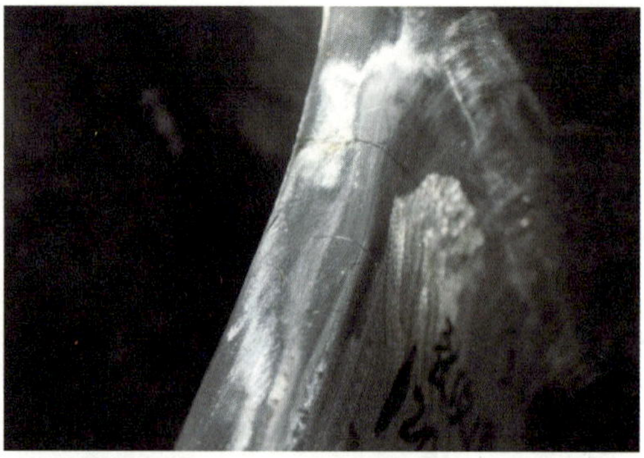

图 4-16　3 号叶片内部裂纹位置

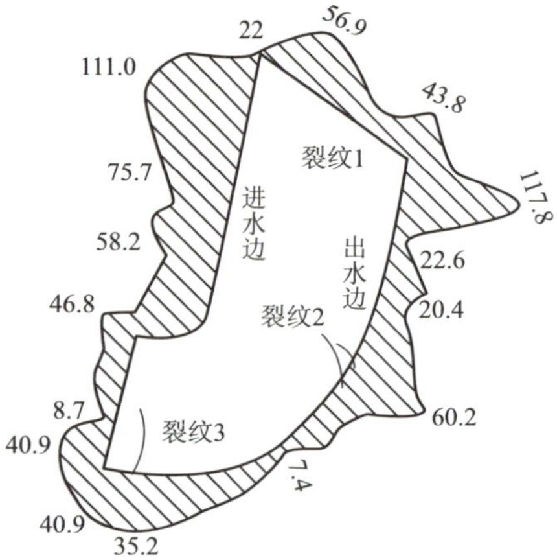

图 4-17　转轮叶片周边应力分布及裂纹分布（单位：MPa）

1）应力集中

采用有限元计算分析得出，转轮在水压力及离心力的作用下，应力区主要分布在转轮叶片周边上，按第三强度理论计算的相当应力沿叶片周边的分布如图 4-17 所示。从图 4-17 中可以看出，转轮叶片存在四个高应力区，它们的位置在叶片进水边正面（压力分布面）靠近上冠处；叶片出水边正面的中部；叶片出水边背面靠近上冠处；叶片与下环连接区内。

2）铸造缺陷及焊接缺陷

铸造气孔、铸造砂眼等在外部应力的作用下可能会成为裂纹源，造成裂纹的产生。由于转轮叶片与上冠、下环的厚度相差大，在冷却过程中易产生缩孔、疏松等，铸焊结构的转轮若焊接工艺不当或焊工没有按照焊接工艺的要求进行焊接，在焊缝及热影响区则会出现裂纹（见图 4-18）。

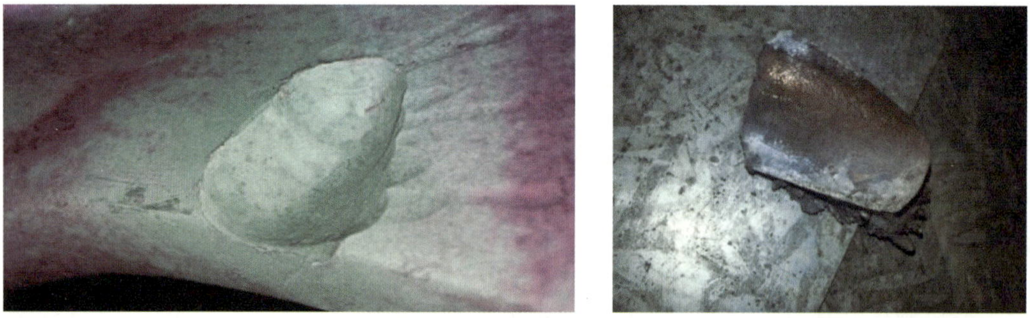

图 4-18　2 号机组叶片开裂现场取样（发现凹孔）

3）原设计问题

由于转轮叶片与上冠、下环间的过渡 R 角设计较小，引起应力集中。

4）运行上的原因

长期低负荷、超负荷或在震动区运行，会使叶片在交变应力作用下产生裂纹或使裂纹情况加剧。

4.6　调速器油泵组合阀有振动及啸叫问题

4.6.1　设备简介

某电站的调速器油泵出口组合阀由 2 个先导阀和 3 个主阀组成，具备卸荷、安全、单向截止功能。组合阀工作原理如图 4–19 所示。

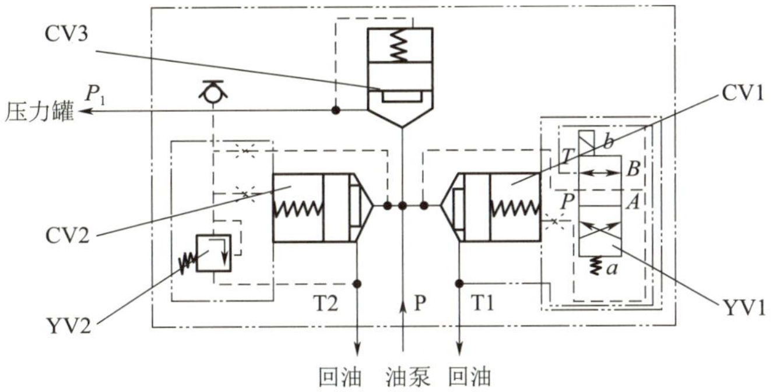

图 4–19　组合阀工作原理图

CV1—主阀 1（卸荷阀）；CV2—主阀 2（安全阀）；CV3—主阀 3（单向阀）；
YV1—卸荷先导电磁阀；YV2—安全先导控制阀。

组合阀有四个油口，组合阀进油口 P、出油口 P_1 和两个回油口 T，P 口与油泵的出油口相连，出油口 P_1 与压力油罐进口相连，回油口 T1 与 T2 与油箱相连。在先导阀 YV1、YV2 的控制下，能够使主阀 CV1、CV2 完成开启和关闭的动作；CV3 为单向阀，在停泵状态下由于压力罐里面的压力而保持关闭。

1）卸荷功能

卸荷阀可以使螺杆泵启动时处于卸荷状态，待电动机转速达到一定值后，才停止卸荷，使螺杆泵输出额定工作压力和流量的压力油给压力油罐，实现电机的空载启动。卸荷阀工况由卸荷先导控制阀 YV1 与主阀 CV1 组合完成。如组合阀工作原理图所示，油泵启动时，由于油罐中压力 P_1 和弹簧力的作用，单向阀 CV3 处于关闭状态。卸荷先导控制阀 YV1 是一个两位四通的电磁换向阀，初始状态时，电磁铁断电，当油泵启动时，YV1 仍然断电，主阀 CV1 控制腔的压力油通过 YV1 排掉，主阀 CV1 阀芯打开，油泵打上来的压力油流过 CV1 主油口回到油箱，系统处于卸荷状态。当油泵启动 5 ~ 10 s 后（某电厂为 3~5 s），YV1 电磁铁得电，换向阀换向，CV1 控制腔建立压力，使 CV1 阀芯关闭。从而 P 口压力逐渐上升，当高于 P_1 压力时，顶开单向阀 CV3 向压力罐供油。停泵时，油泵停止，卸荷先导控制阀 YV1 恢复初始断电状态，使单向阀 CV3 关闭，CV1 打开系统处于卸荷状态。

2）安全功能

安全功能由安全先导控制阀 YV2 和主阀 CV2 共同完成。假设系统出现故障，在系统的压力超过额定工作压力时螺杆泵仍然运转，油压继续升高，这时油压值超过 YV2 的弹簧整定值（某电厂为 6.4 MPa），使 YV2 动作，CV2 控制腔的压力油通过 YV2 排油。此时，在 P 口压力作用下，主阀 CV2 的阀芯被推开，P 口压力油被排入回油箱，P 口压力下降，单向阀 CV3 关闭，压力油不再进入压力油罐，压力油罐的压力不会再上升，有效防止由于压力过高而损坏元件或造成事故。卸荷压力值可通过先导控制阀 YV2 的弹簧预紧力来调整。

3）单向截止功能

在油泵和压力油罐之间设有一个单向阀 CV3。在油泵未启动时，由于 P_1 压力的作用，单向阀一直处于关闭状态。油泵启动后，当卸荷阀 YV1 带电，主阀 CV1 关闭后，P 口的压力上升到一定压力克服单向阀 CV3 背压，打开单向阀 CV3 向压力罐充油。而当油泵停止运转 P 口压力低于 P_1 口时，单向阀 CV3 就会关闭，使压力油罐中压力油不会倒流至油泵。

4.6.2 存在问题

2015 年 11 月 23 日 15：30，调速器 1 号压油泵电机在打油过程中，发现油泵出口组合阀内部出现金属振动声，经过多次试验，发现振动现象在卸荷阀启动过程中发生，对 2 号油泵电机进行打油过程中，组合阀未出现异响情况。

11 月 23 日 16：00，对 1 号、2 号油泵管道出口先导卸荷电磁阀进行调换，试验发现 1 号、2 号组合阀均出现异响，且在卸荷阀加载瞬间出现啸叫声。

对组合阀进行解体检查，对比 1 号卸荷阀（见图 4-20）与 2 号卸荷阀（见图 4-21）阀芯发现：1 号卸载阀内部无金属垫片。能事达厂家相关技术人员回复：由于 1 号机组在投产时，当油泵停止工作，卸载阀处出现金属敲击声的异响现象，所以在卸载阀内部添加金属垫片增加限制阀芯开度，防止先导卸荷阀阀芯振动。

图 4-20 1 号油泵出口卸载阀内部组成（弹簧、尼龙垫片、阀芯）

图 4-21 2 号油泵出口卸载阀内部组成（弹簧、尼龙垫片、金属垫片、阀芯）

11 月 24 日上午，将 1 号、2 号油泵先导卸荷电磁阀恢复原位，并将 2 号油泵卸载阀内部的金属垫片回装，进行试泵试验，发现 1 号泵运行情况良好，2 号泵首次运行情况良好，由于发现 2 号油泵卸载阀方板处出现渗油，将其紧固，重新试泵，发现 2 号泵卸载阀内部发出强烈异响并伴有啸叫，致使先导卸荷电磁阀右下角紧固螺栓出现断裂。

11 月 24 日下午，将 2 号油泵出口先导卸荷电磁阀进行重新紧固（螺栓由英制 ϕ4. 3 改为英制 ϕ5），取出金属垫片，试运行有金属敲击声。将其回装后，首次启动未发现异响，间隔时间低于 5 min，内部出现金属敲击声。

11 月 25 日上午，针对 2 号油泵间隔时间短出现金属敲击声的情况，进行相关试验发现：2 号油泵在启泵间隔时间少于 5 min，发生异响及啸叫现象较严重。相关试验情况见表 4–3。

表 4–3　2 号油泵试验情况

启泵时间	启泵间隔（min）	运行情况
9：43		未发现异常，轻微振动
9：48	5	未发现异常，轻微振动
9：51	3	有轻微金属敲击声，并伴有啸叫声
9：52	1	金属敲击声与啸叫声加剧
10：02	10	未发现异常，轻微振动
10：07	5	未发现异常，轻微振动
10：09	2	有轻微金属敲击声，并伴有啸叫声

4. 6. 3　原因分析及处理措施

综合故障现象及之前处理过程，2 号组合阀振动及啸叫声主要发生在先导卸荷电磁阀（以下简称导阀）加载前后，在此时组合阀内存在三种工作状态：导阀的加载状态、卸荷阀 CV1 阀芯复位状态、单向截止阀 CV3 临界开启状态。

导阀的加载状态是由电机的延时继电器控制的，一般在电机启动 5～10 s（某电厂为 3～5 s）后，导阀开始通电加载，组合阀卸荷状态结束。

卸荷阀 CV1 插装阀复位状态，导阀加载后，CV1 阀阀芯在油压和弹簧的双重作用下向关闭方向动作。

单向截止阀 CV3 临界开启状态，随着电机启动，电机转速增加，组合阀内部油压增大，导阀加载时组合阀内部油压大于或等于 CV3 阀的弹簧力和压油罐油压力，CV3 阀插装阀向开启方向运动。

在以上 3 种工作状态中能够使组合阀产生振动并伴有啸叫声发生的，有以下 3 种情况：

（1）3 种工作状态共同作用的组合阀共振。

应对措施：改变导阀加载前后组合阀内部压力状态，可采取调整起泵压力或改变导阀延时动作时间（改变延时动作时间需先调整先导安全阀），破坏组合阀内共振。如改变起泵压力或改变导阀延时启动时间后振动和啸叫依然存在，则可初步排除共振因素。如改变起泵压力或改变导阀延时启动时间后，振动和啸叫消失，则可判定共振是引起振动和啸叫的要因，并结合进一步试验来做最终判断。

（2）卸荷阀 CV1 阀阀芯关闭速率过低，在阀口处压力油出现紊流或者阀锥动作异常，从而产生振动和啸叫。

应对措施：在先导安全阀测压接头处外接压力表并观察导阀加载后 T1 口处的回油情况。如导阀加载后压力表有压力波动且 T1 口处有回油，则说明 CV1 阀阀芯关闭速率过低，是引起振动和啸叫的要因。这种因素可以采取增加 CV1 阀弹簧刚度的方法来消除，通过在弹簧端部加点聚四氟乙烯垫增加弹簧回复力加快阀芯关闭速率。如导阀加载后压力表无压力波动且 T1 口处无回油，则表示组合阀振动和啸叫不是 CV1 阀引起的。

（3）单向截止阀 CV3 插装阀开启速率过低，在阀口处压力油出现紊流或者插装阀动作异常，从而产生异响和啸叫。

应对措施：利用外接显示器将压力油罐隔离阀内压力传感器压力信号引出，重复启动 2 号油泵，观察导阀加载后隔离阀出压力上升速率，如果多次启动时的压力上升速率相同且与 1 号泵启动时压力上升速率一致，则可排除 CV3 插装阀开启速率过低引起的振动和啸叫。如果不一致（多次启动 2 号泵压力上升速率或对比 1 号泵启动压力上升速率），则说明该处存在问题，需更换组合阀 CV3 插装阀或对其弹簧进行刚度调整后进一步试验。

4.6.4 后续措施

（1）针对 2 号组合阀出现的 3 种情况，在 3 月底 1 号机组 D 修过程中可以进行试验性维护。先对可能引起组合阀振动和啸叫的 3 种因素依次进行试验和排除，并根据最终试验结果作相应调整，消除组合阀振动和啸叫的缺陷。

（2）机组满负荷运行期间，调速器油泵启动间隔最短为 15 min 左右，且 2 台油泵互为主备用，1 台油泵启动时间间隔最短为 30 min 左右，2 号油泵组合阀目前可以正常投入使用，但需加大 2 号泵运行监控力度。

4.7 水轮机过流部件空蚀问题

4.7.1 设备简介

某电站安装有 4 台型号为 HLS45－LJ－597 的混流式水轮发电机组，额定转速 150 r/min，额定水头 183.5 m，设计流量 278 m^3/s，额定功率 460 MW，总装机容量 1840 MW，保证出力 310 MW，多年平均发电量 39.2 亿 kW·h。

电站于 2007 年投产发电，近年来水轮机活动导叶立面和转轮上冠、叶片流道、叶片根部空蚀逐年加重，为解决空蚀问题，电站于 2019 年开始逐台对水轮机进行扩修，其中 3 号机组 2019 年 9 月开工、2020 年 5 月完工，4 号机组 2020 年 9 月开工、2021 年 4 月完工，2 号机组 2021 年 9 月开工。在扩修中发现水轮机底环、顶盖等过流部件也均有不同程度的空蚀情况。

4.7.2　主要问题

1）转轮空蚀

该电厂 4 台机组转轮 15 个叶片上冠流道均存在空蚀，上冠流道普遍空蚀面积约为 1300 mm×180 mm，深度约为 3 mm，见图 4–22。2 号、4 号机组转轮 15 个叶片出水边与下环连接处均存在不同程度的空蚀，2 号机组深度约 8 mm，4 号机组深度约 0.5~1 mm，见图 4–23。

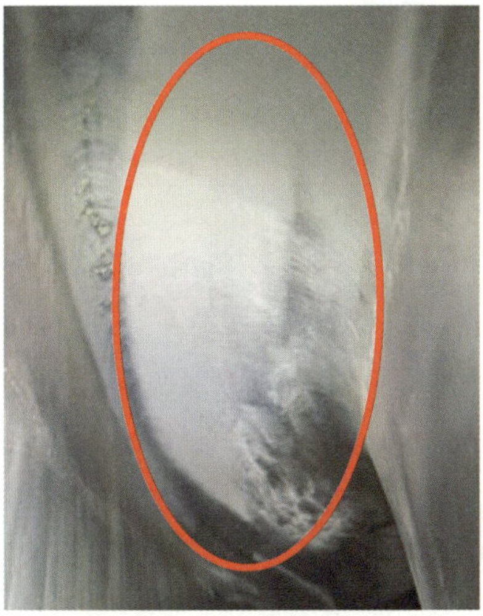

图 4–22　上冠流道空蚀

图 4–23　转轮叶片出水边与下环联接处空蚀

2）底环空蚀

除 1 号机组扩修未开工以外，其他 3 台机组底环导叶孔处均发现有较为严重的损坏现象，损坏位置为端面密封中心线偏下游方向，每个导叶孔 2 处，22 个导叶孔均发生了类似损坏，深度约 10~15 mm，见图 4–24。

3）活动导叶空蚀情况

根据机组扩修及 C 级检修情况来看，该厂 4 台机组 22 个活动导叶立面出水边均存在不同程度的空蚀和损伤缺陷，深度约 0.5~2 mm，见图 4–25，其中，2 号机组 2018 年对导叶立面空蚀进行了处理，2021 年扩修期间导叶立面又出现空蚀情况且在导叶下端面也发现有空蚀情况，见图 4–26。

图 4-24　底环空蚀情况

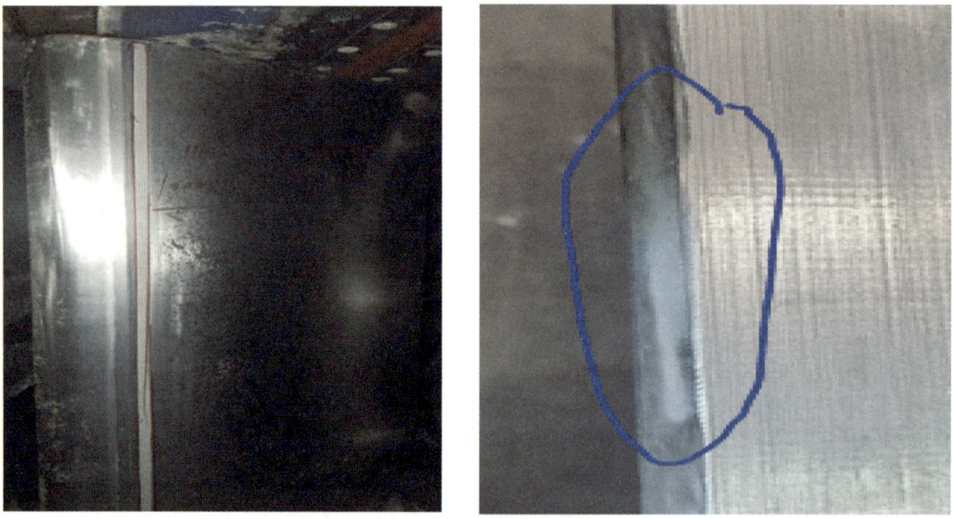

图 4-25　活动导叶出水边立面空蚀情况

4）顶盖空蚀情况

除 1 号机组扩修未开工以外，其他 3 台机组顶盖导叶孔两侧的过流面均有不同程度空

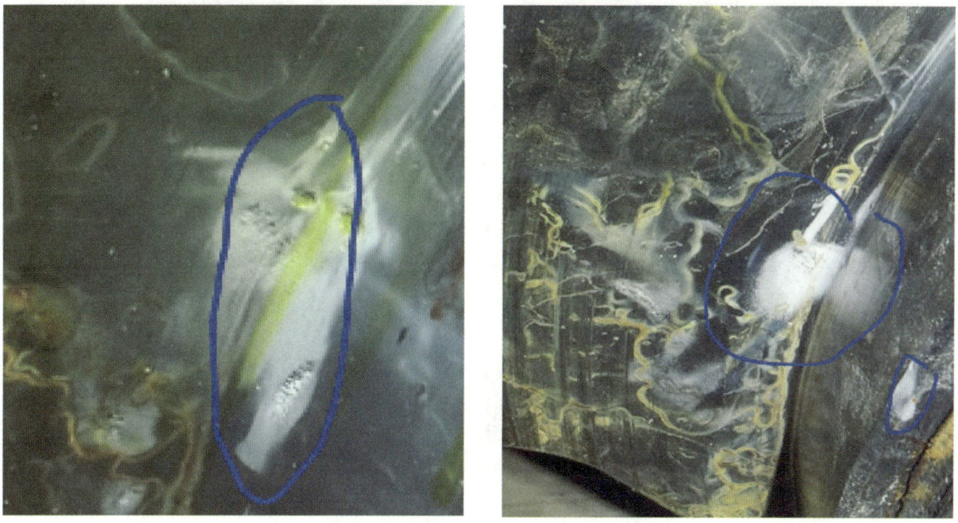

图 4-26　2 号机组活动导叶下端面空蚀情况

蚀，见图 4-27。其中，3 号机组较轻，暂未进行处理；4 号机组次之（深 2~3 cm），2020 年扩修期间已处理；2 号机组最严重（深 3~4 cm），2021 年扩修期间进行了处理。

另外 2 号机组扩修期间还发现其顶盖泄压孔（见图 4-28）及顶盖补气孔塞焊处（见图 4-29）存在空蚀情况，4 个顶盖泄压孔内侧、外侧均存在严重空蚀现象，泄压孔内侧最大空蚀深度约为 28 mm，外侧最大空蚀深度约为 8 mm；22 个顶盖补气孔塞焊处后部均存在空蚀情况，补气孔后部最大空蚀深度为 10 mm。

图 4-27　顶盖导叶孔两侧的过流面空蚀情况

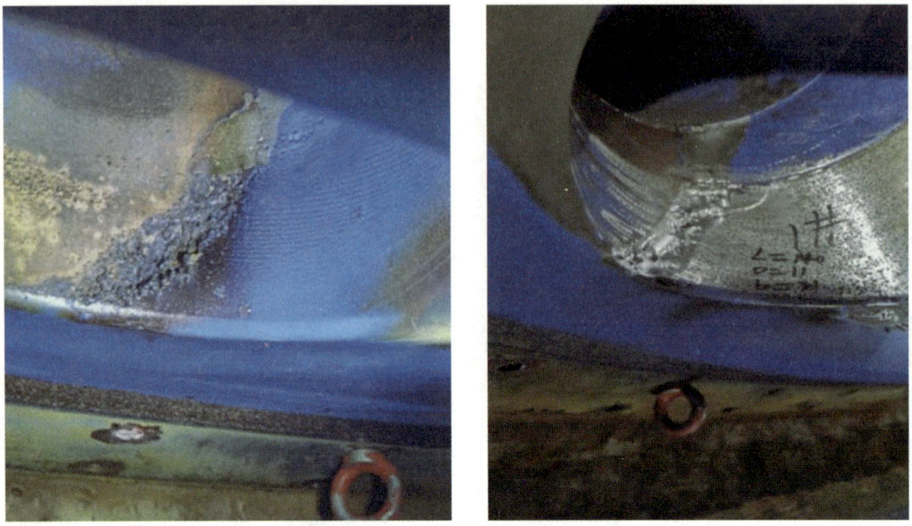

图 4-28　顶盖泄压孔空蚀情况

图 4-29　顶盖补气孔塞焊处空蚀情况

4.7.3　原因分析

1）转轮空蚀原因分析

转轮叶片出水边空蚀主要是由于局部叶片出水边过于尖锐，局部脱流造成，通过局部修型倒圆角，可以有效预防并改善空蚀情况。上冠和下环出水边空蚀主要是由于叶片长期在部分负荷运行时产生的叶道涡造成的。从某电厂水轮机综合特性曲线（见图 4-30）可知，在 122 MW 以下负荷时，会发生严重的叶道涡情况，在此工况下长期部分负荷运行会带来比较严重的空蚀破坏情况。

2）底环导叶孔附近空蚀原因分析

该电厂端面密封为聚氨酯密封，在导叶全关情况下，导叶受到的浮力减小，随着导叶推力轴承的磨损，导叶整体会有所下沉（见图 4-31）。由于聚氨酯是塑性材料，在导叶的挤压下会产生较大的变形，可能在密封与轴颈接触的尖角处形成较大的间隙，在水头的作用下将进一步被撑开（见图 4-32），形成一股相对较大的压力水流，从而对底环导叶孔处造成了损坏。

3）活动导叶空蚀原因分析

该电厂 4 台机组活动导叶空蚀区域基本位于导叶出水边立面刚性密封后，这是典型的间隙空蚀。机组停机导叶全关时，导叶立面存在间隙，在压力钢管水压下，使得导叶立面密封面靠出水边产生间隙空蚀的情况。某水电厂因推拉杆连接孔磨损导致导叶关不严，

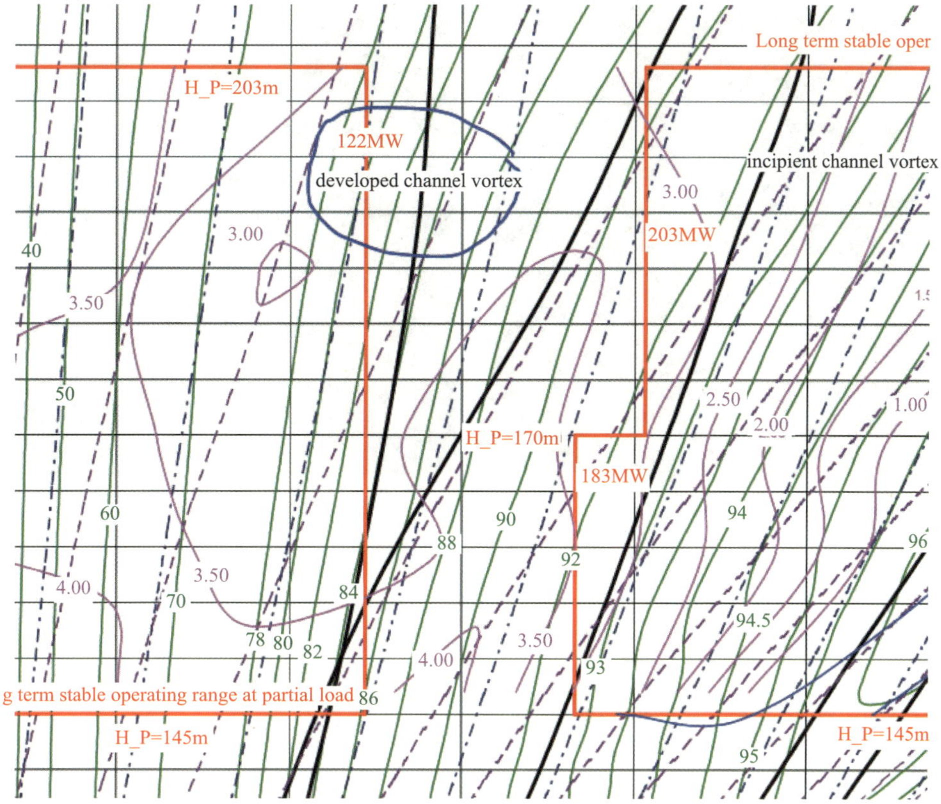

图 4-30　水轮机综合特性曲线

机组运行一年左右，活动导叶立面密封后出现与我厂类似情况，且空蚀程度更严重，见图 4-33。

图 4-31　导叶下沉的痕迹

图 4-32　可能的张口位置

4）顶盖空蚀原因分析

顶盖导叶孔附件空蚀区域位于导叶小开度时，导叶出水边侧的裙边位置。可以判断该处的空蚀为典型的间隙空蚀，由于水流通过导叶与顶盖之间的间隙时流速增大，压力下

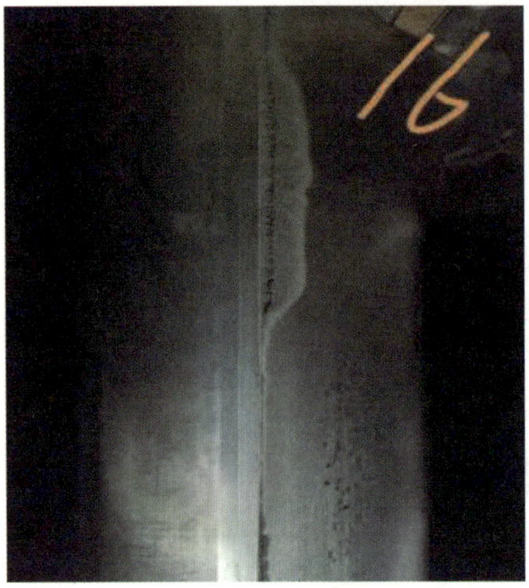

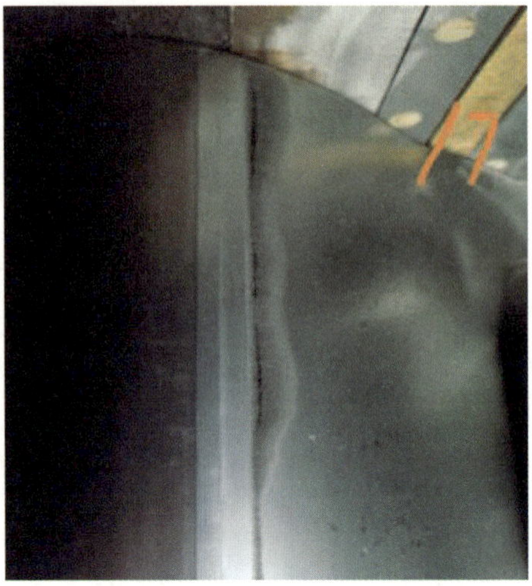

图 4-33 某水电厂活动导叶空蚀情况

降，造成空化现象。机组在接近稳定运行（导叶大开度）运行时，导叶前后压力损失较小，主要的水流从各导叶间流过，因此，间隙空蚀的情况较少发生。导叶小开度时，导叶前后压差较大，水流会顺着导叶与顶盖的间隙流入，且流速较快，导叶后压力较低，易产生负压造成空化现象，进而导致空蚀破坏。因此可以判断，机组长时间小负荷运行是顶盖导叶孔空蚀的主要外因。

顶盖预留补气管封堵螺塞后的空蚀原因是塞焊处焊缝未做打磨处理，造成局部脱流引起空蚀。顶盖泄压孔处仅 2 号机组存在较为严重空蚀现象，因空蚀处位于转轮与顶盖中间空腔内，水流流态较为复杂，初步判断顶盖振动及顶盖下压力脉动有关，具体成因还需进一步分析。

4.7.4 后续措施

机组扩修期间对空蚀部位进行补焊修复，对顶盖补气孔螺栓塞焊处焊缝进行打磨平滑过渡，全面检查导叶传动机构，消除导叶立面间隙。针对底环导叶孔处空蚀，建议采购一批强度大的聚氨酯密封条，避免密封条变形引起漏水，造成底环空蚀。

鉴于水轮机低于 122 MW 运行时会发生大量叶道涡，造成转轮上冠下环等过流部件空蚀情况发生，对设备造成危害，同时机组长期小负荷运行导叶开度较小，也会造成顶盖底环处间隙空蚀破坏。建议机组在连续稳定运行范围内运行，以保障设备的安全可靠运行。水轮机允许运行范围：

（1）水头小于或等于额定水头 170 m 时，水轮机功率从 183 MW 至 466.3 MW。

（2）水头从额定水头 170 m 至水轮机发出 466.3 MW 时的最小水头时，水轮机功率从 203 MW 至 466.3 MW。

（3）水头从水轮机发出 466.3 MW 的最小水头至最大水头 203 m 时，水轮机功率从 203 MW 至 466.3 MW。

第5章 主变压器及开关（GIS）故障分析及处理

5.1 主变压器管路温度高处理

5.1.1 概述

某电厂主变压器为户外单相双线圈铜芯强迫油循环风冷升压变压器，变压器高压侧采用油/SF_6套管与GIS相连接；低压侧采用油/空气套管与IPB相连接；高压侧中性点采用油/空气套管引出，3台单相变压器的中性点相连接后直接接地或经小电抗器接地，其铭牌主要参数见表5-1。

表5-1 主变压器铭牌主要参数

额定容量	高压	170 MV·A
	低压	170 MV·A
额定电压	高压侧	$550/\sqrt{3}-2\times2.5\%$kV
	低压侧	20 kV
相数	单相	
型号	DFP-170000/500	
额定频率	50 Hz	
连接组别	I，I0，三相组合为YNd11	

2016年5月3日，经红外测温仪330T测温发现，该电厂12台主变压器低压侧呼吸器管路均有明显发热现象，其最高温度达135 ℃，温升高达101 ℃。

呼吸器管路法兰连接处密封材质为丁腈橡胶，受高温易受损，导致密封不严；而潮湿空气经呼吸器管路进入油囊中，易使绝缘油含水量增加，对安全生产存在较大隐患。局部高温促进绝缘油裂解，呼吸器中的油雾经高温裂解后进入油囊，将影响绝缘油纯度，且产生杂质可能在绕组、围屏等形成导电桥，使绝缘油电解产生更多杂质，严重影响变压器安全运行。

5.1.2 原因分析

变压器呼吸器管路位于低压侧母线筒附近，而变压器正常运行时，低压侧母线筒通过的电流如下：

$$i_a=i_m \sin\omega t i_b=i_m \sin(\omega t-2\pi/3) i_c=i_m \sin(\omega t+2\pi/3) \tag{5-1}$$

其中，i_m 为电流峰值。

而主变压器为 3 台单相变压器，低压侧为三角形连接，高压侧为星形连接，呼吸器管路与母线筒在空间上是垂直方向，其呼吸器管路方向与母线筒磁场分布如图 5-1 所示。

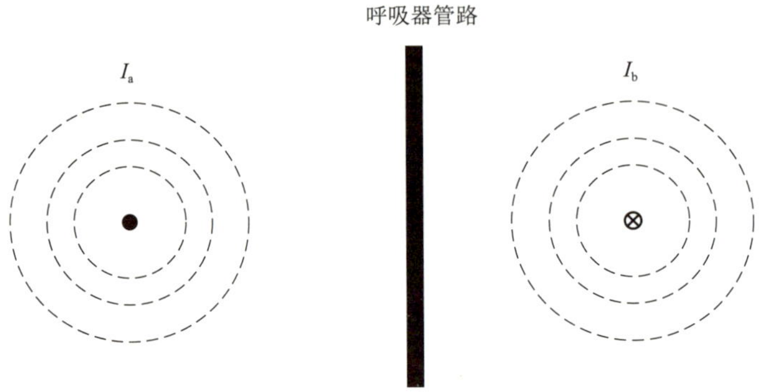

图 5-1　磁场分布图

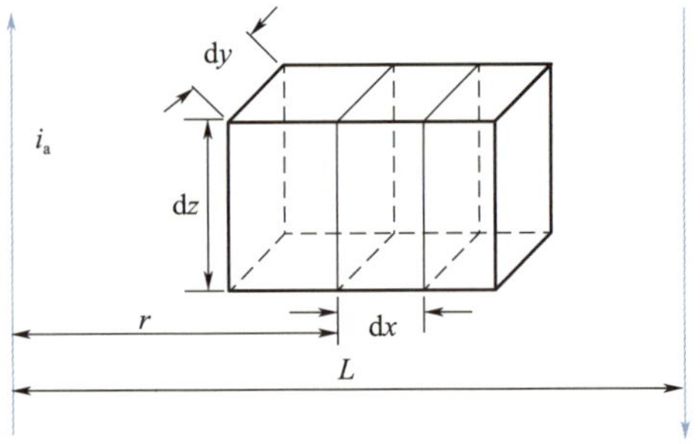

图 5-2　空间简化模型

母线筒内部为油/空气套管与 IPB 连接，故可将空间模型简化建立，如图 5-2 所示。

令单位面积为：

$$ds=dx\cdot dz \tag{5-2}$$

由于涉及复杂空间及磁场计算，为简化模型，可令单位面积 ds 处的磁场强度约为：

$$H\approx i_a/2\pi r+i_b/2\pi(L-r) \tag{5-3}$$

单位面积 ds 处的感应电动势为：

$$e=d\phi/dt=d(Bds)/dt=dzdx\mu_{Fe}dH/dt \tag{5-4}$$

通过 ds 的磁通量为：

$$\phi=Bds \tag{5-5}$$

通过 ds 的磁感应强度为：

$$B=\mu_{Fe}H \tag{5-6}$$

μ_{Fe} 为材料的导磁率，将式（5-3）代入式（5-4）得：

$$e=dzdx\mu_{Fe}d[i_a/2\pi r+i_b/2\pi(L-r)]/dt \tag{5-7}$$

将式（5-1）代入式（5-7）得：

$$e=\frac{dzdx\mu_{Fe}i_m\omega}{2\pi}[\cos\omega t/r+\cos(\omega t-2\pi/3)/(L-r)] \tag{5-8}$$

涡流在单位截面小块上形成的热功率为：

$$P=e^2/R=e^2dxdz/dy\rho_R=e^2ds/dy\rho_R \tag{5-9}$$

将式（5-8）代入式（5-9）得：

$$P=\left(\frac{\mathrm{d}z\mathrm{d}x\mu_{\mathrm{Fe}}i_{\mathrm{m}}\omega}{2\pi}\right)^2[\cos\omega t/r+\cos(\omega t-2\pi/3)/(L-r)]^2\mathrm{d}s/\mathrm{d}y\rho_{\mathrm{R}} \tag{5-10}$$

若截面为单位截面 ds，厚度为 E 的导体内涡流损耗为：

$$P_{\mathrm{E}}=\int_0^{\mathrm{E}}P\mathrm{d}y=\left(\frac{\mathrm{d}z\mathrm{d}x\mu_{\mathrm{Fe}}i_{\mathrm{m}}\omega}{2\pi}\right)^2\left[\frac{\cos\omega t}{r}+\frac{\cos(\omega t-2\pi/3)}{L-r}\right]^2\frac{\mathrm{d}s\ln|y|_0^E}{\rho_{\mathrm{R}}} \tag{5-11}$$

若厚度为单位厚度 dy 的小块，截面面积为 F 的导体内涡流损耗为：

$$P_{\mathrm{F}}=\int_0^{\mathrm{F}}P\mathrm{d}s=\left(\frac{\mathrm{d}z\mathrm{d}x\mu_{\mathrm{Fe}}i_{\mathrm{m}}\omega}{2\pi}\right)^2\left[\frac{\cos\omega t}{r}+\frac{\cos(\omega t-2\pi/3)}{L-r}\right]^2\frac{(s^2)_0^F}{2\mathrm{d}y\rho_{\mathrm{R}}} \tag{5-12}$$

由式（5-10）、式（5-11）及式（5-12）推论如下：

由式（5-10）可知，当单位截面小块与两个母线筒的相对空间位置一定时（即 r 为定值）单位截面小块上形成的热功率随着导体的磁导率 μ_{Fe}、母线筒电流的幅值 i_{m}、母线筒电流的频率 $f=\omega/2\pi$ 的增大而增大，随着导体的电阻率 ρ_{R} 的增大而减小。

由式（5-11）可知，当导体材质一定、母线筒电流一定时，截面为单位截面 ds，厚度为 E 的导体内涡流损耗 P_{E}，随着厚度 E 的增大而增大。

由式（5-11）可知，当导体材质一定、母线筒电流一定时，厚度为单位厚度 dy，截面面积为 F 的导体内涡流损耗 P_{F}，随着截面面积 F 的增大而增大。

综上所述：为了减小呼吸器管路的发热状况，由于变压器结构及机械强度设计原因，其所在的空间位置、长度、管径截面等均无法改变，而将呼吸器管路的材质由导磁材质更换为不导磁材质，降低其磁导率 μ_{Fe}，可以有效地改善管路的发热情况。

5.1.3　结果验证及建议

试验器材如表 5-2 所示。

表 5-2　试验器材

序　号	名　称	规　格	材　质
1	铁管	长 1 m 外径 25 mm 内径 21 mm	导磁
2	不锈钢管	长 1 m 外径 25 mm 内径 21 mm	不导磁

将铁管和不锈钢管用扎带固定在主变压器管路下方，见图 5-3，经机组 460 MW 满负荷发电 12 h 后，红外测温状况见图 5-4。

环境温度为 28 ℃，铁管温升为 117. 2 ℃，而不锈钢管温升为 16 ℃，经对比验证更换材质的有效性。

经过呼吸器管路改造后，对比改造前后变压器满发期间呼吸器管路红外测温见图 5-5 和图 5-6 所示。

图 5-3　左侧为铁管，右侧为不锈钢管

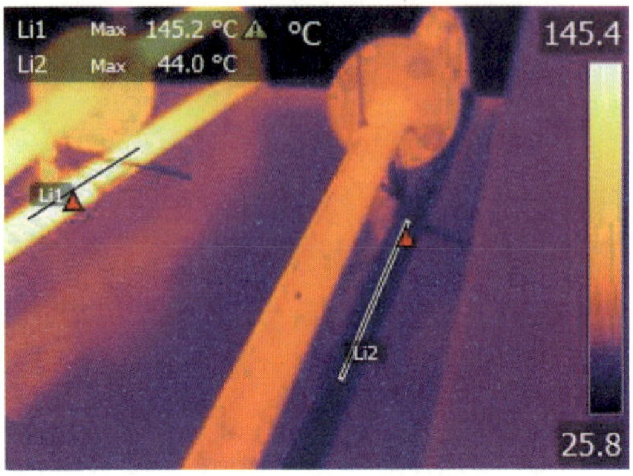

图 5-4　红外测温状况

图 5-5　改造前

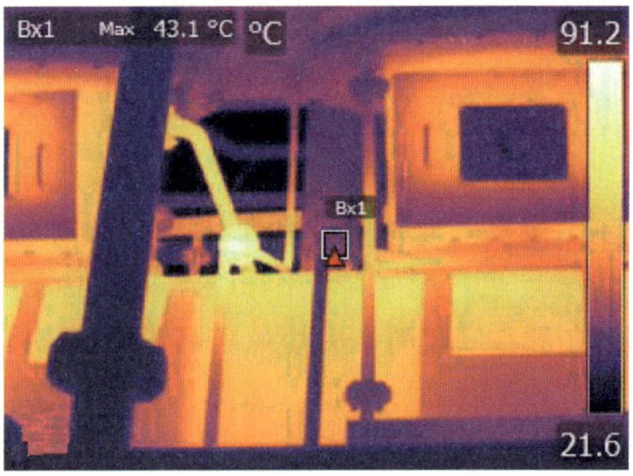

图 5-6　改造后

通过对比发现，改造前呼吸器管路为导磁材料，温升为 88.2 ℃（测试时环境温度为 28 ℃）；改造后呼吸器管路为不导磁材料，温升为 18.1 ℃（测试时环境温度为 25 ℃），验证了更换呼吸器管路材质会使管路发热量有效减小。

综上所述：在进行变压器设计时，其母线筒周边的管路，如呼吸器管路、储油器排油管等的材料应尽量选用不导磁材料，可以有效地防止涡流发热现象，减小相关密封的老化速率，提高变压器安全运行的可靠性。

5.2　变压器升高座法兰螺栓过热处理

5.2.1　概述

2017 年 7 月红外测温时，某电厂在发现变压器升高座法兰部分连接螺栓过热，最高达 479 ℃。高温红外成像图见图 5-7 所示。

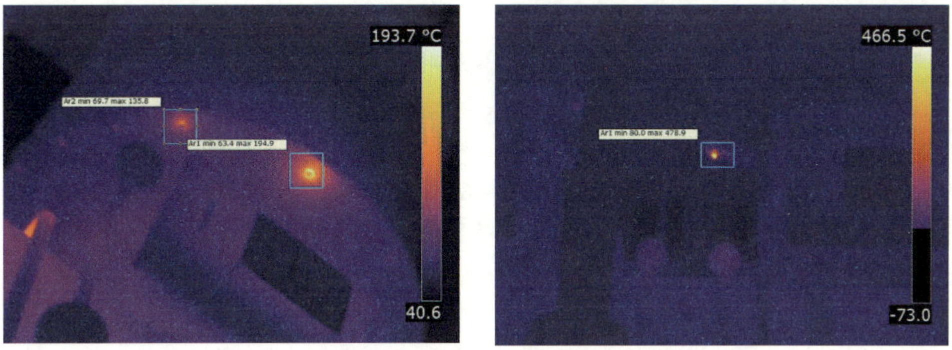

图 5-7　主变压器升高座法兰部分红外成像图

5.2.2　原因分析

2017 年 7 月 26 日对 3 台变压器选择了其中发热严重和未出现发热现象的升高座，在可拆断口处进行母线筒接地电流、母线筒对主变压器本体电位差测量。具体测试点如图 5-8 所示。

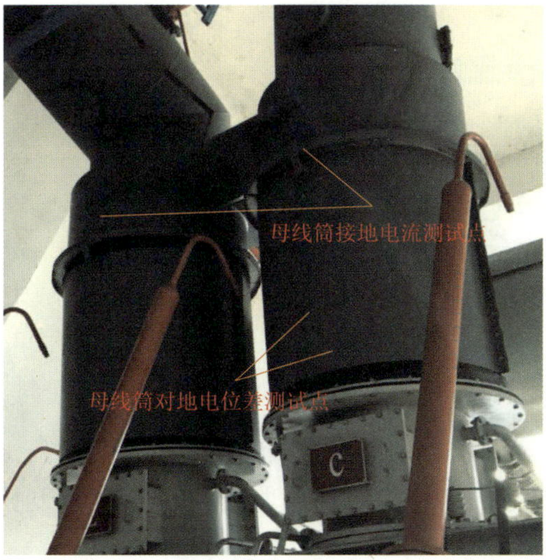

图 5-8　现场测试点

试验结果如下：

对比发现：有发热螺栓的升高座电位差均在 200~400 mV，而没有发热的升高座电位差有 1 V，检查 4 台变压器断口处母线筒与升高座法兰连接处密封及发热情况见表 5-3。

表 5-3　变压器断口处母线筒与升高座法兰连接处密封发热情况

变压器		密封材质	密封外观	发热情况	备注
01B	A	橡胶垫	—	良好	—
	B	橡胶垫	—	良好	—
	C	橡胶垫	良好	良好	—

续表

变压器		密封材质	密封外观	发热情况	备注
02B	A	O 形圈	—	—	—
	B	橡胶垫	破损	过热	图 2
	C	O 形圈	—	—	—
03B	A	橡胶垫	碎裂	一般	—
	B	O 形圈	—	过热	—
	C	O 形圈	变形	过热	图 6
04B	A	橡胶垫	良好	一般	图 3
	B	橡胶垫	碎裂	良好	图 4
	C	橡胶垫	良好	良好	图 5

同时发现 4 台变压器原用的橡胶密封垫已经碎裂、老化，部分处有断裂的情况。而 02B 与 03B 部分密封垫已更换成 O 形密封圈。由于密封垫破损、O 形密封圈接触面积小，使升高座在与母线筒进行连接时出现搭接现象，导致断口处母线筒与升高座法兰间的绝缘降低，螺栓温度升高。

5.2.3 解决方案及后续建议

1）停电解决措施

增加断口处母线筒与升高座法兰间的绝缘，更换密封垫。

2）对不能停电的变压器可采取临时措施

在不能停电的情况下，可先将法兰连接螺栓松动一部分，用大电流试验线将法兰与地短接，观察其他螺栓是否有剧烈升温现象。如果无升温，则拆卸掉一部分螺栓，并更换新螺栓套黄纳管及绝缘垫片后继续观察。剩余螺栓没有过热现象时，可更换剩余螺栓。如果出现过热现象，则应终止此方案。具体措施如下：

（1）把原有的 M12 螺栓更换为 M10 螺栓，并在螺杆上穿套内径为 12～14 mm 环氧管。或者在原用的 M12 螺栓上穿套内径 14 mm 的黄蜡管。

（2）制作环氧绝缘垫片替换原有的金属垫片。

（3）在其中一颗螺栓上连接接地线，将升高座法兰与本体短接接地，消除悬浮电位。

3）建议

此类故障属于设计缺陷，由于橡胶绝缘垫受到高温及受潮影响，使用寿命很短，频繁更换密封无法从根本上解决问题。建议将此母线筒断口的连接部分进行改造，加强电气绝缘与机械强度，杜绝此类故障发生。

第 6 章 自动控制设备的故障分析及处理

6.1 励磁系统灭磁开关问题

6.1.1 设备简介

某厂 4 台机组磁系统采用赛雪龙（Secheron）公司生产的 HPB60－82S 型灭磁开关（FCB），该开关 2007 年随励磁系统一起投运，相关设备具体型号参数如下：

机组容量：511 MV · A；励磁型号：A5S-A/U241-S6000；灭磁电阻：SiC 电阻；调试年份：2007 年；灭磁开关：HPB60-82S M；操作电压：220 V · DC；开关产地：瑞士日内瓦。

6.1.2 存在问题

励磁系统投运后运行基本稳定，但 2013 年下半年 2F、3F 分别出现过一次 FCB 异常跳闸的故障，都出现在机组空转态，励磁系统未投运运行，维护人员现场检查未发现异常情况。

6.1.3 原因分析

电厂维护人员和国内励磁行业专家交流时得知，瑞士 Secheron 公司生产的 HPB 型开关部分机构存在一定的安全隐患，情况如下：

2014 年 1 月底，国投某电厂因 HPB 型开关运行中触头发热而损坏，经检查发现因一个塑料复合材料器件（5400）开裂，造成主触头合闸压力不够。广西龙滩电厂例行对 HPB 型开关解体检查时，也发现此塑料复合件（5400）有开裂。HPB 内部结构见图 6-1。

开裂的复合材料（5400）是一对固定件，中间有一个导轨。导轨中是一个活动的连杆（红色），这个连杆连同分合闸机构左右移动，分别代表分闸和合闸方向。如果复合材料（5400）开裂不严重，就不会影响到连杆动作，也不会造成分合闸不到位，不影响动触头的合闸压力，就不会出现 HPB 触头发热损坏，励磁系统运行就会一直良好。如果复合材料开裂很严重，影响到连杆动作，会造成分合闸不到位，可能影响动触头的合闸压力，会出现 HPB 触头发热损坏。

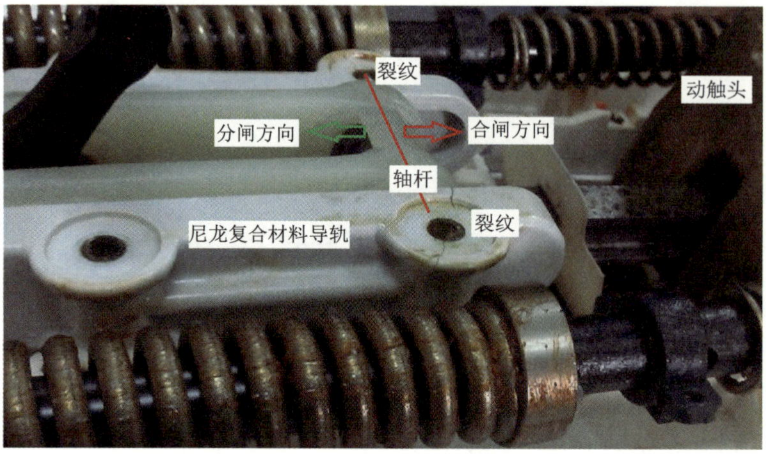

图 6-1　HPB 结构图

经查阅相关资料得知，作为 HPB 灭磁开关的生产厂家，Secheron 公司 2011 年底通过修改 HPB 手册方式向外告知，复合材料（5400）部件每 8 年左右需更换一次。图 6-2 为 Secheron 公司 HPB 手册中相关说明。

Preventive maintenance

Replace the following parts, subject to wear due to mechanical operations, according to the following criteria.

Item	Description	Criteria	See
5700 5212 5606 5608 5632 5009	Opening shock absorber kit Closing shock absorber Closing core Closing ring O-ring Pawl	Every 50'000 operations (may never be reached in the circuit-breaker life)	D.9 k) D.11 D.12 D.12 D.12 D.10
5400	Complete drive device	Whenever one of the following events occurs first: – Every 8±1 years – Every 50'000 operations	D.9

图 6-2　HPB 手册相关说明

上述问题发生后，相关电厂就该问题和 ABB 进行多次沟通，问题反馈如图 6-3 所示。

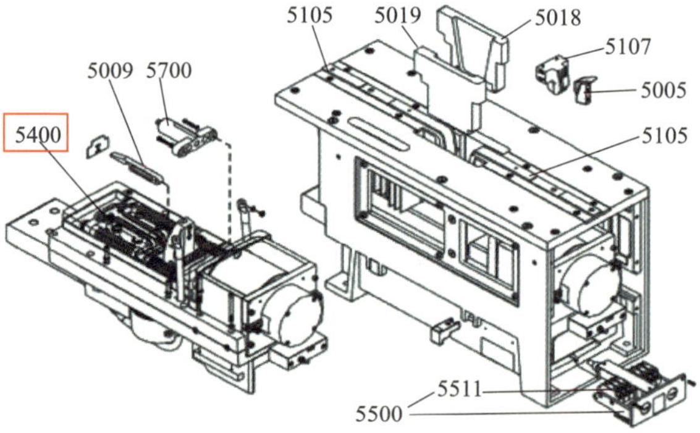

图 6-3　HPB 问题反馈

关于赛雪龙 Secheron 公司 HPB60 型灭磁开关问题反馈：针对赛雪龙 Secheron 公司 HPB60 型灭磁开关，由于机械驱动机构出现裂纹导致灭磁开关合闸不到位，致使灭磁开关接触电阻偏大，运行中发热烧损的问题，现了解到所述机械驱动机构如图 6－1 所示（5400），该驱动机构是塑料件与弹簧的组件，塑料在长期受力之下会有一个老化的过程，厂家建议用户查看开关铭牌的出厂日期，每 8±1 年进行更换如图 6-2 所示，时间从设备出厂开始计算，不得从运营开始计算，因为从出厂开始塑料与弹簧就已经开始作用了，该机构在国内没有库存，用户有需求时，与厂家签订合同后进口。

某电厂励磁系统灭磁开关 FCB 生产日期见表 6-1。

表 6-1　某电厂励磁系统灭磁开关 FCB 生产日期

机　组	1F	2F	3F	4F
生产日期（年/月）	2024/06	2024/06	2002/07	2006/07

注：生产日期格式——第几周/生产年份。

以上统计表明，电厂 1 号、2 号机组 FCB 中的（5400）机构已基本达到更换年限，为防止设备老化导致的灭磁开关故障，需尽快对各机组励磁 FCB 进行一次解体大修，工期约为 3 天。

6.1.4　处理情况

1）目视检查

目视检查灭磁开关外观完整，外表没有划痕和破裂。航空插头在拧紧状态无松动；灭弧罩两侧紧固螺栓未松动；灭磁开关两侧引弧条紧固螺栓未松动。

与灭磁开关直流连接的铜排正常，无过热痕迹，连接用螺栓未松动。

灭弧罩外观正常，洁净无明显污痕；灭弧罩内无异物，弧栅外观色泽正常，无明显发黑或发黄迹象。

灭磁柜顶部没有明显由于灭磁而造成的熏黑迹象。初步间接表明灭磁开关灭弧功能正常。

2）开关传动

检查开关的操作回路，包括相关的继电器、接触器（K10、K12 和 K14）和限流电阻的接线和阻值等，未发现问题，操作电压可以送至主线圈两端。

现场通过励磁就地手操器 SPA 发出合闸操作，开关可以正常分合闸，声音清脆利落无异常。

第二跳闸线圈工作正常，开关可以顺利分闸，分闸后机械脱扣可以顺利复归。

3）开关解体检查及维护

解体检修前测量灭磁开关动作电压及开关触头接触电阻，数据记录见表 6-2。

表 6-2　检修前灭磁开关动作电压及开关触头接触电阻

	合闸线圈	分闸线圈 1	分闸线圈 2
低电压动作值	80%	—	65%
回路接触电阻	48 μΩ		

注：检修前试验未带开关控制回路试验，故分闸线圈 1 动作电压无法测量。

将开关的主回路铜排解开，对开关进行解体维护。开关解体后，灭弧罩内部隔弧栅有轻微生锈现象（电厂所处地区空气湿度相对较高），但没有由于燃弧烧黑现象，仅灭弧罩边缘有轻微烧黑痕迹。捕弧器被开发分断时的燃弧轻微熏黑，表面已经略有毛糙存在损耗，都是属于正常现象，使用金相砂纸对其打磨即可。

动触头和静触头表面有拉弧引起的烧灼现象，需要对其进行维护处理。

主线圈外裹绝缘层正常无破损。线圈线头紧固没有发生松动脱落。主线圈绕组电阻测得 38.5 Ω，在正常范围内；第二分闸线圈绕组电阻测得 25.1 Ω，在正常范围内。

各紧固螺栓、各种弹簧、分闸和合闸缓冲机构未发现异常。检查过流跳闸线圈，线圈完好，无损坏、生锈等迹象。

将开关第二组跳闸线圈拆下后，发现活动机构有轻微卡顿现象，将其添加少量润滑油后能活动自如，检查开关软连接、缓冲器等组件未发现任何异常。

位于触头下方的弹簧与脱扣机构的白色防弧罩没有被熏黑迹象，间接表明灭磁开关分闸瞬间燃弧喷射方向正确，也间接表明动静触头的安装位置在日常分合闸过程中没有发生偏移。

对所有活动机构润滑后重新装配开关，开关可以通过开关测试仪由主线圈正常进行分合闸；线圈 2 跳闸和手动操作杆跳闸功能正常。由线圈 2 跳闸后或者手动操作杆跳闸后，可以通过主线圈的分闸功能使得开关可以复归正常。也就是说，再次开关装配后，开关分合闸功能正常。

回装完成后重新完成开关各项试验，测得试验数据见表 6–3。

表 6–3　检修后灭磁开关动作电压及开关触头接触电阻

	合闸线圈	分闸线圈 1	分闸线圈 2
低电压动作值	80%	60%	65%
回路接触电阻	15 μΩ		

维护后，开关回路接触电阻明显减小，开关动作电压符合相关行业标准的规定，开关可以继续正常使用。

6.1.5　建议

1）机械驱动机构（5400）

现场的机械驱动机构虽然未出现裂纹，但是鉴于同一时期的开关多出现有裂纹的现象，为确保机组安全运行，建议更换开关机械驱动机构，订货号为：HSBA131324R0500 KIT DRIVING MECHANISM。

2）触头

触头也属于灭磁开关的损耗件之一。在以后的检修中如果发现触头损耗严重，建议更换动静触头。

3）定期维护

灭磁开关应该进行定期检查，确保开关的可靠性。可以按一年一次频率进行定期检查。

6.2　励磁风机问题

6.2.1　设备概况

某电厂地下厂房安装有 4 台水轮发电机组，总装机容量 1840 MW，2007 年 7 月电厂 1 号机组正式投产发电，截至 2008 年 8 月 4 台机组全部投入运行。4 台机组励磁系统均采用 ABB 公司的 UNITROL5000 系列，型号为 A5S-A/U241-S6000，每台机组励磁系统配备 4 个整流柜，每个整流柜配备 2 组风机，1 主 1 备，每组 2 台风机。2 组风机可由人工设置调节器程序里的相关参数来确定主、备用运行方式，当主风机出现故障时，能够自动切换至备用风机运行，同时对外发出风机故障报警信号，故障消除后通过人工复位操作后可自动转入主风机运行。风机电源（220VAC）设有主备两路，主电源取自机端电压，备用（辅助）电源取自厂用电。励磁系统正常运行时，风机电源取自机端，在试验或主用电源（机端供电）故障情况下才由辅助电源供电。两种供电方式之间的切换，由控制程序实现自动切换，也可采用手动方式实现人工切换。

2 组风机在故障情况下的自动切换是通过安装于风机单元组件顶部出风口的风压检测装置来实现的。当运行风机出现故障停风后，对应出风口的挡板会自动掉下，通过位置开关的接点状态将风机运行状态反馈给控制单元以启动备用风机。停风检测装置的设计和机械安装考虑非常周到，采用常闭接点，在风机启动和运行过程中不会出现抖动现象，也不会误发信号，运行稳定可靠。

UN5000 系统采用强迫风冷方式，风机停运 20 s 后对应整流桥会退出运行，该设计使得风机系统尤为重要。国内电厂多次出现因风机系统问题导致机组故障或跳机，因此通过日常维护及优化改造，保证风机系统的正常运行显得相当重要。

6.2.2　风机系统日常维护

UNITROL5000 励磁系统采用封闭免维护型风机，无法对轴承进行润滑，正常运行寿命为 25 000 h，日常维护时需记录每组风机的运行时间。每季度的风机维护项目见表 6-4。

表 6-4　风机维护项目

序号	项　目	工 作 内 容
1	风机	（1）检查灰尘、污垢等； （2）检查空气流量、异常噪声； （3）记录运行时间
2	风机滤网	目视（灰尘和污垢等），清洗或更换

1）查看风机运行时间见表 6-5。

表 6-5　风机运行时间统计

整流桥	风　机	对应参数	运行时间
1 号	风机 1/风机 2	10518/10519	X
2 号	风机 1/风机 2	10528/10529	X
3 号	风机 1/风机 2	10538/10539	X
4 号	风机 1/风机 2	10548/10549	X

风机运行时限为 25 000 h，超出后应立即更换风机。

2）风机更换后的设置

如果更换主控板或者用一个旧的风机进行更换，必须对运行时间重新设置（如果所用的是全新的风机，设为 0 h）。相关参数按以下顺序依次修改：522：选择需设置风机；523：设置风机已运行时间；524：设置确认；11201：执行该参数，进行固化保存。

风机运行时间重新标定后需设置主用风机，相关参数设置为：513＝3，设置风机 1 主用（即外侧两个风机 M1、M2 为工作风机，开机时启动）；513＝4，设置风机 2 主用（即内侧两个风机 M3、M4 为工作风机，开机时启动）；11201：执行该参数，进行固化保存。

3）风机维护或检修后的试验

（1）风机切换试验。励磁系统检修或者更换风机后需进行风机切换试验，但正常情况下风机的投入需在励磁系统运行后启动，因此，在励磁系统静止状态下要想检验风机的运行情况，需要修改程序的相关参数。

试验前将备用风机交流电源、励磁系统控制电源直流电源 1 和直流电源 2 电源空开合上（其他电源可以不送电）。在现地控制屏或调试终端（CMT）上将励磁系统切到现地控制后修改如下参数（可只改主用通道）：

①选择风机工作电源：参数 817 由原值 12647 修改为 12502，此时继电器 K16 动作，风机电源切换为备用电源。由于继电器 K16 线圈正常工作时不允许长时间带电，因此，K16 动作后复归其控制指令，即将参数 817 修改为 12501，然后恢复参数值为 12647。

②打开测试风机脉冲：参数 5511 由 12501 修改为 12502。

③选择对应整流桥：参数 521 由 0 修改为 X（X＝1，2，3，4，9），选择 9 则为 4 个整流柜风机同时测试。

主用风机运行后，观察挡板位置正常；断开整流柜主用风机电源 Q11 开关，工作风机挡板落下后，备用风机起动；再合上 Q11，复归 ECT 事件记录的报警信号后风机自动切换到主用。

风机试验完毕后恢复参数 5511、521 为原值。同时恢复风机工作电源为默认：参数

815 由原值 10413 修改为 12502 以断开继电器 K16，再修改为 12501 以复归控制指令，然后恢复为 10413。

（2）风机电源切换试验。风机主电源因为没有单独的空开控制，不能直接断开，可以动作对应电源监视继电器模拟电源消失，实现电源的自动切换。

机组开机至空载态后，拔掉主电源监视继电器 K20，此时无报警出现，电源不会切换。重新插上 K20，此时出现报警“Alarm 171-FAN supply 1 fail”，电源切换至备用电源，风机在切换过程中运行正常。现地复归报警，风机电源切换恢复至机端电源主用。

6.2.3　软件控制优化

励磁系统原设计中，机组在开机投励磁和投电制动两种工况下，风机电源控制程序没有进行区分，都是默认先投主用电源（来自机端），主用电源异常则切换到备用电源（来自厂用电），导致每次停机投电制动时（此时机端无电）都会进行电源切换，同时出现“风机电源 1 消失”“辅助交流电源消失”等报警信号。

针对此故障对风机控制程序段进行优化，闭锁停机时的报警信号防止误报警，同时修改为电制动工况时直接投风机辅助电源。程序具体修改如图 6-4 和图 6-5 所示，红色粗体为新加程序段。

（1）闭锁两个信号误报警——风机电源 1 消失“ALARM171”、辅助交流电源消失“ALARM141”。

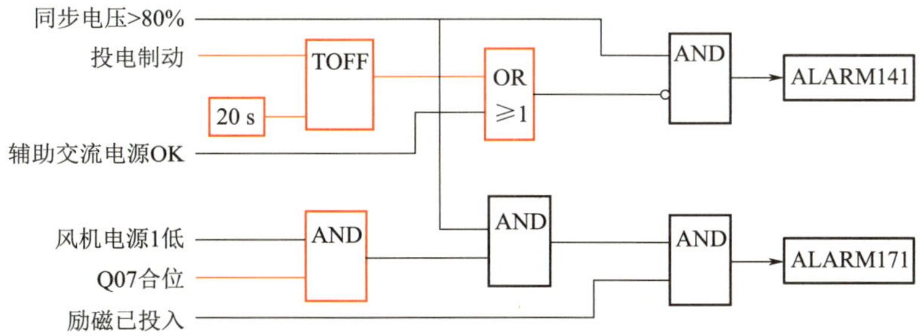

图 6-4　闭锁信号误报警流程

（2）电制动投入时直接投风机辅助电源。

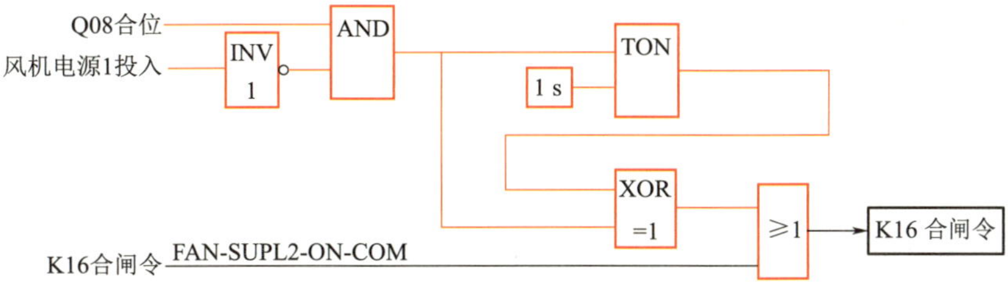

图 6-5　电制动投风机辅助电源流程

6.2.4 硬件回路优化

主用电源供电时，风机投入需符合以下逻辑条件：功率整流桥阳极电压大于额定值的80%，且有风机启动指令脉冲信号的情况下才能起动。当机组端电压异常或回路故障导致的主用电源故障时，励磁系统会通过切换继电器（-K15、-K16）自动切换至备用电源，主电源恢复正常后，现地复归故障后通过切换继电器切回主用电源供电。因此，风机电源切换继电器的可靠性是风机稳定运行的重要保证。但通过多年运行发现该继电器存在制造或设计缺陷，原有的切换继电器采用两对接点并接以提高接点容量，运行一段时间后，可能出现接点回路分流不均、单侧过流运行导致继电器损坏；而且在风机启动或电源切换过程中，可能会烧毁两个切换继电器接点，从而造成励磁系统内部故障，导致机组异常停机，该问题已在多个电厂中出现。如果继电器触点烧坏可能导致风机失电作用于励磁系统停运，如果触点粘连可能导致机组空载时两路电源非同期损坏风机。2012 年 3 月，瑞士 ABB 公司正式承认该型继电器存在安全隐患，但未给出继电器触点烧毁的具体原因，只建议用户更换继电器型号。某电厂进行风机电源切换试验时，切换时都能看到继电器触点轻微拉弧现象，检修时也发现部分切换继电器触点粘连、发黑的情况，及时进行了更换。

为消除隐患，将原有的风机电源切换继电器 K15、K16 换型，并对硬件回路接线进行相应的修改。将原有的机械自保持型继电器更换为普通带电保持型接触器，其型号为 ABB VBC7-30-10 24V，接触器线圈并接浪涌抑制器（型号：RV-BC6/60）。对相应硬件回路接线修改，修改后的控制接线图如图 6-6 和图 6-7 所示。接线更改后，继电器动作由原来的机械自保持改为带电自保持，因此，风机控制程序不需要修改。

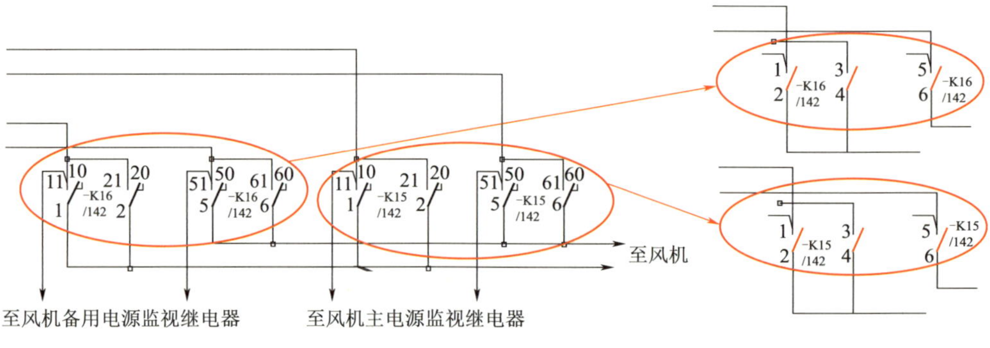

图 6-6 继电器触点接线更改

注：箭头所指为修改后图纸

改造完成后，进行风机电源切换试验。机组开机空载运行，观察风机运行正常，按照上述试验方法确认风机电源切换过程中风机和切换接触器工作正常。改造后励磁系统运行可靠，至今未出现任何问题。

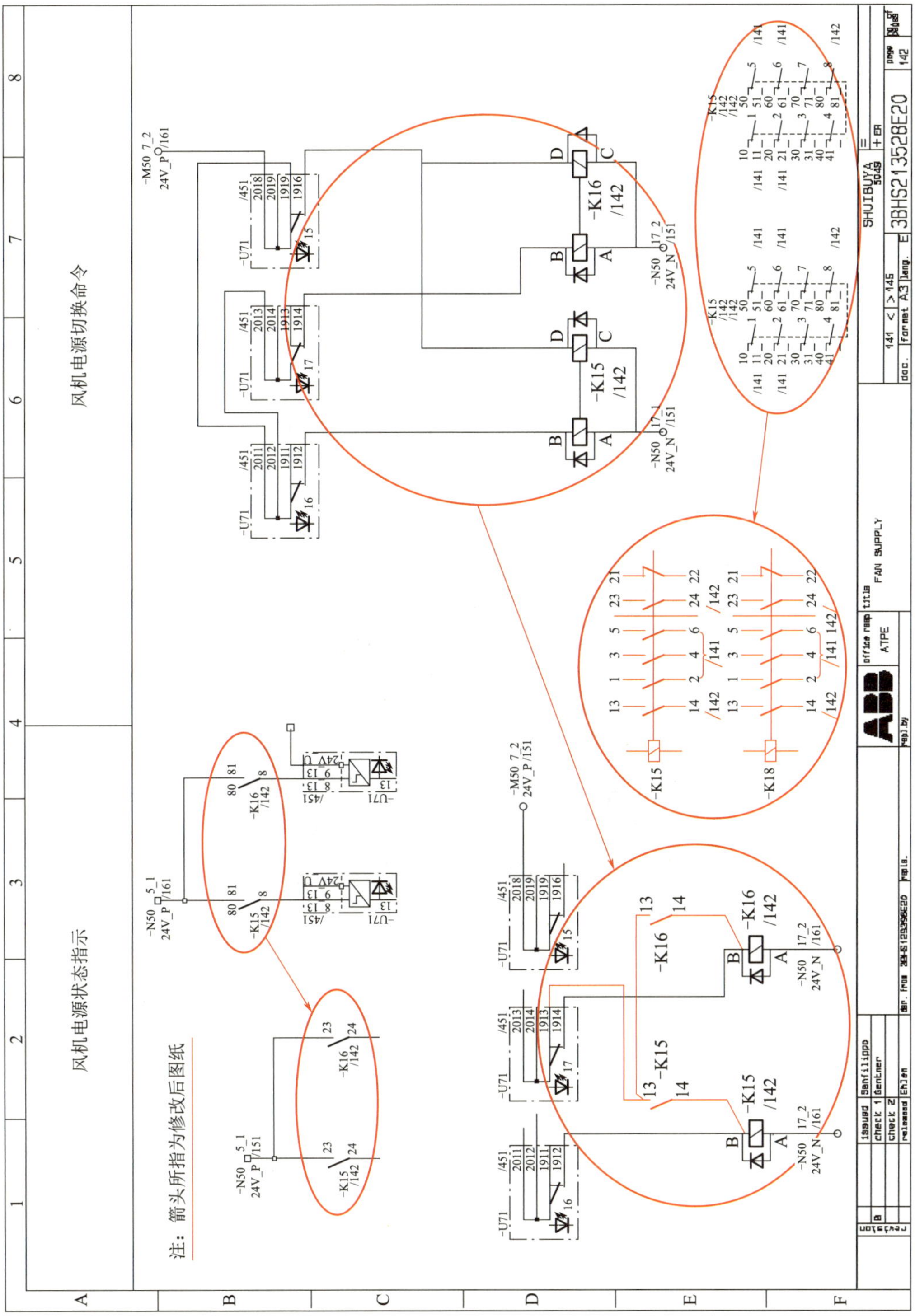

图 6-7　继电器控制回路接线更改

6.3 调速器故障逆功率停机问题

某厂调速器电气控制部分由三个通道组成：调节器 A（自动主用）、调节器 B（自动备用跟随）、调节器 C（电手动）。自动调节通道由微机调节器（A 和 B）加机械液压系统构成，电手动控制通道由微机调节器（C）加机械液压系统构成。

6.3.1 设备故障概况

2013 年 12 月 2 日，2 号机组短时负载运行后导叶异常关闭（见图 6-8），机组逆功率保护动作使机组解列，20 min 后导叶自动开启，机组转空载运行。现场初步判断原因为调速器 A 套模拟量输出模块故障。

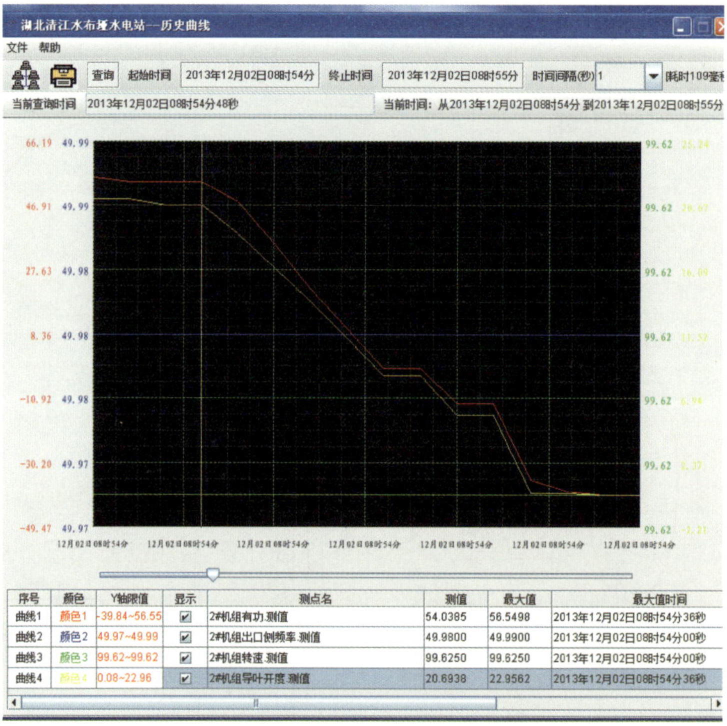

图 6-8 12 月 2 日 A 套负载时导叶关闭过程

2013 年 12 月 25 日，2 号机组在调速器参数测试准备过程中，调速器 A 套控制下二次远方开机时导叶均无法打开，监视机械急停油路压力开关信号正常。切换至 B 套控制，远方开机至空载短时运行后导叶异常关闭（见图 6-9），迅速将调速器切 C 套，手动控制正常，切至 B 套正常再切至 A 套仍正常，后远方自动停机。约 30 min 后切 A 套控制开机，调速器开机 1 过程中（最高转速 36%）导叶异常关闭（见图 6-10），远方停机。两次开机失败及两次导叶异常关闭过程中，导叶控制 PID 给定指令正确，调速器系统无异常告警。决定落机组进水口闸门，压力钢管排水后检查调速器系统。

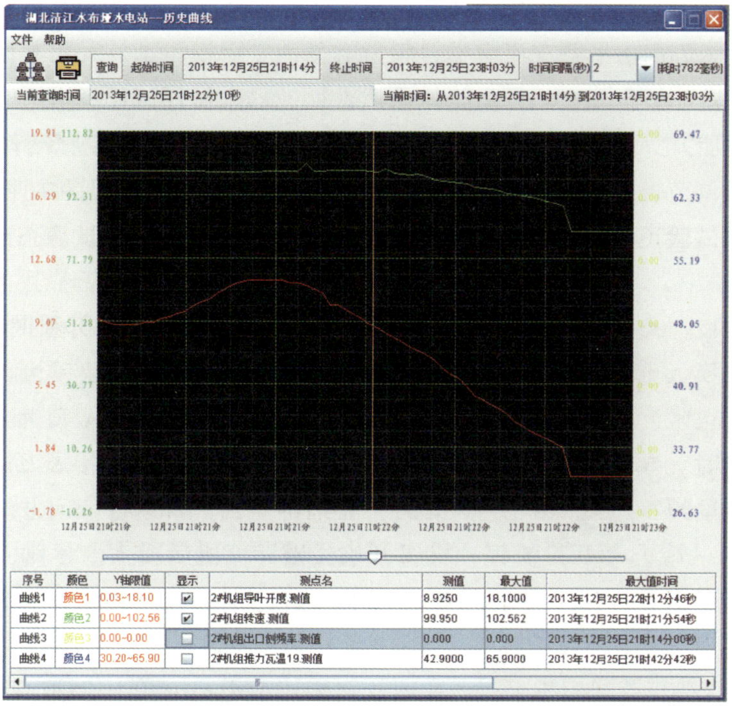

图 6-9　12 月 25 日 B 套开机后导叶关闭过程

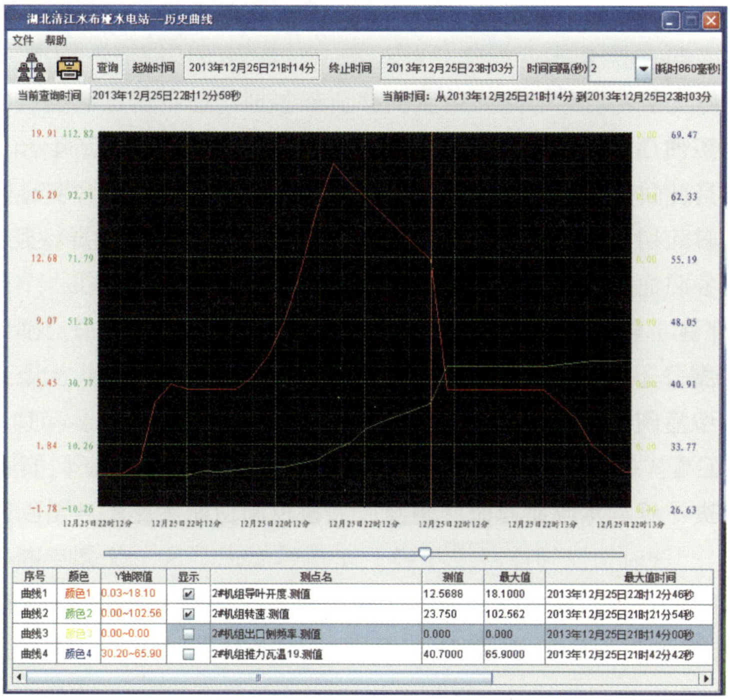

图 6-10　12 月 25 日 A 套开机后导叶关闭过程

6.3.2 原因查找及分析

1）原因查找及试验

12 月 26 日 7：00 至 20：00，机组排水后在调速器未做任何处理措施时，上次开机失败在 A 套控制，此时 A 套模拟开机正常，另外，做了大量的重复模拟动作试验（调速器各种运行工况及调节模拟）均未发现异常。20：00 后更换开停机阀和切换阀，继续进行静态模拟试验，试验正常。然后决定配合电科院进行调速器参数测试静态试验，试验过程正常。

12 月 27 日 12：00 机组充水后，取消发电机逆功率保护，准备开机时，调速器 A、C 套通信故障，更换 A 套 CPU 后正常，同时更换 B 套模拟量输出模块。检查比例阀及切换阀控制线绝缘均正常，检查比例阀放大板工作正常。15：30 后用 A 套远方开机，PID 给定第一启动开度时，导叶无任何响应，将比例阀控制信号线断开，接入万用表测量控制电流为 20 mA，测量约 5 s 后，导叶突然开启，并维持空载正常运行，远方停机。停机检查后，17：00 进行 A 套自动开机流程，机组开机失败。停机后投入急停阀，测量比例阀阀芯位置反馈信号，测量过程中发现调速器自动通道比例阀油路接入手自动切换阀 T 腔，存在重大安全隐患。

12 月 28 日凌晨再落闸门排水，调速器管路撤压后更换 A 套比例阀。对 A、C 套比例阀及原有的旧比例阀测试，均工作正常（位置反馈信号正常）。解除两套比例阀放大板控制线后，A 套控制模拟开机，开机指令下发后比例阀动作正常，但导叶未打开，切换至 C 套操作导叶正常，再切换至 A 套操作导叶正常。对管路泄压后清洗检查 A 套比例阀至切换阀间的连接油管无脏污。

因切换阀 T 腔使用与原设计不符会导致切换阀异常变位，切换阀变位后可导致调速器无法开导叶，且此缺陷在彭水电站 5 号机组上已多次出现。12 月 28 日下午对此故障点进行验证试验。解除切换阀控制线后采用比例阀重上电等方法可能导致切换阀在过渡位，此位置下切换阀各腔油路被切断，调速器 A、B、C 三套均不能操作导叶。

12 月 29 日下午，解除切换阀控制线后采用控制电流突变操作比例阀，在多次 0 mA 突变为 20 mA 的操作下，出现一次调速器 A、B、C 三套均不能操作导叶，证明切换阀在过渡位。然后将切换阀控制线 A 套接线恢复、C 套不恢复，强制 A 套切换阀动作一次，在 A、B 套控制下可操作导叶，证明电气控制可将切换阀复位。验证切换阀工作位不稳定后，对此进行改进，停电将调速器比例阀及放大板控制功能 A（B）与 C 套互换（比例阀控制信号线互换），同时切换阀控制线互换。互换后实现了 A、C 套控制油路互换，即将 A 套原有风险转移至 C 套。恢复时 C 套先上电，C 套无法电手动操作导叶。A、B 套上电后切换至 A 套控制再切回至 C 套，通道切换后 C 套能开启导叶。

12 月 30 日，全面检查调速器电气柜至机械端子箱所有线路（两侧元件接头之间）的线路对地绝缘、线芯间（包括备用芯）绝缘均正常，检查回油箱上阀组控制线接头接线规范，相关线路接线端子无松动。

12 月 30 日下午至 31 日上午反复模拟远方自动开调速器试验，经大量试验，A 套控制下开机无异常。

2）故障原因分析

经过多方大量试验和检查，除切换阀使用存在较大安全隐患外，未发现其他故障点。结合故障现象、故障记录及上述各项检查试验，能事达调速器厂家认定故障原因在于机械液压控制部分，但不能排除电气控制方面的诱因。

根据油路检查结果，发现 A、B 套比例阀接切换阀的 T 腔，C 套比例阀接切换阀的 P 腔，经证实此为 GE 公司出厂设计。通过研究切换阀动作原理，从液压原理上分析，将控制油路通过切换阀的 T 腔进行中转，当出现压力波动情况下，切换阀阀芯位置会出现位置不确定的现象，特别是采用内置定位机构的切换阀。而且切换阀采用间断式激励控制，间隔时间为 1 h，多数时间下阀芯位置依赖内置定位机构。切换阀阀芯异常变位时，A、B、C 套均无法控制主配动作。若此时发开机令，必然开机失败；若此时导叶已经开启，因主配开机腔油路已被切断，导叶必然会无规律关闭。

虽然切换阀的应用存在安全隐患，但导致阀芯异常变位的诱因目前仍不能定性定量确定，且 2 号机组从 2008 年投运至今均未出现此类故障，而最近频繁出现，不排除仍存在其他目前暂时无法查找的原因，如放大板元件不稳定、主配传感器采样不准、主配组合阀体故障等，需要进一步检查和运行观察。

6.3.3　处理措施

1）降低切换阀异常变位风险

（1）合理使用切换阀。为遵从切换阀机械设计和功用，从根本上解决切换使用不合理的问题，需要采购机械配件，更换油路设计：将两路比例阀出油接入切换阀 A、B 腔，切换阀 P 腔接主配开机控制腔，封堵 T 腔，并在 P 腔出油管上加装油压变送器。

因上述改动较大，考虑到改造所需材料和周期，需待条件具备时实施。目前临时采取以下电气控制更改措施，待改造完成后恢复更改：

①油路功能互换。因控制油经切换阀 T 腔时切换阀极易工作不稳定，为提高自动通道的可靠性，将调速器 C 套电手动比例阀控制油接入 T 腔，电气控制实施如下更改：将自动和手动控制通道的比例阀控制信号互换，同时互换切换阀的位置控制线。因控制线互换后比例阀放大板也随之互换，修改三套 PLC 控制程序中导叶开度控制放大系数 K 值，使调节稳定。

②合理控制油路。C 套比例阀接切换阀 T 腔后，C 套备用时为确保切换阀 T 腔无压，修改控制程序：当 C 套备用时其比例阀控制信号由目前的 12mA 更改为 8mA，确保 C 套备用时其比例阀在关位。

上述两点更改的合理性说明：自动通道比例阀接切换阀 T 腔时，因自动通道为 PID

控制，控制信号瞬变性比较大，不排除比例阀突然撤油再给开向油的可能（试验已证明此动作可导致切换阀阀芯变位）。改将 C 套比例阀接 T 腔后，确保了自动通道的安全运行，将切换阀异常变位的风险转移至 C 套。因 C 套只接受现地操作把手的缓慢增减调节，为单向小幅调节，C 套运行时风险大为降低。

（2）合理控制切换阀。目前切换阀控制流程为：PLC 单套取得主用权时动作切换阀一次，然后每 1 h 动作一次。为确保切换阀在正确工作位，需缩短切换阀控制指令周期。为与机组逆功率保护时间 30 s 的定值相配合，修改为每 30 s 发令 5 s 动作一次切换阀。

另外，任何工况下，调速器导叶开度指令值与实际值偏差大于 3% 后，切换阀动作指令持续保持输出，直至控制偏差回到 3% 内，在机组接收到开机令后动作切换阀一次。考虑到 C 套为电手动控制，C 套切换阀控制指令周期为 60 s。

切换阀控制指令周期缩短后，注意定期检查更换切换阀控制光隔模块。

2）优化调速器通道切换控制

对于导叶开度这一调速器重要控制目标，当控制目标与实际值偏差大于不可控偏差后及时报警并切换通道；当控制目标越限不可控后及时报警并切换通道。

导叶控制偏差故障设定为：调速器自动非频率模式负载工况下，导叶开度指令值与实际值偏差大于 6% 后报警，大于 8% 延时 5 s 后仍存在，则置通道故障并切换至自动备用通道，备用通道仍故障则切至 C 套。

导叶开度越限故障设定为：导叶开度越过上限 2% 后立即切换至备用通道，备用通道故障自动切至 C 套控制；通道主用 5 s 后启动导叶开度越下限判断，越过下限 2% 后立即切换通道至自动备用通道，备用仍故障则切至 C 套。此两类故障均定义为调速器通道大故障并需手动回切通道复归故障，防止进入自动回切通道死循环。

机组负载工况下，为防止自动切至 C 套控制后机组功率越限，首次切换至 C 套主用后导叶开度指令限制在 18% 小于或等于 Y_ ele_ out 小于或等于 80%，开限 20% 小于或等于 Y_ limit，在人为手动调节后此限制失效。

该调速器自动 A、B 通道共用比例阀和放大板及控制线路，共用环节故障后切换自动通道仍不能避开故障，为防范此类故障导致事故扩大，建议将自动通道 A、B 套比例阀单独配置，C 通道比例阀与 B 通道共用。

3）重要备件的采购

调速器已投运 5 年多，电气及机械设备进入老化阶段，考虑电厂调速器备件情况，需对以下重要元器件购买合理数量的备品：控制器 CPU、比例阀放大板、切换阀（建议更换为带位置反馈的新型阀）、主配位置传感器、PLC 重要功能模块（如开关量输入、输出模块，高速计数模块等）。

4）重要信号监视记录

比例阀位置反馈信号、开停机阀位置信号、比例阀控制指令、残压测频测值、齿盘测频测值等重要模拟量信号入监控系统历史数据记录，方便问题原因查找和运行工况分析。

2 号机组开停机阀位置信号接入 LCU2-DI169、比例阀位置反馈信号接入 LCU2-AI15，其他信号经过 MB+上送 LCU2。修改监控系统主站数据库，修改新增信号描述并入历史数据记录。

5）其他机组同类隐患整改

“举一反三”，排查其他机组调速器设备隐患：

（1）参照 2 号机组调速器控制程序修改方案，对其他机组控制程序进行相同完善并模拟验证。

（2）排查其他机组切换阀油路配置情况，若有相同安全隐患，参照 2 号机组进行整改。因此项更改涉及到比例伺服阀放大板互换，程序中导叶开度控制放大系数 *K* 值相应进行调整，*K* 值调整后需进行静态模拟实验，观察修改后的调速器调节效果，此试验需要机组压力钢管排水后进行。

6.3.4 故障曲线记录

导叶关闭过程见图 6-11～图 6-13。

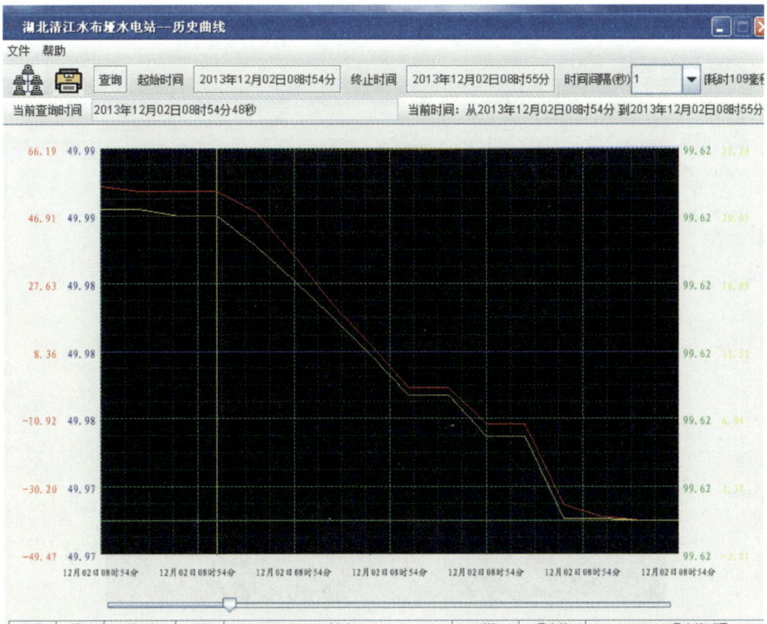

序号	颜色	Y轴限值	显示	测点名	测值	最大值	最大值时间
曲线1	颜色1	-39.84~56.55	☑	2#机组有功.测值	54.0385	56.5498	2013年12月02日08时54分36秒
曲线2	颜色2	49.97~49.99	☑	2#机组出口侧频率.测值	49.9800	49.9900	2013年12月02日08时54分00秒
曲线3	颜色3	99.62~99.62	☑	2#机组转速.测值	99.6250	99.6250	2013年12月02日08时54分00秒
曲线4	颜色4	0.08~22.96	☑	2#机组导叶开度.测值	20.6938	22.9562	2013年12月02日08时54分36秒

图 6-11 12 月 2 日 A 套负载时导叶关闭过程

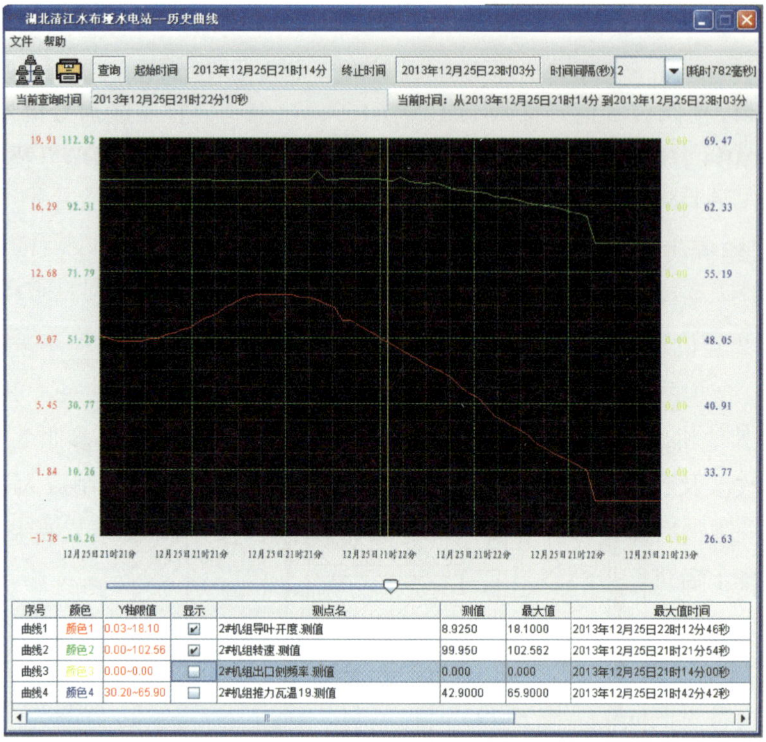

图 6-12 12 月 25 日 B 套开机后导叶关闭过程

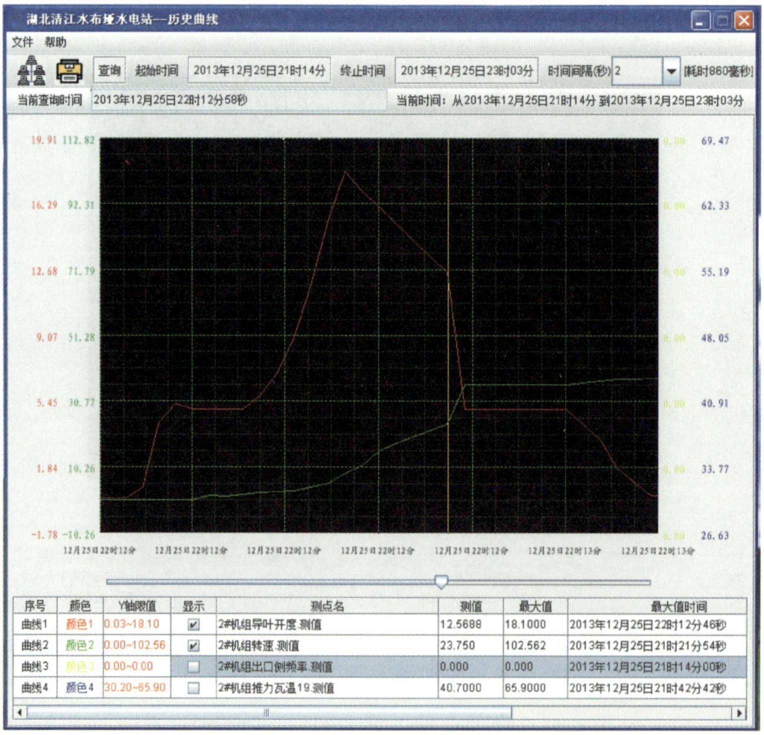

图 6-13 12 月 25 日 A 套开机后导叶关闭过程

6.4　调速器控制系统典型问题

某厂装有 4 台容量为 460 MW 混流式机组，采用湖北三峡能事达公司生产的 PFWT-100-6.3/YZ 6.0 6.3 型调速器，控制系统分为电气控制柜和机械控制柜，电气控制柜主设备由两套电自动单元（A、B 套）和一套电手动单元（C 套）组成，三套控制 PLC 控制器绝大部分信息交换通过 MB+通信方式完成。电液转换元件采用两套德国 BOSCH 比例伺服阀，A、B 套共用 1 个，C 套 1 个，通过手自动切换阀来实现控制油路切换。主配阀组为 GE 公司的 FC5000。电气柜另外布置有 SPCT1/3 6 转速测控器，信号全部送计算机监控系统。机械柜监控 2 台油压装置油泵及补气阀等元件。自 2007 年首台机组投产发电以来，该电厂调速器控制系统遇到并解决过如下故障：

1）比例阀失电紧急停机

2009 年，4 号机组带 250 MW 负荷运行，技术人员现地观察到调速器 A 套齿盘测频在 49.88~50.12 Hz 之间波动，但并无齿盘测频故障报警信号，此时残压测频主用，为防止残压测频故障后采用该齿盘测频值，遂将调速器切 B 套控制。切换后机组导叶立刻全关，30 s 后机组逆功率保护动作，机组停机。

将压力钢管排水后进行调速器模拟动作试验，数次发现 C 套或 B 套切至 A 套时导叶全关，但调速器导叶开度给定指令信号正常，测量比例阀 4~20 mA 控制信号正常，判断故障原因为通道切换后调速器机械控制油路自动异常泄压。检查调速器机械油路上各急停阀组无异常变位，检查比例阀位置反馈信号异常。其控制信号正常，于是，检查其工作电源电压，测量为 20.15 V，当通道切换瞬间最低只有 19.5 V，远低于 24 V 的额定工作电压，切换瞬间电压降导致比例阀停止工作，比例阀切换至故障保险位切断主配压阀控制油路后停机。

检查比例阀供电回路，$U_{AD}=24.5$ V，$U_{AB}=0.5$ V，$U_{BE}=24$ V，$U_{CF}=20.15$ V，调速器切换成功时，$U_{CF}=19.98$ V，切换不成功时，$U_{CF}=19.5$ V。比例阀电源示意图如图 6-14 所示。

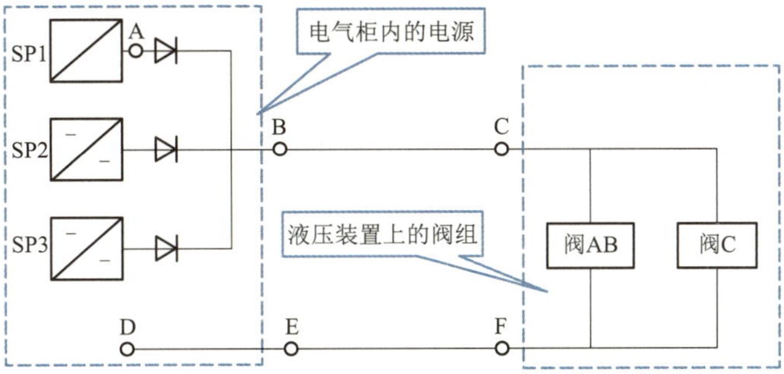

图 6-14　比例阀电源示意图

由于安装时 BC、EF 段采用 2 芯 0.75 mm^2 的电缆，导致回路电压降达 4 V 以上，比例阀的供电质量严重不合格。针对此问题，将供电电缆更换为 2 芯 2.5 mm^2 的电缆，并调整电源模块输出电压 $U_{AD}=25.7$ V，测量 $U_{CF}=24.2$ V，并将“现场测量（CF 端）比例阀工作电源电压”和“调速器通道切换试验”列入机组检修重点检查项目。

2）残压测频异常

2012 年 1 号机组负载运行时，1TV 一次侧 B 相保险不完全熔断，导致调速器采集的残压波形畸变，作为机频测量主用源的残压测频测值异常跳变，机频频繁波动持续超过 0.5 Hz，但原程序对此异常测值并未判定为故障，测频方式未切换为齿盘测频主用。因调速器程序设定机频在［45、49.5］Hz 或者［50.5、55］Hz 区间持续 10 ms，则判断机组为孤立网状态运行，故此时调速器自动切换至为频率控制模式，其控制目标为调整机频至 50 Hz。由于机频测值快速波动导致导叶开度大幅来回误调节，调速器 2 台油泵频繁启动长时间输油仍供油不足，最终导致“调速器事故低油压”信号动作启动紧急停机。

针对残压测频存在的隐患，对调速器控制系统进行如下改进：

（1）调速器控制程序优化。加入残压测频防跳变处理程序段：在 1 个扫描周期内（C 套为 6 个周期）跳变大于 1.2 Hz 置残压测频故障位，频率跳变在 0.3 Hz 内稳定 5000 个扫描周期后（C 套为 200 个周期）复位故障。

加入测频异常后测频主用切换程序段：因三套 PLC 测频通道相互独立，存在测量偏差，所以放宽允许测量差异值，将三机残压越限比较值由 0.5 Hz 改为 1.2 Hz，三机残压均越限报警稳定 1 s 后选齿盘测频主用。

合理整定孤立网模式频率阈值：将“机频在［45、49.5］Hz 或者［50.5、55］Hz 区间持续 10 ms”修改为机频在“［40、48.5］Hz 或者［51.5、55］Hz 区间持续 10 ms”，防止机组误进入孤立网模式。

（2）硬件回路改造。调速器三套控制器残压测频信号源均取自 1TV 信号回路，此种接线方式优点是消除了测量源不同导致的测量差异，不足之处是若 TV 或信号回路故障将导致三套残压测频同时故障。将发电机出口 2TV 信号接入 A 套 PLC，B、C 套仍采用 1TV 残压信号，这样实现了残压测频信号源的冗余。

3）齿盘测频模块故障

查询自 2008 年 9 月至 2015 年 1 月调速器故障记录，据不完全统计，该电厂共更换齿盘测频模块 11 次。故障现象有“调速器 A（或者 B）套故障”和“A（或者 B）机齿盘测频故障”，每次都是齿盘测频模块故障。另有一次机组检修后，首次开机过程中出现齿盘测频故障，系检修期间临时拆除齿盘测频探头，在回装时测量间隙过大，导致机组空转时齿盘测频装置测不到脉冲信号，停机后重新调整探头与齿盘间距合格后故障消失。

4）导叶关闭不严

导叶关闭不严一般是水力机械机构方面问题，也可能有电气原因。2012 年，在某电厂 3F 机组检修中，检修人员因工作需要临时拆除导叶位置测量传感器。在回装阶段，因一套连接螺栓遗失，使用尼龙扎带连接，造成导叶位置测量不精确，以致在停机关导叶时，导叶立面未完全密闭。导叶密闭不理想容易引起刚刚静止的机组进入蠕动状态，若机械风闸和高压油泵不能自动投入，长时间低速运行有可能损坏推力轴承和镜板。事后，不仅重新做了金属螺栓连接，而且对调速器控制程序进行了完善：判断进入到停机态时，表明导叶已经全关，此时在比例阀控制信号中加入了负偏量，从电气控制角度保证向关闭方向持续压紧导叶。

5）压力油罐补气阀工作异常

补气阀阀体可能存在因加工工艺或者气体杂质较多导致漏气。自投产发电以来，该电厂因补气阀本体原因发生的设备故障仅一起，较多的异常是“应当补气而没有补气”，发生这种现象的原因是：如果仅仅满足“准备开启自动补气阀”条件并不会立即去自动开启阀门，同时还需满足“两台油泵均未启动”、“无关闭补气阀控制输出”及“补气间隔时间大于 30 s”三个条件才能输出控制开启自动补气阀。“两台油泵均未启动”是由于设计考虑自动启动油泵和自动开阀补气互相闭锁，“无关闭补气阀控制输出”是因为关闭控制优先于开启控制，“补气间隔时间大于 30 s”用来防止频繁操作补气阀对设备造成损害，因为正常情况下不可能如此频繁进行补气操作。总结起来，就是说如果系统油压正常或者油泵正在运行，都会闭锁补气阀自动补气。

另有一次故障是补气阀开启时间过短，为此延长了控制脉冲信号时间。该电厂的自动开启和关闭自动补气阀的控制输出均为一个持续 20 s 的长脉冲信号，因为现场使用的自动补气阀本体不带自保持回路，但有开启或者关闭到位自动断开本体电气控制回路设计。在故障后试验测得补气阀开启或者关闭时间约为 25 s 左右，所以调整设置持续脉冲时间为 30 s。

6）导叶开度显示偏差

机组正常运行期间，偶尔出现调速器盘面导叶开度显示与计算机监控系统显示不一致。调速器电气柜盘面导叶开度指示表的输入信号来自当前主用控制器模拟量输出，由切换继电器控制。其中 A 和 B 套控制器有独立的前端导叶位置传感器，C 套的导叶位置传感器属于 C 套和机组 LCU 共用，前端导叶位置传感器送出的 4~20 mA 信号通过一入二出模块分别送入调速器 C 套控制器及机组 LCU 的模拟量输入模块。实际经历的故障点有如下可能：①一入二出模块需要调零。②一入二出模块损坏。③模块接线接触电阻偏大。④机组 LCU 模数转换的 A、B 系数精度不够（换算后的直线斜率值只能取小数点后两位）。

7）调速器压油罐压力异常停机

2009 年，2 号机组调速器压力油罐事故低油压启动快速停机流程，分析确认原因为压油罐停泵压力开关故障（动作后未返回），闭锁油泵启动回路，油压降至事故低油压 4.6 MPa 紧急停机。事故后分析设备存在以下隐患：

（1）油压装置油压低报警定值设置偏低。油压装置正常运行油压值为 6.0~6.3 MPa，事故低油压保护停机定值为 4.6 MPa，而油压低报警设置为 4.8 MPa。电站为地下式厂房，控制室至现场时间较长，当油压装置出现异常导致压力下降时不能及时告警，维护人员将错失最佳处置时间。

（2）油压控制系统以稳定油压为目标，应全面综合考虑各类可能导致油泵运行异常的故障信号。系统仅配置了压力模拟量信号断线故障、油泵故障（软启动器故障、电机过热或运行超时），对于压油罐压力及液位信号故障、泵控制异常等重要故障未作综合考虑。此类故障均直接影响油泵的启停控制，从而影响压油罐的油压和油位。如能增加相应的故障报警，将利于故障尽早发现和处理，可避免不必要的事故低油压停机。另外，在油泵的控制流程上选择停泵优先，不利于小故障态下的油压控制。具体改进措施如下：

①将压油罐低油压告警整定值由 4.8 MPa 修改为 5.6 MPa，及时告警。

②油压控制柜程序改进，程序增加三类综合故障判断告警。

油压测量信号异常告警：在压油罐油压测值大于 6.2 MPa 或者停泵压力开关动作的情况下，出现任一以下时报测压信号故障：油压模拟量测值小于 6.1 MPa、启主用泵压力开关动作、启备用泵压力开关动作。

压油罐液位开关故障：停止补气液位开关和启动补气液位开关均动作。

启停泵异常故障：无压力开关故障时，当油压大于 6.32 MPa 或停泵压力开关动作后，程序仍有启泵控制信号输出则报停泵故障；当程序判断启主用或备用泵动作时，程序无相应启泵控制信号输出则报启泵故障。

考虑到油泵出口安装有带先导安全阀的组合阀，安全阀动作值为 6.4 MPa，且压油罐也有安全阀作为后备保护，因此采用启泵指令优先的控制流程，并根据油泵的一般运行规律，在监控系统设置油泵运行 2 min 告警，在油泵运行超时故障动作前预警。

8）调速器空载异常抽动

2010 年 8 月 5 日 16：08，因水渔两回线路故障，该电厂 3 台机组甩负荷至空载，其中 3F 机组带Ⅲ段、Ⅳ段厂用电正常运行。30 min 后（16：39）水渔Ⅱ线路恢复送电，此时 3F 机组开始大幅度异常抽动，抽动持续 4′43″导致机组低油压紧急停机。

3F 机组异常抽动前导叶空载开度 $Y_{max}=12.6\%$、$Y_{min}=10.5\%$，波动范围正常，压油罐油压 $P=6.22$ MPa，此时网频故障，调速器自动跟踪 50 Hz，机组转速正常，稳定在 99.2%（49.6 Hz）。

16 时 39 分整，水渔Ⅱ线路恢复送电，此时 3F 机组所在Ⅰ回线路并未送电，但 3F 调速器网频故障信号复归，以下是监控报文信息：

16：39：00：116　1 号机组网频故障复归；（水渔Ⅱ线路恢复送电）

16：39：00：552　3 号机组网频故障复归；

16：39：29：910　3 号机组网频故障；

16：39：30：394　3 号机组网频故障复归；

16：41：03：188　3 号机组网频故障；

16：41：03：596　3 号机组网频故障复归。

从上述报文可以看出，水渔Ⅱ线路恢复送电时，对水渔Ⅰ线路产生电磁干扰，查询保护录波记录发现：水渔Ⅱ线路恢复送电时，水渔Ⅰ线路产生的 3 次谐波分量为 8%。

水渔Ⅱ线路恢复送电后，电磁干扰导致 3F 调速器网频测量异常，查询 3F 机组导叶开度和转速监控录波曲线发现，两次网频故障后机组转速都是快速下降，导叶开度减小幅度约 4%，在 39′47″~44′30″之间调速器油压还能保持在 5.76 MPa 左右，但此后调速器抽动频率和幅度都变大，抽动幅度 $\Delta Y_{max}=8\%$，导致 3F 油压装置 2 台油泵长时间启动打压，但油压仍然快速下降。16：47：10，机组启动低油压紧急停机。此期间调速器油泵运行正常。

建议此后线路停、送电时加强对调速器运行工况的监视，做到早发现问题早处理，如有抽动可将调速器切电手动控制，必要时可解除网频信号让机组跟踪 50 Hz。

6.5　励磁系统风机电源问题

6.5.1　事件的经过

2009 年 8 月 9 日 10：00，某电厂 3 号机组停机已达 72 h，向梯调申请开 3 号机组空转 5 min（定期工作）。10：04 开 3 号机组空转，10：10 发 3 号机组停机令，10：12 机组转速小于或等于 60%n_e，电制动投入，同时监控系统报“3 号机组功率柜风机电源消失”“3 号机组励磁故障报警”“3 号机组励磁功率柜冷却器故障”。10：13 励磁内部事故，启动 3 号机组紧急停机流程，跳厂高变开关 1013、跳 3 号机组灭磁开关。3 号机组 GCB 失灵保护动作，跳机组高压侧断路器 5003 开关。10 kV Ⅲ、Ⅳ段 BZT 动作，1004 开关带 10 kV Ⅲ、Ⅳ段。

6.5.2　处理过程

现地检查 3 号机组保护盘柜信号，3 号机组保护盘柜“励磁内部事故”“GCB 失灵保护”动作，3 号机组交直流电源盘上励磁交流电源开关跳闸。检查 10 kV、400V 厂用电正常。同时监视 1 号、4 号机组运行及 3 号机组停机情况。11：10 缺陷处理完毕，开 3 号机组至第 5 步，机组运行正常，11：45 向梯调汇报 3 号机组恢复正常，停 3 号机组。

6.5.3　事件原因分析

经过分析，5003 开关跳闸的原因是在投电制动过程中 3 号机组励磁功率柜风机唯一电源开关异常跳闸，导致励磁内部事故，启动 3 号机组紧急停机流程；且在投电制动时检测到机端有电流，从而导致 3 号机组 GCB 失灵保护动作（GCB 失灵保护动作条件：①检测到机端有电流；②有保护动作信号），跳高压侧断路器 5003 开关。

6.5.4　采取的防范措施

（1）将励磁辅助电源开关由 16A 更换为 20A 开关（风机功率为 280W×8）。

（2）修改停机投电制动时励磁内部事故动作逻辑，电制动时不启动 GCB 失灵。

（3）做停机超过 72 h 开机空转定期工作时，将机组开至第 5 步空载运行，以便检验励磁系统运行状况。

6.6 线路电压测值跳变问题

2013 年 7 月 29 日，某电厂水渔Ⅱ回线路电压 U_{ab} 在 11：30：05 有突变现象，突变峰值电压为 560.9 kV，经检查电压突变时电厂机组运行状态为：某电厂 1 号及 2 号机组均并网运行（水渔Ⅱ回线路）。查询监控系统历史数据曲线见图 6-15。

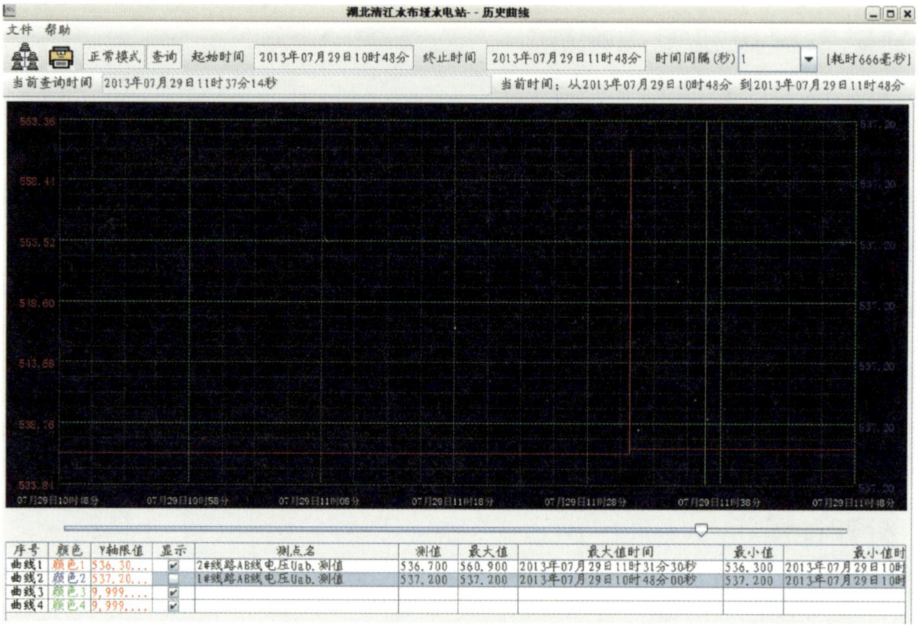

图 6-15　水渔Ⅱ回线路电压曲线

6.6.1 问题原因查找

（1）在 29 日 11：31：10 时刻，水渔Ⅱ回线路电压波动时，1 号机组、2 号机组出口电压均无明显波动（见图 6-16 和图 6-17），可排除因机组出口电压波动导致线路电压波动的原因。

（2）检查 PMU 及开关站故障录波装置所测母线电压历史测值，发现以上电压信号均无明显波动，可排除测量 TV 本体故障导致电压信号波动的原因。至此，基本可确定母线电压实际并没有突变，该突变信号应为误报信号。

（3）监控系统对水渔Ⅱ回母线电压的测量，是通过某电厂 500 kV Ⅰ段母线 TV“TV51”，接入开关站现地控制单元 LCU5 中的交采表。所测得的数据通过通信方式传

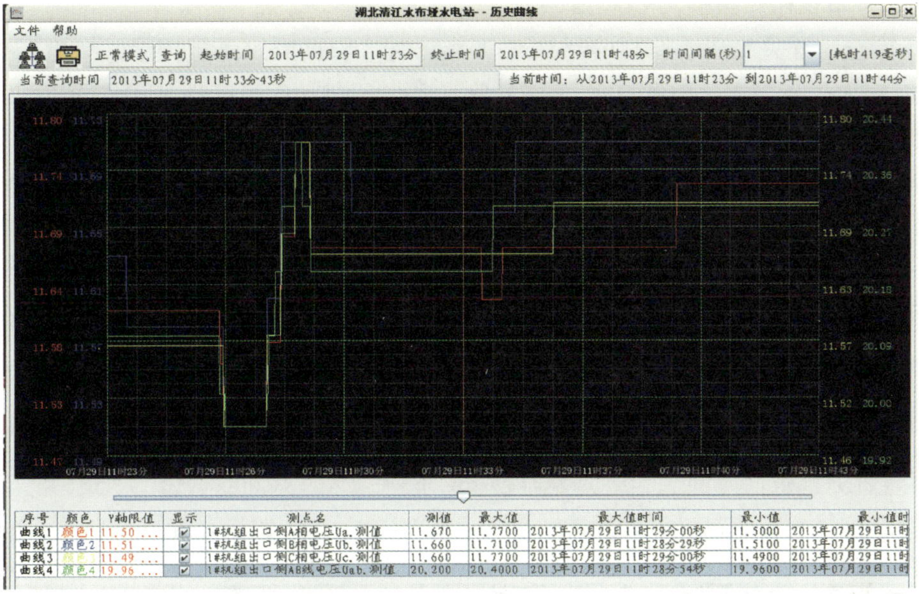

图 6-16　1 号机组出口电压

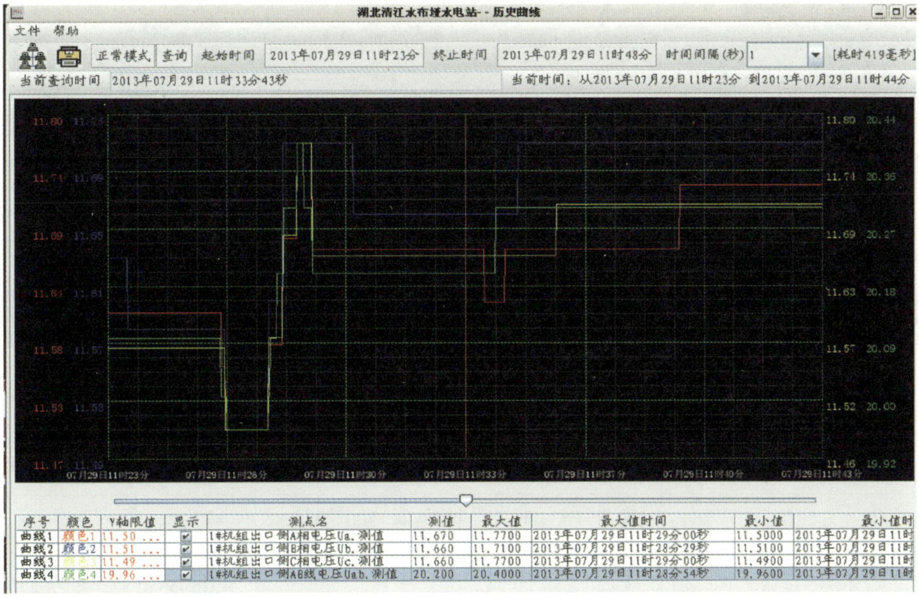

图 6-17　2 号机组出口电压

至监控系统，由监控系统上送至梯调和网调。判断电压跳变问题出在监控系统测量这方面。

6.6.2　问题原因分析

监控测量方面造成电压波动的可能原因有如下几种：

1）开关站现地控制单元 PLC 原因

现场检查，开关站现地控制单元 PLC 工作正常。根据监控系统记录，在电压抖动时，开关站 PLC 无故障报文。因此 PLC 工作异常导致电压抖动的可能性基本排除。

2）交采表与 PLC 通信受到干扰

通过调取水渔Ⅱ回母线电压 U_{ab}、U_a、U_b、U_c 曲线发现，在母线电压 U_{ab} 发生抖动的同时间段内，母线电压 U_a 也发生抖动，最大峰值电压为 323.9 kV（见图 6-18）。该时间段其他两相电压均正常。

由于线电压 U_{ab} 和相电压 U_a、U_b、U_c 都是通过交采装置测量计算后通过 485 接口上送至监控系统，如果通信受到干扰，其他数据也应受到干扰。因此通信受到干扰导致电压波动的可能性也可排除。

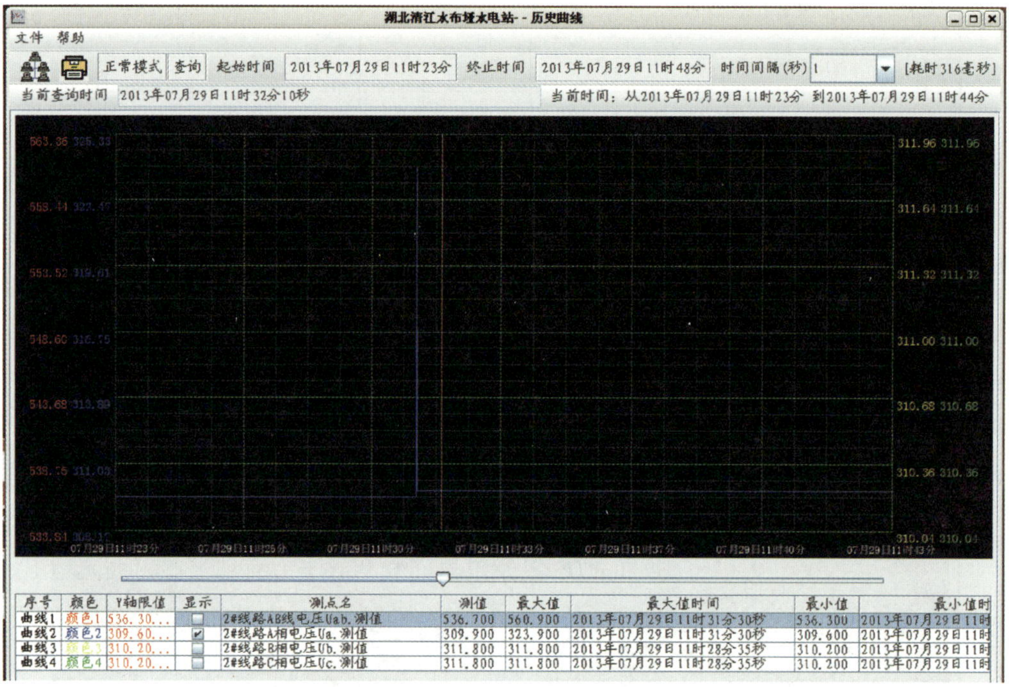

图 6-18　水渔Ⅱ回母线 A 相电压

（1）交采表与 TV 间接线原因。该事件发生后电厂对所涉及的设备接线进行了检查，但未发现端子松动和虚接现象。因此可排除接线问题导致电压抖动的可能性。

（2）交采装置故障。最近几年该现象已频繁出现多次，每次突变值均为 560.9 kV，且每次仅只有监控系统所测信号波动。经咨询使用同种型号交采表的单位得知，大部分用户都出现过电压异常波动的情况，经询问厂家及查询相关资料得知，交采表因本身测量精度不够，设计本身带有固有死区，测值不准现象较为普遍。因此基本肯定电压突变问题出在交采装置上。

6.6.3　改进措施

在开关站 LCU5 控制盘上安装电压变送器，从交采装置将母线 TV 信号并联接入电压变送器，变送器输出 4~20 mA 电流经模拟量输入通道接入开关站 LCU5 模入模块，并修改 LCU 程序，将变送器所测电压值设为主用，分别修改上位机与网调、梯调通信接口，母线电压信号改由变送器测值上送。同时交采装置已投运 7 年，为防止设备老化导致的测量异常，对交采装置进行更换。

6.7　监控系统控制流程逻辑问题

6.7.1　机端电制动短路开关控制流程修改（2007 年）

某电厂 1 号机组现地控制单元 LCU1 程序停机流程中先分隔离开关 50016，后分电制动短路开关 Z011。由于保护中隔离开关 50016 合分操作与电制动短路开关 Z011 合分位置具有电气连锁（即只有当电制动短路开关 Z011 在分闸位置，隔离开关 50016 才能进行合分操作），造成 1 号机组在停机过程中隔离开关 50016 无法拉开。另外程序在停机流程中投电制动后切电制动时，没有退切励磁而直接切电制动，造成励磁系统大电流分合制动电源开关。为解决上述问题，需对 1 号机组 LCU 程序进行修改，保证停机时流程执行顺序为：先分电制动短路开关再分隔离开关 50016；退电制动时先退励磁再分电制动短路开关 Z011。

6.7.2　技术供水主用水泵分段控制（2009 年）

某电厂厂用 400 V 2P Ⅰ段为 3F1 号技术供水泵和 4F1 号技术供水泵提供电源，400V 2PⅡ段为 3F2 号技术供水泵和 4F2 号技术供水泵提供电源。当 3F1 号技术供水泵和 4F1 号技术供水泵同时运行或 3F2 号技术供水泵和 4F2 号技术供水泵同时运行时，造成 400V2P Ⅰ段或Ⅱ段变压器负荷过大，影响设备的正常运行。针对上述问题，通过更改 3 号机组、4 号机组现地控制单元 LCU3、LCU4 程序中的 TCP/IP 通信程序和开机控制流程程序，使 3 号机组、4 号机组在开机过程中互相根据对方的 1 号、2 号技术供水泵的运行状况，有选择地启动本机组技术供水泵，使 3F1 号技术供水泵与 4F1 号技术供水泵，3F2 号技术供水泵与 4F2 号技术供水泵错开运行。同时，为及时发现 2 台技术供水泵在同一段母线上运行的情况，同时在监控系统中增加 1 号、2 号机组和 3 号、4 号机组技术供水泵在同段母线运行相关报文和语音报警。

6.7.3　“机组停机过程中”闭锁上位机下发 PID 设值（2010 年）

某电厂 AGC 程序，在机组停机流程执行时未闭锁 AGC，机组在停机过程中，AGC 仍能对机组分配负荷，易造成机组在停机过程中发生甩负荷事故。机组在停机流程中，减负荷除了对有功和无功设值为“0”外，还采用强制减有功继电器和减无功继电器开出方式，控制方式不合理。

由于 AGC 程序和机组 LCU 程序中都未将“停机流程执行过程中”作为闭锁 AGC 分配负荷的条件，存在机组在停机过程中甩负荷的事故隐患。为消除该隐患，除了在 AGC 程序中增加“机组在停机流程中”闭锁条件之外，各机组 LCU 也必须用“停机流程执行过程中”标记作为闭锁主站下发负荷指令的条件，并取消停机流程中强制继电器开出。具体程序修改点如下：

（1）在机组 LCU 程序的“RECEVIE”子程序中，增加停机过程中闭锁上位机设值条件。

（2）在主站数据库中将备用虚拟点“DIN_ 473”的描述改为“机组在停机过程中闭锁 PID 设值”。

（3）在机组 LCU 程序的“CMMD_ JZ”子程序中取消停机第一步流程中的强制开出减有功和减无功令。

6.7.4 机组功率测量源程序优化（2010 年）

某电厂机组 LCU 中机组功率采集采用功率变送器采集和交采装置采集两种方式。LCU 程序初始化时未设置机组有功测量源主备用选择，同时监控系统主站未设置测量源监视画面。当 LCU 在初始化后采用交采作为测量源时由于网络延时等原因，交采装置采集的功率值与实际值存在一定偏差，导致机组 AGC 调节不满足考核要求。程序具体修改方案如下：

（1）修改 LCU 程序，LCU 初始化后将功率变送器设置为主用测量源。

（2）在 LCU 程序中有功调节 PID 和无功调节 PID 两个子程序中增加测量源品质坏时自动切换功率测量源程序。

（3）在主站中增加机组功率测量源监视和手动切换画面，可由运行值班人员自主切换功率测量源。

6.7.5 防止机组过速程序优化（2019 年）

某电厂调速器在机械故障时发生过机组导叶误开至全开的情况，当机组在空载或空转时易造成机组严重过速。因机组未并网，此时电气量保护不起作用，仅依靠机组过速信号启动停机，监控系统过速停机流程介入时机组已经严重过速，因机组转动惯量较大，机组转速短时间内会进一步上升，严重危害机组安全。为消除该隐患，监控系统设备修改机组 LCU 监视流程程序，增加调速器事故停机判据，并动作虚拟点在上位机报警。解决问题的主要方法和措施如下：

修改机组 LCU 程序中 auto_ start 程序段，由“调速器导叶开度大于 25%”“机组功率变送器有功信号小于 10 MW”“机组断路器分闸信号”“机组小于 10% 转速复归”“机组大于 90%转速复归”“LCU 调试按钮未动作”信号组合判断，具体逻辑为当以上 5 个信号同时出现时，则延时 3 s 启动快速停机流程动作，紧急停机电磁阀关导叶停机并动作，虚拟开关量第 119 点报警，同时监控主站报出事故启动原因报警代码 22，其定义为“调速器异常开导叶”。修改上位机数据库，将机组 LCU 开关量虚拟 119 点描述改为“调速器有故障、不得随意复归急停阀”。

6.7.6　外送电气量信号优化（2019 年）

某电厂监控系统各机组功率电气量测量均为双冗余配置（一套变送器、一套交采装置）。目前电厂机组功率送清江集控信号有三路：变送器信号、交采装置信号、以上两种信号的综合信号，而送华中网调的信号仅为变送器信号提供。该配置存在以下问题：

（1）电厂送华中网调的电气量信号为变送器信号，无后备信号切换，当变送器故障时会发生信号突变。

（2）目前对外远动点表上送的功率测值未设置上下限值，当变送器断线时远动数据易发生较大突变。

（3）因变送器的零点存在测量误差，机组停机时外送的有功及无功测值均在 0 附近漂移。

针对以上问题，通过修改监控系统数据库和程序防止该问题：

（1）修改上位机对外通信点表中机组功率测值的信号源，将送华中网调电气量改为综合信号上送，正常情况下综合信号以功率变送器测值为主用，变送器故障后综合信号自动取用交采装置测值。

（2）在通信机通信点表中增加功率上下限值，机组有功上下限区间为［-10、470］MW，机组无功上下限区间为［-220、220］Mvar。

（3）修改上位机数据库，增加对象用来计算外送全厂总加信号。

在监控系统数据库全厂分支下新建一个对象，名称为“外送全厂总加计算”。输入属性为全厂 4 台机组的功率信号综合值。计算属性为“全厂有功计算”和“全厂无功计算”，计算出来的功率信号用来上送华中网调。

（4）修改 LCU 程序，在停机时对机组有功及无功信号进行归零处理。用断路器分闸信号、取反的合闸信号、外部零转速信号、自身零转速信号、有功绝对值小于 10 MW 来归零机组有功及无功信号。具体逻辑为当以上 4 个信号同时出现时，则将有功及无功综合信号归零。功率实测值不做归零处理，其中，1F 取主变压器高压侧断路器，3F 取发电机出口断路器。

6.8　监控系统 UPS 装置运行方式问题

某电厂监控系统主站 UPS 2 台主机于 2017 年 11 月换型升级，升级后的 UPS 选用 2

台科华 FR–UK3120DL（20 kV · A）逆变器电源，系统负载主要为计算机机房内监控系统上位机系统设备。2 台 UPS 各有三路输入电源，分别为市电（三相交流）、直流、旁路（单相交流）。其中 UPS1 市电上级空开为 500 kV 开关站直流室 1 号馈电柜 Q302，旁路上级空开为 400 V 5P Ⅱ段“UPS1 旁路电源”；UPS2 市电上级空开为 500 kV 开关站直流室 2 号馈电柜 Q402，旁路上级空开为 400 V 5P Ⅰ段“UPS2 旁路电源”。500 kV 开关站 220 V 直流系统直流Ⅰ段 103Z 开关和直流Ⅱ段 203Z 开关经 UPS 室内双直流切换装置切换为一路后提供 2 台 UPS 使用，UPS 不单独配置专用蓄电池组。

2 台 UPS 一直采用双机并机运行模式（见图 6–19），2 台 UPS 旁路交流输入电源共用 1 台旁路隔离变压器，2 台 UPS 直流电源输入采用直流双投切换开关，UPS 两路输出电源在监控系统配电柜内并联给监控系统主站负载供电，这种运行模式存在一定的安全隐患，供电可靠性不高也不便于设备维护。2018 年监控系统主站升级改造后设备均为双电源配置，现有的 UPS 装置运行模式已不能满足改造后的设备供电需求。

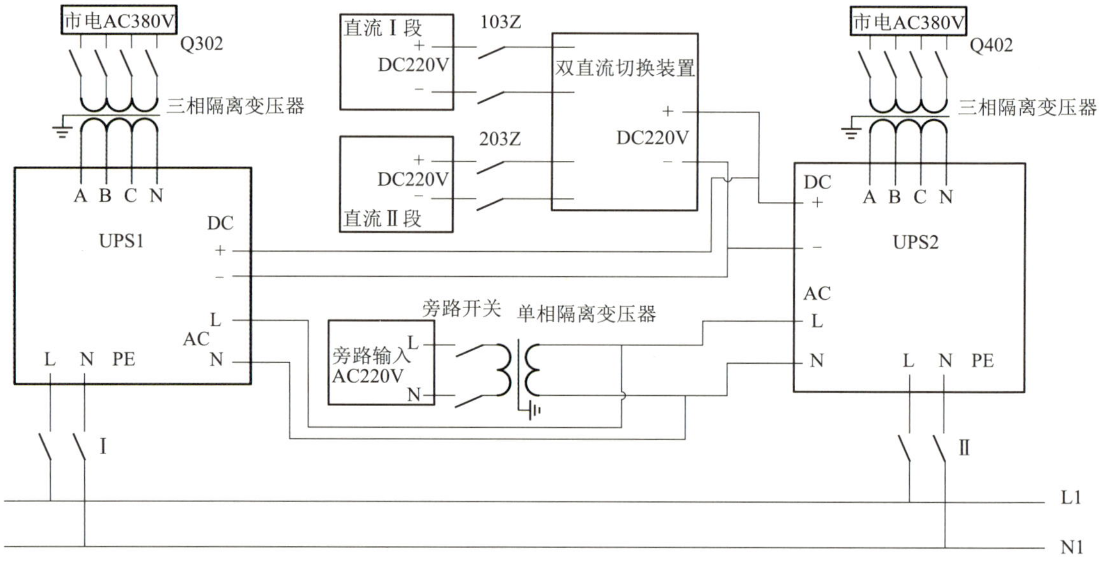

图 6–19　改造前 UPS 系统结构图

为与改造后的监控系统主站双电源配置相适应以及提高供电可靠性，将监控系统主站 2 台 UPS 主机改为单机独立运行（见图 6–20），每台 UPS 主机各自采用完全独立的供电电源，各带监控系统主站设备双电源中的一段电源，确保监控系统主站设备供电可靠。具体实施方案为：从 400 V 5P Ⅰ段备用空开上另取一路 220 V 交流电源经过单相隔离变压器作为 UPS1 的旁路电源输入，原有旁路电源单独接入 UPS2 供电。取消双直流切换装置，减少中间环节保证 UPS 输入电源独立，第一组直流电源直接给 UPS1 供电，第二组直流电源直接给 UPS2 供电，并将监控系统主站 UPS 装置运行模式由双机在线并机运行改为单机运行，两路 UPS 输出电源各自独立给监控系统供电。改造完成后进行 UPS 常规功能测试及带载试验、负载双电源切换试验，试验合格，改造后设备运行稳定。

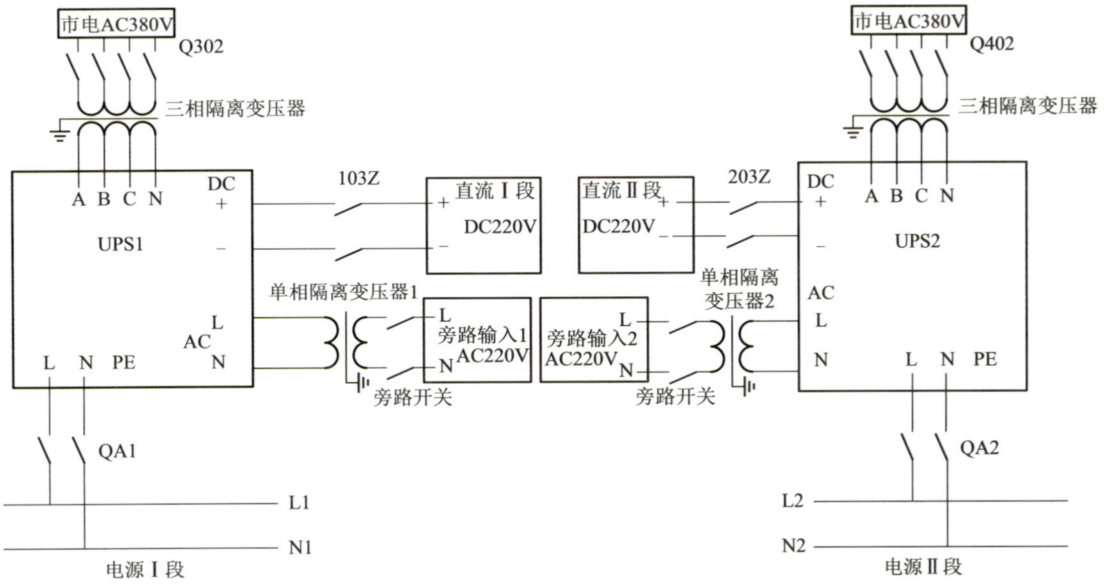

图 6-20　改造后 UPS 系统结构图

6.9　监控系统与调速器一次调频协调问题

某电厂是华中电网骨干调频调峰电厂，但监控系统机组一次调频协调控制策略不完善，导致机组调速器一次调频与 AGC 动作方向相反时，未闭锁 AGC 负荷调节指令，不满足《华中区域发电厂并网运行管理实施细则》中机组一次调频与 AGC 协联控制要求。

为满足华中网调对机组一次调频的功能要求，需对该电厂调速器及监控系统进行程序修改，保证机组一次调频期间调速器与监控系统能协调控制，制定一系列控制策略并对应修改各设备控制程序。程序修改完成后进行静态模拟试验，检验确认监控系统一次调频协调控制策略正确，在机组负载态下，通过强制调速器一次调频动作及动作方向信号模拟一次调频工况，验证确认一次调频同向调节时监控负荷可调节，一次调频反向调节时监控负荷调节闭锁。

6.9.1　调速器系统控制策略

（1）开度方式下，一次调频动作期间调速器对监控调节指令进行反向闭锁和同向叠加的控制。即如果监控调节和一次调频的调节方向相反，调速器闭锁监控调节量（低频时，闭锁监控减脉冲；高频时，闭锁监控增脉冲）；如果监控调节和一次调频的调节方向相同，则调速器同时叠加调节。

（2）功率方式下，修改调速器对应控制算法，一次调频期间对监控下发的反向功率指令值不予接受和执行。

（3）调速器反向闭锁监控指令期间，将一次调频功率叠加量通过模出信号送至机组 LCU。12 mA 为零功率，12 mA 以下为负向调节量，调节量的量程为±10% P_e。调节量的正负作为监控反向闭锁功率 PID 调节的判据。

6.9.2 监控系统控制策略

（1）防止监控反调：开度方式下，机组 LCU 的功率监视控制策略不得对一次调频调节分量进行反调。

（2）同向同调：AGC 与一次调频同向同时调节时不闭锁 AGC 调节。

（3）反向闭锁：LCU 调节过程中收到调速器提供的一次调频动作信号和一次调频反向调节信号时，LCU 闭锁 AGC 功率调节同时跟踪实发值。

（4）AGC 调节相关问题

修改机组 LCU 有功调节退出策略，一次调频动作期间，监控 PID 调节功能不退，并闭锁调节超时等调节保护功能，防止主站需人为频繁手动操作投入并影响全厂 AGC 功能。

对于功率脉冲调节模式，功率调节闭环在调速器控制系统，因此无论一次调频是否动作，监控只需将 PID 指令转发给调速器即可。

因一次调频反向闭锁期间 LCU 已闭锁功率 PID 调节，而闭锁结束后延时一定时间，若 AGC 未下发新指令，LCU 需补发一次当前 AGC 负荷指令进行负荷调节。

为防止一次调频动作信号在调频死区频繁抖动问题，LCU 使用一次调频动作信号需对该信号进行延时 1 s 的防抖过滤处理，防止信号频繁抖动影响监控功率调节。

一次调频动作期间，若出现负荷波动超过 50 MW，监控须报警“一机组一次调频动作负荷超限”。

LCU 闭锁监控功率调节期间，程序增加虚拟点“一机组一次调频闭锁功率反向调节”并向监控主站发送报文，以供提醒、记录及梯调 AGC 控制策略调整采用。

6.9.3 监控系统程序具体修改

（1）修改数据库和 LCU 程序，增加所需测点和报警虚拟点配置。

（2）修改状态判断程序 Status_ User，增加一次调频方向判据，新增 2 个 Bool 变量 F_ HIGH 和 F_ LOW，分别表示一次调频增有功方向和一次调频减有功方向。具体逻辑为模拟量第 13 点机组一次调频调节量大于-0.5 MW 时，判定机组一次调频方向为增有功方向；模拟量第 13 点机组一次调频调节量小于或等于-0.5 MW 时，判定机组一次调频方向为减有功方向。

（3）修改通信子程序 Recv，增加上位机有功设值标志，新增 Bool 变量 P_ SET_ FLAG 表示上位机有功设值标志。具体逻辑为当机组 LCU 接收到上位机功率调节指令后，将上位机有功设值标志置 1。修改有功调节程序 PID_ P，当机组功率调节至死区范围内后，复归上位机有功设值标志。

（4）修改状态判断程序 Status_ User，增加一次调频方向与监控有功调节方向相反时有功增减闭锁判据，新增 2 个 Bool 变量 F_ ADD_ BS 和 F_ SUB_ BS，分别表示一次调频动作时有功增闭锁和一次调频动作时有功减闭锁。具体逻辑为机组有功调节未结束（上位机有功设值标志 P_ SET_ FLAG 状态为 1），若一次调频动作且一次调频方向为增有功方向，检测到有功设定值 NR. PIDP. dSET 小于或等于有功实发值 NR. PIDP. Val 时，则将一次调频动作时有功减闭锁 F_ SUB_ BS 置 1，闭锁监控有功调节；若一次调频动作且一次调频方向为减有功方向，检测到有功设定值 NR. PIDP. dSET 大于或等于有功实发值 NR. PIDP. Val 时，则将一次调频动作时有功增闭锁 F_ ADD_ BS 置 1，闭锁监控有功调节。

（5）修改有功调节程序 PID_ P，增加一次调频反调闭锁。具体逻辑为当一次调频动作时有功增闭锁 F_ ADD_ BS 动作，则闭锁监控增有功指令；当一次调频动作时有功减闭锁 F_ SUB_ BS 动作，则闭锁监控减有功指令。

（6）修改有功调节程序 PID_ P，调速器工作于开度模式时，若机组有功调节已结束（上位机有功设值标志 P_ SET_ FLAG 状态为 0），一次调频动作时，闭锁监控有功调节指令；若机组有功调节未结束（上位机有功设值标志 P_ SET_ FLAG 状态为 1），当一次调频动作且一次调频方向与监控有功调节同向时，监控有功调节与调速器一次调频调节同步进行，当一次调频动作且一次调频方向与监控有功调节反向时，闭锁监控有功调节指令。

（7）修改有功调节程序 PID_ P，一次调频动作时，闭锁有功调节超时判断、有功测值波动过大判断和有功调节方向保护判断。

（8）修改有功调节程序 PID_ P，当机组有功调节退出时，复归上位机有功设值标志 P_ SET_ FLAG 和新 PID 设值标志 PSET_ NEW。

（9）修改状态判断程序 Status_ User，增加一次调频闭锁功率反向调节报警判据。具体逻辑为当一次调频动作期间，有功增闭锁 F_ ADD_ BS 动作或有功减闭锁 F_ SUB_ BS 动作时，将开关量第 632 点（虚拟量第 120 点）机组一次调频闭锁功率反向调节置 1，主站报“X 号机组一次调频闭锁功率反向调节动作”。

（10）修改状态判断程序 Status_ User，增加一次调频动作负荷超限报警判据，新增 Bool 型中间变量 YCTP_ T1，新增 Real 型中间变量 NR_ P_ TEMP、NR_ P_ TEMP1、NR_ P_ TEMP2。具体逻辑为一次调频动作期间，若负荷波动超过 50 MW，将开关量第 633 点（虚拟量第 121 点）机组一次调频动作负荷超限置 1，主站报“X 号机组一次调频动作负荷超限动作”。

6.10　调速器油泵启动间隔异常问题

6.10.1　设备及改造情况介绍

2021 年某电厂对 4 台机组调速器电气控制部分进行了改造，改造后的调速器系统采用南京南瑞水利水电科技有限公司产品，电气控制柜型号为 SAFR-2000H，油压控制系统型号为 HC-6.3。电气柜采用 3 套 PLC 控制器，2 套主控制器及 1 套 PLC 转速信号装置，3 套控制器数据冗余并实时交换数据，重要信号如导叶位移信号、功率信号、残压测频信号、齿测频系信号、网频测频信号皆接入 3 套控制器中，实现三通道冗余测量机制。2021 年 3 月，4 号机组利用机组大修同步对调速器进行改造，4 月 2 日改造完成，调速器投入运行后运行正常。

6.10.2 异常情况及检查

2021 年 8 月 21 日 13：00 左右，4 号机组在快速大幅往复调整负荷后，调速器油泵启动间隔缩短至 7 min。查阅当天调速器油泵运行情况如下：

06：00 至 08：02 期间，机组带固定负荷 380 MW，导叶开度为 65.6%，期间启泵间隔时长为 17 min 左右。08：02 至 08：33 期间，机组负荷变化为 431 MW、460 MW、325 MW、460 MW、404 MW。08：33 至 23：20 左右，机组带固定负荷 404 MW，导叶开度为 69%，08：33 至 12：10 期间，油泵启动间隔时长由 16 min 逐渐变为 14 min 左右，12：10 至 12：52 期间，油泵启动间隔时长由 11 min 逐渐缩短为 8 min 左右，12：52 至 23：04 期间，油泵启动间隔时长由 7 min 逐渐变为 11 min 左右。

1）现场检查情况

2021 年 8 月 21 日 16：00 左右，现场检查，确认 4 号机组调速器电气柜和油控柜无报警和异常信号。4 号机组调速器 A 套控制，带固定负荷 404 MW，各电气信号均稳定：导叶开度为 69%，A、B 通道上三套导叶开度测值变化都在 0.05% 以内，主配反馈信号测值在 12.10～12.70 mA 之间变化，比例伺服阀控制输出信号测值在 12.09～12.38 mA 之间变化，比例伺服阀反馈信号测值在 12.02～12.33 mA 之间变化。检查液压系统无渗漏、压油罐无气体泄漏等明显异常，与其他 3 台机组相比，4 号机组主配阀芯现场明显可见小幅快速调节，稳定性稍差，测量主配本体及回油温度稍高达到 35 ℃。

切 B 套控制对比观察情况：23：39 时，4 号机组停机后调速器由 A 套切至 B 套运行。在 B 套控制下，机组带固定负荷期间大部分时间油泵启动间隔大于 15 min，但依然存在油泵启动间隔缩短至 11 min 左右现象（8 月 23 日 15：56 至 22：00 期间，机组带固定负荷 46 万 MW，期间油泵启泵间隔时长为 11～12 min 左右）。

8 月 23 日 23：56，4 号机组调速器切回 A 套工作，油泵启动间隔缩短现象依然存在。8 月 24 日 18：05 至 19：22 期间，机组带固定负荷 460 MW，期间油泵启泵间隔时长为 9～10 min 左右。

8 月 31 日下午，4 号机组带满负荷运行，调速器在 A 套工作，将调速器切至手动控制，技术人员现场观察，主配阀芯动作情况无改善，油泵启动间隔无变化。

综上所述可知，4 号机组调速器 A、B 套在手自动控制方式下均存在油泵启泵间隔缩短现象。

因 4F 调速器改造后压油罐补气阀暂时运行在手动补气位，为排除补气不及时的因素，8 月 12 日将补气阀恢复为自动控制方式，油泵启动间隔无任何改善。

2）数据统计及分析

选取 4 号机组稳定负荷运行工况，对 4 号机组调速器油泵启动间隔时间进行统计（以油泵启动信号动作为间隔统计，即间隔包含单次油泵运行时间 60 s）。

统计数据表明，在 4F 调速器改造前机组满负荷时，2 台油泵启泵间隔为 20~21 min（其他 3 台机组启泵间隔约为 40 min）。可见 4 号机组调速器液压系统本身工况相对较差。

4 号机组调速器控制系统改造后，在机组带固定负荷固定开度时段内，查阅监控系统历史记录，调速器启泵间隔时长有以下几个现象：

（1）启泵间隔时长不稳定且规律不固定，存在渐变过程。

在带固定负荷期间，4 月 6 日和 7 日调速器启泵间隔在 20 min 以上，4 月 9 日开始逐渐降低到 15~17 min，到 4 月 26 日降低到 9~11 min；之后几个月启泵间隔在 11~18 min 不固定变化。

（2）小负荷及大负荷下均存在油泵启动间隔缩短至 15 min 以下情况。

（3）同一固定负荷时段内，油泵启动间隔缩短至 11 min 及以下，相对集中发生在该时段中间阶段。

（4）机组负荷在大幅快速调整扰动后会恶化油泵启动间隔。

8 月 21 日 13：00 左右，机组在快速大幅往复调整负荷后稳定运行期间，调速器油泵启动间隔恶化缩短至 7 min，维持一段时间后恢复至 10~18 min。

6.10.3　原因分析

4 号机组调速器带固定负荷，发生油泵启泵间隔缩短情况时，现场明显可见主配压阀小幅快速调节，且油温升高。油泵启泵间隔缩短直接原因为压力油的快速消耗，鉴于现场检查液压系统无明显渗漏，主要原因应为主配频繁小幅调节导致的压力油消耗。主配小幅快速调节的可能机械和电气原因有：

1）主配或接力器等机械部件内存在内漏

GE 的 FC 系列主配压阀的搭叠量（阀盘厚度与控制窗口高度之差的一半）非常小（小于 0.2 mm），较小的搭叠量导致主配内漏相对严重。

机械液压元件（主配、阀组）内漏及接力器油腔窜油会导致压力油直接消耗，同时，内漏导致调速器控制不稳会增加不必要的频繁调节，进一步增大压力油消耗和油温升高。

针对此问题，设备运行时可重点观察回油箱内主配压阀的开关腔、比例阀切换阀回油管等阀组的回油情况。设备检修期间可将主配等阀组解体或送检，检查主配、接力器及阀组的机械磨损情况，进行相关测试试验。必要时对主配进行技术改造，增大搭叠量以减少内漏。

建议检修期间先对液压系统进行试验，尽可能查明原因和异常点。若要对机械部件拆解或更换需小心谨慎，防止损伤或异物进入液压系统，并进行试验。

2）电气柜控制程序不合理

4 号机组调速器作为首台改造的调速器，72 h 试运行首日启泵间隔维持在 26 min，投运 2 周内维持在 15~25 min，且后续运行时间内如 8 月 23 日 00：00 至 16：00 时段油泵启停稳定在 17 min 内，证明控制程序及逻辑设计是可靠的。

2 号机组调速器于 5 月 18 日完成改造后投运，电气柜控制程序与 4 号机组完全一致，主环控制参数完全一致，2 号机组带固定负荷时，调速器调节稳定，启泵间隔一直稳定在近 40 min。

因此，可排除 4 号机组调速器控制逻辑及主环控制参数的因素。

3）主配副环控制参数不适配

FC 主配压阀搭叠量小，漏油量较大，且阀芯不存在绝对机械零位，为保证良好的运行效果，需设置合适的主配副环电气控制参数，以适配主配机械零位。主配压阀副环控制参数不合适，会导致调速器控制不稳甚至抽动。

因该电厂主配未配置自复中装置，不能精确和方便调零，后续可在机组压力钢管排水后进一步试验寻找最优的副环控制参数，使得系统运行更为稳定。

4）比例伺服阀控制信号异常

4 号机组调速器 A、B 套及手自动控制方式下均存在油泵启泵间隔缩短现象，现场观察 A、B 套比例阀控制及反馈信号均正常，并且电气柜液压系统故障包含比例伺服阀控制输出异常、比例伺服阀动作异常等，油泵启动间隔缩短期间，现场未见任何报警信号。因此，比例伺服阀控制输出异常概率极小。

5）主配位移传感器测值异常

（1）主配反馈异常，包含断线故障、死值故障等。现场查看反馈信号变化正常，未见任何报警信号，基本可以排除主配位移传感器接线松动或元件故障等明显异常。

（2）主配位移传感器因安装不当或本体故障，导致测值存在高频干扰或抖动等异常情况。此异常会导致调速器无差别的频繁控制异常，就目前统计的油泵启动间隔规律并不支持此推测。调速器改造中同批次采购的传感器在其他机组工作正常，同时故障的可能性较小。

6.10.4 问题解决

为彻底排查故障，在 4 号机组 D 级检修期间，检查主配开机腔、关机腔 2 套主配位移传感器安装正确，测量传感器信号无异常，检查主配有少量内漏但尚在正常范围内。现场测试主配机械零位，并进行调速器副环参数微调优化以适配主配机械零位，参数优化后调速器调节趋于稳定，调节品质得以改善，调速器油泵启泵间隔时长有一定改善。同时，为了进一步增大调速器油泵启泵间隔，将油泵启动压力定值由 6.0 MPa 修改为 5.8 MPa，修改后调速器油泵启泵间隔满足设备正常运行要求。

6.11　调速器转速信号异常问题

6.11.1　事件过程

2022 年 1 月 6 日 18：20，主站报 4 号机组调速器 A 套一般故障，4 号机组调速器异常。运行人员经现地检查，4 号机组电调柜故障报警灯点亮，故障信息显示 A 套：一般故障、齿盘反馈故障；A 套齿盘测频测值为 0；4 号机组水车室齿盘测频探头指示灯正常。

21：04，4 号机组停机至空转状态。21：43，在安全措施（4 号机组调速器电调柜切“现地/手动”控制、监控系统主站将“4 号机组事故信号软压板”退出、4 号机组现地控制单元 LCU4 切“现地”控制）全部实施后，对 4 号机组调速器电调柜 A 套齿盘测频通道进行检查，现地测量发现齿盘测频模块信号输出回路电压不稳定，逐一排查相关硬件，初步判断 A 套 PLC 高速计数模块 A-EHC2 故障。23：17 恢复全部工作现场和安全措施后，调速器切 B 套控制，计划机组停机后对调速器进行检查。

23：21：54，主站下发停机指令，同时电调柜转速装置模拟量异常输出为 0；

23：22：06，主站报 4 号机组小于或等于 10% 转速（调速器误报，此时机组实际转速为 92%）；

23：22：16，主站报 4 号机组制动闸顶起；

23：22：56，主站报 4 号机组风闸退出操作（厂站上位机启动），运行人员手动操作退出风闸；

23：23：06，主站报 4 号机组制动闸顶起复归（此时机组实际转速为 56%，风闸异常投入持续 50 s）；

23：37：09，4 号机组 0% 转速，停机过程完成。

6.11.2　处理过程

1）A 套齿盘测频检查

2022 年 1 月 6 日 21：43 起，对 4 号机组调速器电调柜 A 套齿盘测频通道进行检查，发现 A 套齿盘测频模块信号输出回路电压不稳定，测量信号电压偏低为 12.5 V（其他测频通道信号电压为 15.5 V）。陆续排除 A 套齿盘探头故障、公共信号转换器 C-SHZ 故障后，在机组停机后更换 PLC 高速计数模块 A-EHC2，更换过程中发现该模块插件 3-1 针脚有部分残缺，系装配过程中工艺缺陷所致，造成信号回路接触不良，进而引发 A 套齿盘反馈故障。更换 A 套齿盘测频模块并校验后信号电压正常，A 套齿盘测频显示正常，经开停机试验调速器工作正常。

2）调速器转速装置检查

机组停机过程中，调速器转速装置 PLC 测量异常导致转速接点错误开出。在机组停机后，接入信号发生器对A套、B套、转速装置的齿盘通道和残压通道均进行校验，测值均正常；对水车室大轴上全部齿盘探头检查，探头安装牢固、距离合适，模拟齿盘转动，各齿盘探头均能正常动作。对相关回路进行检查也未发现异常。

6.11.3 原因分析

结合上述事件过程和初步检查结果，确认造成4号机组停机过程中风闸误投入的直接原因为：调速器转速测量装置因调速器内部或外部的短时性异常，导致转速信号误开出。

停机过程中各设备异常原因分析如下：

1）A套齿盘测频异常分析

PLC高速计数模块插件针脚接触不良是造成A套齿盘测频故障的直接原因，施耐德PLC模件端子为弹簧式压接设计，压接孔过小且塑料件脆弱，在接线装配时易造成接触不良导致回路电阻增大甚至虚接。工厂内配线时存在工艺缺陷，导致齿盘测量信号电压偏低测值错误，但A套测频回路（含电源回路）与转速装置完全独立，不存在互相干扰问题，此问题与转速装置故障无直接关联。

2）转速装置信号异常原因分析

转速装置PLC发生信号异常开出，在停机后对转速装置齿盘通道、残压通道均进行校验，未发现异常。1月7日凌晨及中午进行2次开停机试验，现场对转速装置测值界面全过程录像监视，未发现测值波动或错误现象。初步分析判断有以下几点潜在原因：

（1）调速器转速装置或信号源突发短时性不稳定工作状况，另外，相对残压测频，齿盘测速的可靠性和准确性相对较差，而转速装置停机过程中以齿盘测速为主用，造成转速装置输出信号易产生异常。4F调速器改造后在4月19日发生过机组启动瞬间转速信号抖动缺陷，后续对转速装置开机启动时转速信号做了防抖处理。因此，不排除4F转速装置信号元件或存在质量瑕疵导致设备工作不稳定的可能。

（2）调速器转速装置硬件设计不合理，输入到转速装置高速计数模块C-EHC1和C-EHC2的齿盘1、齿盘2、残压1、残压2四个信号均取自同一个信号转换器D-SHZ；残压1和残压2信号接入C-EHC1同一个模块，齿盘1和齿盘2信号接入C-EHC2同一个模块（见图6-21和图6-22）。此设计存在单个模块不稳定或故障时将导致转速测量异常范围扩大的风险。

（3）调速器转速装置程序内部对转速信号突变缺乏合理的综合判断和处置，对转速开关量输出信号缺乏合理的保护机制，停机过程中出现齿盘信号源故障后，缺乏完善的冗余手段和容错机制，导致信号误开出。

（4）调速器设备改造后调试记录及设备运行情况。4号机组调速器于2021年4月1日完成改造后投入运行。改造中对转速装置进行了通道校验，确认设备工作正常。4号机组调速器投运至今，转速装置未发生同类重大缺陷，但发生过机组启动瞬间零转速信号抖动缺陷，其他3台机组调速器改造后转速信号未见任何缺陷。

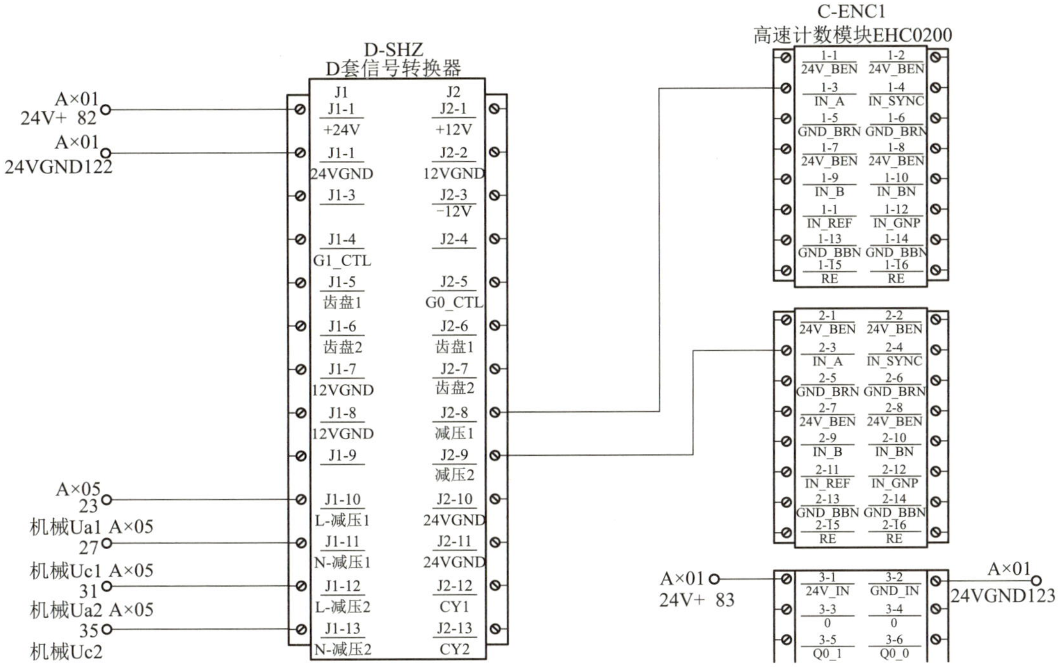

图 6-21　转速装置残压测频接线

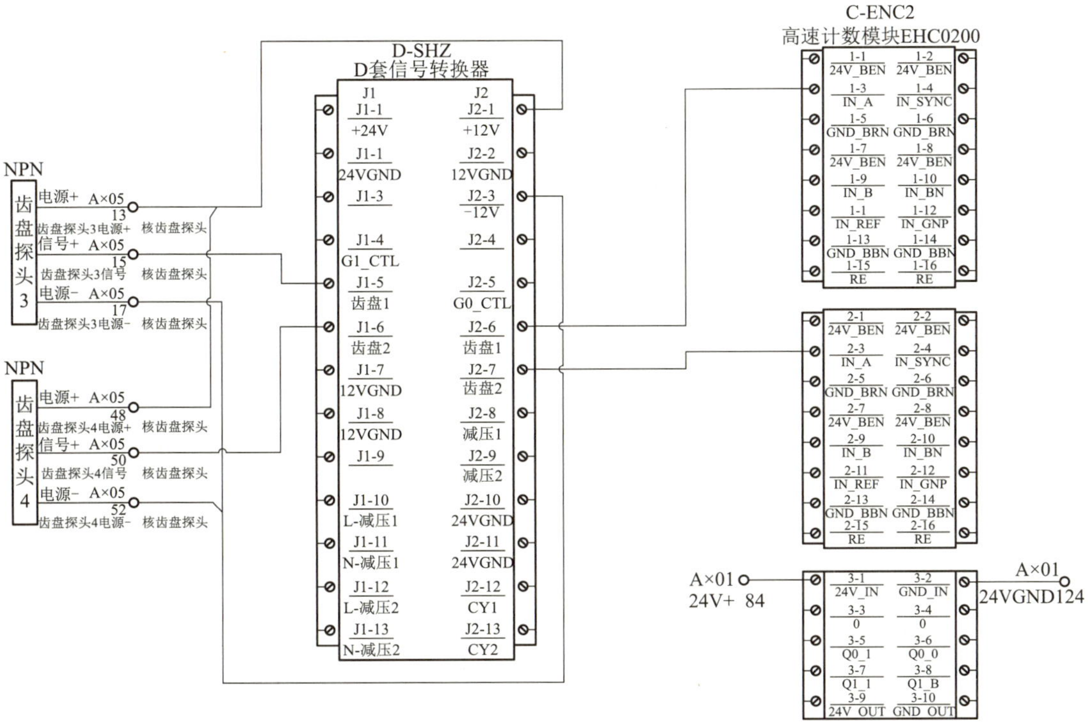

图 6-22　转速装置齿盘测频接线

6.11.4 防范改进措施

（1）对全部机组在监控系统增加风闸投入双转速接点闭锁并试验。

（2）更换 4 号机组转速装置前置的信号转换模块，并观察调速器设备运行的稳定性。

（3）对全部调速器测速系统硬件进行优化，确保硬件回路信号输入回路冗余的同时，做到分散布局，减少单个硬件故障导致的风险扩大。即增加 1 个信号转换器模块，将四路测频输入源均分（每个模块上接入一路齿盘和一路 TV 信号）接入到 2 个信号转换器模块上，然后输入转速装置 PLC。

（4）转速信号处理程序完善。

①增加多信号源进行正确测值筛选，开停机过程中以自身齿盘测速为主用，机组进入空转状态和状态转速装置以自身残压测速为主用，转速装置频率总故障后通过通信取 A、B 套 PLC 频率实际测值经比较判断后，参与转速装置测速判断。

②增加转速接点开出间隔梯度保护，参照机组转速最快下降过程，各转速接点间隔增加固有等待保护时间，防止信号误开出，90% 下降至 60% 转速至少等待 30 s，60% 下降至 15% 转速至少等待 3 min。

③转速装置故障事件入工控机事件记录，便于故障分析。

第 7 章 辅机系统的故障分析及处理

7.1 检修深井泵止退盘频繁开裂问题

7.1.1 设备简介

机组检修排水系统采用廊道集中排水方式，检修集水井装有 4 台 500RJC1250-30 型深井水泵，2 台潜水排污水泵。机组停机检修时，首先关闭进口工作门，打开蜗壳排水阀，待机组流道中水位与尾水位相平时关闭尾水闸门，再打开尾水排水阀，手动或自动启动深井水泵排水。表 7-1 为检修泵主要技术参数。

表 7-1 检修泵主要技术参数

名　称	技 术 参 数
型　　号	500RJC1250-30
额定流量（m^3/h）	1250
扬　　程（m）	90
轴功率（kW）	450
效　　率（%）	80
转　　速（r/min）	1475
旋转方向	逆时针

7.1.2 存在问题及处理情况

2015 年 5—10 月，某电厂 2 号、4 号检修深井泵分别出现 2 次止退盘开裂情况，止退盘详细结构及三维配合分布图见图 7-1 和图 7-2。经检查分析初步得出：按照相关规定，止退盘的材质应采用球墨铸铁，不应采用灰铸铁，经与厂家沟通采用球墨铸铁，并在 2 号检修深井泵出口复合式排气阀进口处加装 DN50 闸阀，以实现通过在检修深井泵停运过程中减少复合式排气阀进气量，减弱对止退盘的回退力，通过此项措施在 2015 年 11 月—2016 年 11 月，未再出现检修深井泵止退盘开裂情况。

2016 年 12 月，由于某电厂机组检修较为频繁，排水量增大，检修深井泵频繁启动，再次造成 2 号、3 号检修深井泵止退盘频繁开裂的情况。

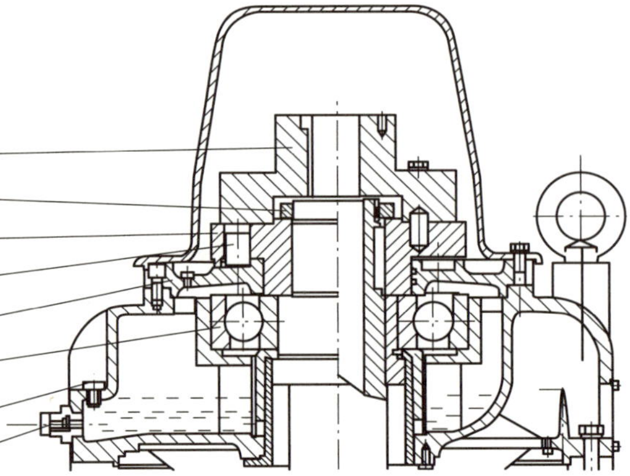

图 7-1 检修深井泵防逆盘、止退盘配合分布图

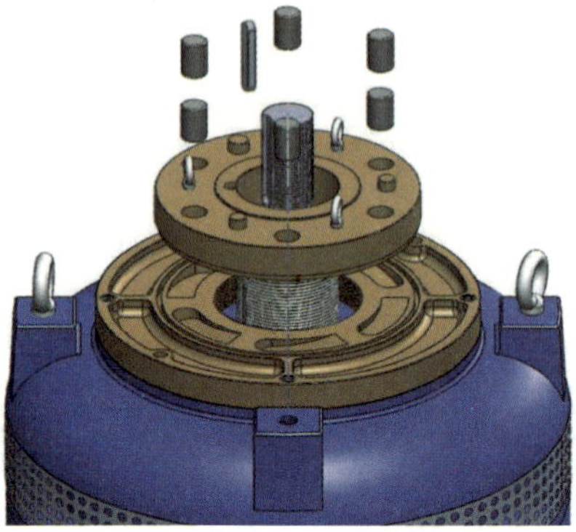

图 7-2 检修深井泵防逆盘、止退盘三维配合分布图

7.1.3 原因分析

（1）止退盘材质不是造成止退盘开裂的根本原因。止退盘材质在加强后（灰铸铁改为球墨铸铁），在检修深井泵频繁启动后仍出现止退盘开裂的情况。

（2）增加补气阀补气时间未能有效起到减小冲击的作用。根据厂家的建议：可采取措施减少补气阀开度，停泵时，增加补气时间加快逆止阀关闭时间，减少回水止退盘的冲击。为验证其效果，在 2 号检修深井泵后排气阀下端加装了一个闸阀，在阀门开度从 25%～100% 开度下止退盘仍然出现开裂情况。事实证明：此措施也不能避免止退盘的开裂。

（3）性能良好的逆止阀可有效保证检修深井泵的安全运行。三峡水电站也曾做过深井泵硬停试验，目的是测试在深井泵忽然停电时的危害，结果水锤将深井泵出水管道伸缩节造成破裂，说明停泵水锤的危害很大。2016 年 11 月，由于 4 号检修深井泵止退盘开裂，且出口多功能止回阀出现逆止效果明显下降的情况，对 4 号检修深井泵出口多功能止回阀进行换型，对关闭时间进行了缩短，可有效避开水锤对泵的直接作用，经运行 8 个月，目前运行情况良好。

表 7-2 新旧多功能止回阀运行相关数据对比

止回阀	运行电压（V）	运行电流（A）	止回阀下腔联络阀开度	止回阀上腔联络阀开度	最大工作压力（MPa）	最大水锤压力（MPa）	逆止效果	止回阀阀芯关闭总时间（s）
旧多功能止回阀	400	600	全开（无球阀）	全开（含球阀）	0.5	0.6	较差	18
新多功能止回阀	400	600	全开（含球阀）	全开（含球阀）	0.5	0.65	良好	10

注：按照《泵站设计标准》规定，水锤防护措施设计要求保证输水管道最大水锤压力不超过 1.5 倍最大工作压力。

从表 7-2 中可看出，按照《泵站设计规范要求》规定，新、旧多功能止回阀最大水锤压力与最大工作压力之比满足规定要求，新多功能止回阀在检修深井泵停泵后阀芯关闭总时间短，止退盘受力将变小，可在一定程度上延长止退盘及销锥使用寿命。

7.1.4　后续措施

2017 年 3 月 28 日，对 1 号、3 号和 4 号检修深井泵停泵时间进行现场核实，情况见表 7-3（期间 2 号检修深井泵正在检修）。

表 7-3　2017 年 3 月 28 日停泵试验情况

试验时间	检修深井泵	停泵时间	优先停止设备（逆止阀/止退盘）	优先停止与后停设备之间时间间隔	备　注
2017 年 3 月 28 日	1 号	23 s	10 s 时止退盘停止	13 s，同时复合式排气阀开始补气	
2017 年 3 月 28 日	3 号	24 s	10 s 时止退盘停止	14 s，同时复合式排气阀开始补气	
2017 年 3 月 28 日	4 号	14 s	10 s 时逆止阀停止	4 s，同时复合式排气阀开始补气	
2017 年 4 月 06 日	2 号	17 s	10 s 时止退盘停止	3 s 后复合式排气阀开始补气，7 s 后逆止阀关闭	对 2 号检修深井泵逆止阀进口和出口各增加一根控制管路

2017 年 8 月 10 日，对 1 号、2 号和 3 号检修深井泵出口止回阀进行更换后，停泵时间进行现场核实，情况见表 7-4。

表 7-4　2017 年 8 月 10 日停泵试验情况

试验时间	检修深井泵	停泵时间	优先停止设备（逆止阀/止退盘）	优先停止与后停设备之间时间间隔	备　注
2017 年 8 月 10 日	1 号	12 s	9 s 时逆止阀关闭	3 s，同时复合式排气阀开始补气	
2017 年 8 月 9 日	2 号	12. 85 s	8. 85 s 时逆止阀关闭	4 s，同时复合式排气阀开始补气	启泵运行时，逆止阀出口压力显示为 0. 5 MPa，水锤压力峰值为 0. 7 MPa
2017 年 8 月 8 日	3 号	11 s	9 s 时逆止阀关闭	2 s，同时复合式排气阀开始补气	启泵运行时，逆止阀出口压力显示为 0. 45 MPa

从以上关闭情况可以看出：更换 1 号、2 号、3 号检修深井泵逆止阀前，这 3 台检修深井泵逆止阀关闭时间长且还未完全关闭，检修深井泵止退盘就已经停止转动了，水锤对

深井泵止退盘冲击大，易导致止退盘开裂；更换逆止阀后，逆止阀关闭时间短，逆止阀关闭后检修深井泵止退盘才停止转动，有效减小水锤力对止退盘的冲击，从而延长止退盘使用寿命。

7.2 微正压空压机频繁故障问题

7.2.1 设备简介

某水电厂封闭母线微正压供气系统选用 3 台压力等级为 1.2 MPa、排气量为 4.4 m^3/min 的螺杆式空压机；3 个储气量为 5.0 m^3 的储气罐；2 台生产率为 12.0 m^3/min 的空气干燥机；2 个生产率为 7.0 m^3/min 的空气过滤器，微正压供气系统设备布置在▽315.30 m 高程空压机室内。

7.2.2 存在问题及处理情况

1）存在问题

2012 年 5 月 22 日定期维护后，自 2012 年 9 月 10 日 1 号微正压空压机出现故障代码“1”报警起至 2012 年 12 月 20 日期间，1 号微正压空压机出现 4 次故障代码“1”报警，2 号微正压空压机出现 3 次故障代码“1”报警，见表 7-5。

表 7-5 微正压空压机出现故障代码“1”报警统计

缺陷出现时间	缺 陷 描 述	缺 陷 处 理
2012 年 9 月 10 日	1 号微正压空压机故障代码 1	油箱少油，补油 5 加仑
2012 年 9 月 12 日	1 号微正压空压机故障代码 1	油箱少油，补油 5 加仑
2012 年 9 月 12 日	2 号微正压空压机故障代码 1	由于两天前补油，故更换油气分离器
2012 年 9 月 18 日	2 号微正压空压机故障代码 1	油箱少油，补油 2 加仑并更换油气分离器
2012 年 9 月 21 日	2 号微正压空压机故障代码 1	油箱少油，补油 2 加仑并更换油气分离器，摘除回油管进口滤芯
2012 年 12 月 7 日	1 号微正压空压机故障代码 1	油箱少油，补油 5 加仑
2012 年 12 月 20 日	1 号微正压空压机故障代码 1	油箱少油，补油 7 加仑，并摘除回油管入口滤芯

2）处理措施

当微正压空压机出现故障代码“1”报警时，一般的处理方法就是给空压机补油或者更换油气分离器，但是空压机运行实践表明，这种处理方法只能治标，并不能从根本上消除缺陷。

2012 年 9 月 21 日，在 2 号微正压空压机第三次出现故障代码“1”报警后，机械专业人员会同德国 BOGE 空压机厂方技术人员一起对 2 号空压机进行了全面的油路检查，检查发现空压机回油管进油口滤芯堵塞。由于该滤芯不仅我们自己没有备品，就连 BOGE 方面也没有备品，更换显然是不可能的了。最后通过对空压机油路的系统分析，本着“小循环服从大循环”的原则，与厂家技术人员探讨后，决定摘除回油管进油口滤芯并在 2 号微正压空压机上做尝试性处理。至今，2 号微正压空压机已运行了 3 个月，未出现故障代码“1”报警，该缺陷在 2 号微正压空压机上完全消除。

2012 年 12 月 20 日，1 号微正压空压机第四次出现故障代码“1”报警。借鉴 2 号微正压空压机的消缺经验，同样在 1 号微正压空压机上发现回油管进油口滤芯堵塞并对回油管进油口滤芯进行摘除。本着“防微杜渐，将缺陷消除在萌芽状态”的指导思想，同时也对 2 号微正压空压机的处理方法进行进一步的验证，结合在之前三个月内收集、整理出来的可能引起空压机油量不足的相关资料，对 1 号空压机从油气分离器到回油管出口这一部分进行了全面的检查。检查过程中我们发现油气分离器内滤网合格、油气分离器底部与油气分离器密封座接触部分 O 形密封圈完好，油气分离器密封座底部 O 形密封圈完好，仅仅是回油管进油口滤芯堵塞。

7.2.3　原因分析

经统计发现，每次微正压空压机出现故障代码“1”报警都伴随微正压空压机少油的情况出现。可见微正压空压机出现故障代码“1”报警的主要原因是集中在空压机油量不足上，而引起空压机油量不足的因素则主要有以下三种：

（1）油气分离器内滤网不合格或油气分离器密封座底部 O 形密封圈损坏。油气分离器的作用是使高压油气混合物在其内部充分碰撞，从而利用油、气密度不一的性质来达到油气分离的目的。当油气分离器内滤网不合格时，不能促使高压油气混合物充分碰撞而产生分离，形成“油随气走”的现象，最终导致空压机油量不足。而油气分离器密封座底部的 O 形密封圈损坏，会导致已经与气体分离的机油重新进入到压缩空气中，并随压缩空气一起被送到储油罐，从而使空压机少油，造成空压机油量不足。

（2）油气分离器底部与油气分离器密封座接触部分 O 形密封圈损坏。油气分离器底部与油气分离器密封座接触部分 O 形密封圈损坏，会使油气分离器内油气混合物直接从接触部分逸出，同样会导致空压机油量不足。

（3）回油管进油口滤芯堵塞。回油管是将油气分离器分离出来的机油重新送入转子内的油管。回油管进油口滤芯堵塞后，油气分离器分离出来的机油不能被送往转子内部，而堆积在油气分离器密封座内，当堆积的机油到一定程度后，油气分离器分离出来的机油就会再次与压缩空气混合在一起，最终排出空压机从而造成空压机油量不足。

7.2.4　后续措施

（1）改进微正压空压机室内通风环境，避免环境温度过高。

（2）定期清扫空压机冷却器，保持冷却器进、出口空气流道通畅。

（3）严格控制新增油气分离器备品备件质量，定期对油气分离器密封座底部 O 形密封圈进行检查，保证油、气分离的质量和杜绝空压机少油的情况出现。

7.3 机组技术供水泵轴承发热问题

7.3.1 设备简介

某水电厂技术供水系统包括：水泵设备、技术供水设备，主要供给发电机上导轴承、空气冷却器、推力和下导轴承、水导轴承的冷却用水。主轴密封、渗漏排水泵、检修排水泵等用水由公用清洁水源供水。主要技术参数见表 7–6。

表 7–6 技术供水离心泵主要技术参数

水 泵 型 号	KDSB 400–350–400 单机双吸专用泵
进水管径（mm）	400
叶轮直径（mm）	390
流 量（m^3/h）	1600
扬 程（m）	32
效 率（%）	85
转 速（r/min）	1480
汽蚀余量（m）	6.0
轴封型式	机械密封
水泵生产厂家	上海康大

7.3.2 存在问题及处理情况

1）存在问题

3 月 28 日检修前运行中监测发现：1 号机组 1 号技术供水泵轴承处最高温度达到 53 ℃，2 号技术供水泵轴承处达到 59.7 ℃，针对 1 号机组技术供水系统 1 号、2 号技术供水泵的轴承处在运行时与其他机组相比温度值偏高，决定对 1 号、2 号技术供水泵的轴承进行更换，拆卸时发现，轴承内壁和上表面以及轴的表面均有过热的现象出现，见图 7–3。

图 7–3 技术供水离心泵轴过热情况

2）处理情况

（1）技术供水泵轴承以及机械密封更换

修复

对拆卸下来的轴承压盖、轴承体以及轴表面进行了擦拭、打磨、涂抹钼超处理后，轴承进行了更换处理。技术供水泵结构如图 7–4 所示。

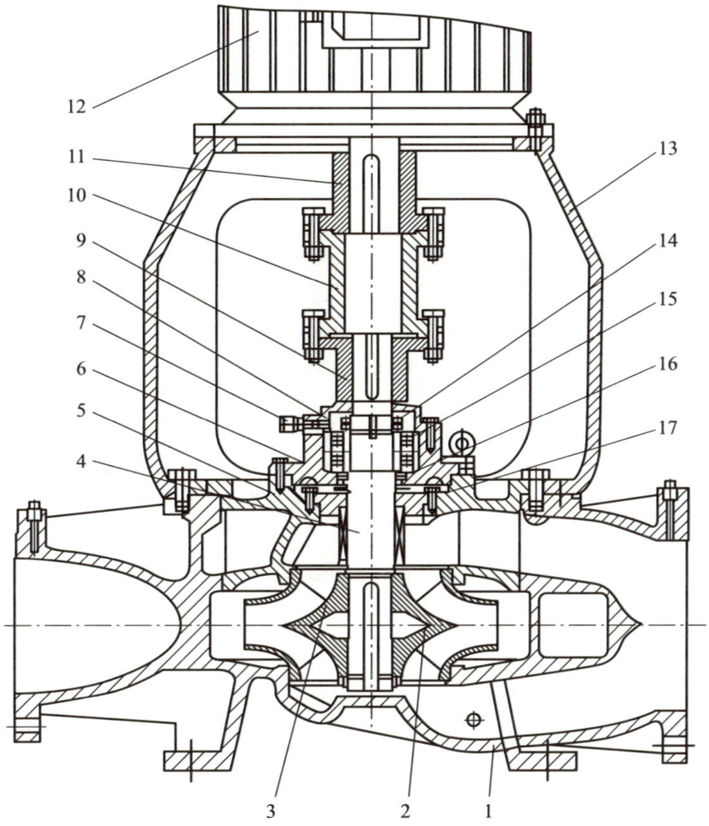

图 7–4　技术供水泵结构图

1—泵体；2—叶轮；3—机械密封；4—泵轴；5—泵盖；6—轴承体；7—油杯；8—轴承压盖；9—泵联轴器；10—中间联轴器；11—电机联轴器；12—电机；13—支架；14—锁紧螺母；15—滚动轴承（2 个）；16—油封；17—密封座。

更换前后的轴承技术参数见表 7–7。

表 7–7　更换前后的轴承技术参数

名　称	厂家	产地	型号	备注
原轴承	NACHI	日本	6316Z	
更换后的轴承	NTN	日本	316Z	

在拆卸过程中，发现 2 台技术供水泵的机械密封的弹簧结构的弹性不足，造成密封座与轴之间渗水，均对其进行了更换。现场更换部件见图 7–5 和图 7–6。

（2）调整试验

①电机联轴器水平度测量。在 3 月 29 日技术供水泵装复第一次试运行时发现：1 号技术供水泵在运行 3 h 后，测量轴承处温度值为 49.4 ℃，手动盘车时有发卡现象出现，2 号技术供水泵在运行 2.5 h 后，轴承处温度在正常范围内，无发卡现象。临时决定对 1 号技术供水进行盘车，首先在中间联轴器上架百分表测量电机联轴器上表面的水平度 Z，通过手动旋转中间联轴器，发现水平最大偏移值为 20 μm，水平度良好，具体测量数据见表 7–8。

图 7–5　更换下的原机械密封部件

图 7–6　机械密封整体构成

表 7–8　电机联轴器水平测量　（单位：μm）

水平度 Z 编号	1	2	3	4	5	6	7	8
数　据	−10	0	0	+10	+10	+20	+10	0

②中间联轴器与电机联轴器综合摆度。在调整水泵轴的摆度前，对中间联轴器与电机联轴器综合摆度进行了测量：在中间联轴器上架百分表测量电机联轴器侧表面的摆度 X，即手动旋转中间联轴器，发现电机相对中间联轴器，向编号 1～3 方向偏移，最大双向摆度值为 380 μm，具体测量数据见表 7–9。

表 7–9　中间联轴器与电机联轴器摆度测量　（单位：μm）

摆度 X 编号	1	2	3	4	5	6	7	8
数　据	0	+50	−45	−160	−275	−330	−310	−150

从表 7–9 可以看出联轴器水平较好，不予调整，电机与水泵轴的相对摆度值较大，最大为 380 mm，决定从水泵起到中间联轴器、电机逐步调整。

③水泵轴摆度值调整。技术供水泵三节联轴器自下而上对摆度进行调整，首先拆卸电机联轴器与中间联轴器之间的螺栓，通过敲击，将电机联轴器与下端中间联轴器分离，此

次利用架百分表对水泵轴的摆度进行测量，测量出的最大双向摆度值为：260 μm；然后对电机摆度值进行了测量，测量的最大双向摆度值为 80 μm。得出结果：水泵轴的摆度是电机整体摆度值偏大的主要原因。

拆卸水泵联轴器与中间联轴器之间的螺栓，打磨水泵联轴器止扣，对水泵联轴器与中间联轴器进行调整性连接。调节后，测量水泵轴的摆度值，最大双向摆度值降低到 80 μm，下降了 180 μm。

④水泵与电机同心度调整。首先，对电机底座的内止扣进行打磨，其次将编号 1、2、3、5、6、7 方向的电机的螺栓孔扩孔和电机内止扣打磨；然后，将电机整体向编号 5~7 方向移动 0.1 mm。编号布置如图 7-7 所示。

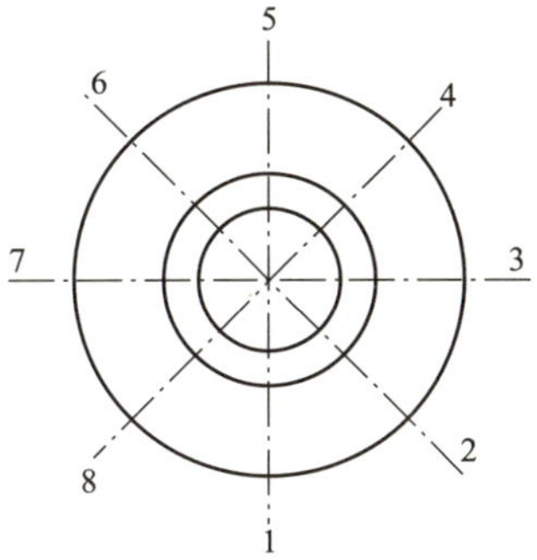

图 7-7　编号布置图

⑤中间联轴器与电机联轴器综合摆度复核。最后，在中间联轴器上架百分表测量电机联轴器侧表面的摆度 X，即手动旋转中间联轴器，测量的具体测量数据见表 7-10（最大双向摆度值为 180 μm）。

表 7-10　中间联轴器与电机联轴器综合摆度复核　（单位：μm）

摆度 X 编号	1	2	3	4	5	6	7	8
数　据	0	-25	-90	-170	-180	-130	-60	0

由以上两组数据分析：最大双向摆度值由调整前的 380 μm 下降到 180 μm，下降了 200 μm。

（3）调整后的水泵试运行结果

在改造结束后，对 2 台技术供水泵试运行时发现，1 号机组在运行 2 h 时的测量温度值 39.6 ℃，相对检修前最高测温值 53 ℃下降了 13.4 ℃，2 号技术供水泵在开机后运行 39 h 时的测量温度值为 43.2 ℃，相对检修前最高测温值 59.7 ℃下降了 16.5 ℃，在 4 月 4 日 1 号机组运行 3 h 时的测量温度值 36.8 ℃，相对检修前最高测温值 53 ℃下降了 16.2 ℃。2 号技术供水泵轴承处发热情况均有所改善。

7.3.3　原因分析

1 号技术供水泵在安装结束后盘车很轻松，在试运行一段时间后出现发卡，主要原因有：水泵轴摆度值偏大、水泵轴与电机轴同心度偏、运行时轴发热变长和轴承的间隙变小。

调整过程中，将中间联轴器与水泵连接后的摆度值由 260 μm 调至 80 μm，将电机与水泵的偏心值由 180 μm 调至 80 μm，导致水泵与电机相对双向最大摆度值由 380 μm 降低到 180 μm，使水泵轴承温度得到控制 。

7.4　机组厂用变压器换型容量计算问题

7.4.1　概述

某电厂 1 号、2 号机组用电开关柜 1P（7 台）布置于电站发电机夹层 1 号、2 号机组之间；3 号、4 号机组用电开关柜 2P（7 台）布置于 3 号、4 号机组之间。

该电厂机组每天开停机频繁，经常处于热备用状态，每天增减负荷多次。这就要求机组能在多种工况、宽广的负荷变化范围内稳定运行，最大限度满足电网调度要求，故厂用电系统也应多种工况下可靠供电。

该电厂 1 号、2 号机组用电屏 1P 及 3 号、4 号机组用电屏 2P，采用 2 台 630 kV·A 变压器分别带 Ⅰ 段、Ⅱ 段的运行方式，Ⅰ 段和 Ⅱ 段使用母联开关连接。为满足机组发电及机组检修需要，其运行方式分为分段运行和联络运行两种运行方式。

由于该电厂机组扩修改造后，机组用电负荷发生改变，需对机组负荷按照改造后的情况进行重新核算。

7.4.2　厂用电核算

依据 NB/T 35044—2023《水力发电厂厂用电设计规范》，对机组改造后厂用电进行核算。

1）改造后基本负荷

以刚刚扩修改造后的 3 号机组为例，机组改造后的基本负荷情况见表 7-11。

表 7-11　机组改造后负荷

装　置	设　备	有功功率（kW）	功率因数	容量（kV·A）	电流（A）
机组油压装置	调速器油泵电动机（2 台）	45	0.87	51.7	80.45
机组技术供水	技术供水电动机（2 台）	250	0.86	290.7	442
机组动力柜及母线洞操作电源箱	水导外循环电机（2 台）	5.5	0.85	6.5	10.9
	顶盖排水泵电机（2 台）	5.5	0.85	6.5	10.9
	母线洞操作电源箱	1	1	1	2
	除湿机（2 台）	2	0.85	2.4	5
辅助设备控制柜	推力外循环泵（7 台）	15	0.78	19.2	32.5
	高压油泵（2 台）	22	0.85	25.9	43
	加热器（8 台）	2	1	2	5
	除尘泵电机（1 台机组）	10	0.85	11.7	18
机组主变压器冷却器	主变压器冷却器风扇电机（18 台）	2	0.85	2.4	4.85
	主变压器冷却器油泵电机（9 台）	2.2	0.85	2.6	5.3
机组制动变压器	机组制动变压器（1 台）			350	505

2）综合系数法计算厂用电最大负荷

依据 NB/T 35044—2023《水力发电厂厂用电设计规范》，用综合系数法进行机组用电负荷计算，各个负荷的特性见表 7-12。

表 7-12　综合系数法进行机组用电负荷计算

设　备	重要性类别	运行方式	是否计入最大计算负荷	是否需要自启动	是否计入保安负荷	是否计入黑启动负荷
调速器油泵电动机（2 台）	Ⅰ	经常断续	是	是	否	是
技术供水电动机（2 台）	Ⅰ	经常连续	是	是	否	是
水导外循环电机（2 台）	Ⅰ	经常连续	是	是	否	是
顶盖排水泵电机（2 台）	Ⅰ	经常短时或断续	是	是	否	是
母线洞操作电源箱	Ⅰ	经常连续	是	是	否	是
除湿机（2 台）	Ⅰ	经常连续	是	是	否	是
推力外循环泵（7 台）	Ⅰ	经常连续	是	是	否	是
高压油泵（2 台）	Ⅰ	经常断续	否	否	否	是
加热器（12 台）	Ⅱ	不经常短时或连续	否	否	否	否
除尘泵电机	Ⅱ	不经常短时或连续	否	否	否	否
主变压器冷却器风扇电机（18 台）	Ⅰ	经常连续	是	是	否	是
主变压器冷却器油泵电机（9 台）	Ⅰ	经常连续	是	是	否	是
机组制动变压器（1 台）	Ⅱ	不经常短时或连续	否	否	否	否

由综合系数法可以求得机组用电最大负荷

$$S_{js}=K_z\sum P_z+K_g\sum P_g$$

$$S_{js}=0.76\times(45+250+5.5+5.5+1+2+15\times6+2\times12+2.2\times6)\times2=663.02(kV\cdot A)$$

式中：S_{js} 为厂用电最大负荷（kV · A）；K_z 为机组自用电综合系数（取值 0.76）；$\sum P_z$ 为所有同时参加最大负荷运行的机组自用电负荷额定功率总和（kW）；K_g 为全厂公用电的综合系数（取值 0.77）；$\sum P_g$ 为所有同时参加最大负荷运行的全厂公用电负荷额定功率总和（kW）。

3）负荷统计法计算不同工况下的厂用电最大负荷

通过设备的铭牌参数，考虑在不同运行工况下求机组用电负荷，取其最大值。其中，调速器油泵、高压油泵为经常断续运行设备，需考虑其同时率；加热器、除尘泵电机、制动变压器为不经常短时或连续运行设备，可按设备组合运行情况计算。

（1）单台机组开机过程负荷情况见表 7-13。

表 7-13　单台机组开机的负荷

装　　置	设　　备	同时率	启用台数	容量（kV·A）	电流（A）
机组油压装置	调速器油泵电动机（2 台）	0.8	1	51.7	80.45
机组技术供水	技术供水电动机（2 台）	1	1	290.7	442
机组动力柜及母线洞操作电源箱	水导外循环电机（2 台）	1	1	6.5	10.9
	顶盖排水泵电机（2 台）	1	1	6.5	10.9
	母线洞操作电源箱	1	1	1	2
	除湿机（2 台）	1	2	2.4	5
辅助设备控制柜	推力外循环泵（7 台）	1	6	19.2	32.5
	高压油泵（2 台）	0.5	1	25.9	43
	加热器（12 台）	1	0	2	5
	除尘泵电机	1	0	11.7	18
机组主变压器冷却器	主变压器冷却器风扇电机（18 台）	1	6	2.4	4.85
	主变压器冷却器油泵电机（9 台）	1	3	2.6	5.3
机组制动变压器	机组制动变压器（1 台）	1	0	350	505
总　计				501.21	801.66

（2）单台机组满负荷运行时负荷情况见表 7-14。

表 7-14　单台机组满负荷运行时负荷情况

装　　置	设　　备	同时率	启用台数	容量（kV·A）	电流（A）
机组油压装置	调速器油泵电动机（2 台）	0.8	1	51.7	80.45
机组技术供水	技术供水电动机（2 台）	1	1	290.7	442
机组动力柜及母线洞操作电源箱	水导外循环电机（2 台）	1	1	6.5	10.9
	顶盖排水泵电机（2 台）	1	1	6.5	10.9
	母线洞操作电源箱	1	1	1	2
	除湿机（2 台）	1	2	2.4	5
辅助设备控制柜	推力外循环泵（7 台）	1	6	19.2	32.5
	高压油泵（2 台）	0.1	0	25.9	43
	加热器（12 台）	1	0	2	5
	除尘泵电机	1	0	11.7	18
机组主变压器冷却器	主变压器冷却器风扇电机（18 台）	1	12	2.4	4.85
	主变压器冷却器油泵电机（9 台）	1	6	2.6	5.3
机组制动变压器	机组制动变压器（1 台）	1	0	350	505
总　计				513.05	829.46

（3）单台机组停机过程负荷情况见表 7-15。

表 7-15　单台机组停机过程负荷

装　置	设　备	同时率	启用台数	容量（kV·A）	电流（A）
机组油压装置	调速器油泵电动机（2 台）	0.8	1	51.7	80.45
机组技术供水	技术供水电动机（2 台）	1	1	290.7	442
机组动力柜及母线洞操作电源箱	水导外循环电机（2 台）	1	1	6.5	10.9
	顶盖排水泵电机（2 台）	1	1	6.5	10.9
	母线洞操作电源箱	1	1	1	2
	除湿机（2 台）	1	2	2.4	5
辅助设备控制柜	推力外循环泵（7 台）	1	6	19.2	32.5
	高压油泵（2 台）	0.5	1	25.9	43
	加热器（12 台）	1	0	2	5
	除尘泵电机	1	0	11.7	18
机组主变压器冷却器	主变压器冷却器风扇电机（18 台）	1	12	2.4	4.85
	主变压器冷却器油泵电机（9 台）	1	6	2.6	5.3
机组制动变压器	机组制动变压器（1 台）	1	1	350	505
总　计				873.41	1327.09

由于联络运行时 2 台机组同时停机的情况几乎不可能出现，但可能出现联络运行时 1 台机组停机的情况。因此，可得当用电屏联络运行，单台变压器带 1 台机组满负荷运行，同时 1 台机组停机时，依据负荷统计法计算的厂用电最大负荷为：

$$S=(513.05+873.41)\times0.7\times0.77\times1.05=784.67(\text{kV}\cdot\text{A})$$

7.4.3　选型

1）变压器选型

该电厂 1 号、2 号机组用电屏 1P 及 3 号、4 号机组用电屏 2P 采用 2 台 630 kV·A 变压器分别带Ⅰ段、Ⅱ段的运行方式，Ⅰ段和Ⅱ段使用母联开关连接。经上述厂用电核算，电厂现有变压器容量明显不足，且仅能满足改造后的单台变压器带 1 台机组满负荷运行。

经查阅现有变压器过负荷曲线，仅能满足改造后的单台变压器带 1 台机组满负荷运行及单台变压器带 1 台机组停机运行，无法满足机组改造后，单台变压器带 2 台机组满负荷联络运行的负荷用电需求。为保障机组扩修改造后安全稳定运行，需更换为容量更大的变压器。

依据 NB/T 35044—2023《水力发电厂厂用电设计规范》，应在综合系数法厂用电最大负荷和考虑各种工况下厂用电最大负荷中取最大值，故应依据 784.67 kV·A 容量对厂用变压器进行选型。

经查阅资料，该电厂 400 V 变压器为许继集团生产制造并安装，厂用电变压器容量有

630 kV·A（21B、22B、23B、24B）、800 kV·A（25B、26B）、1600 kV·A（27B、28B）。

依据上述计算结果推荐选用 800 kVA 变压器。

经查阅 25B、26B 变压器相关资料，其在温度为 20 ℃下的铭牌见表 7-16。

表 7-16　SCB10-800 铭牌

<table>
<tr><th colspan="6">树脂浇注干式电力变压器</th></tr>
<tr><td colspan="2">产品型号</td><td colspan="2">SCB10-800/10/0.4 kV</td><td>产品代号</td><td>FB-19-020.01</td></tr>
<tr><td colspan="2">额定容量</td><td colspan="2">800/1200（AF）kVA</td><td>额定频率/相数</td><td>50 Hz/3</td></tr>
<tr><td colspan="2">防护等级</td><td colspan="2">IP20</td><td>标准代号</td><td>GB/T 1094.11</td></tr>
<tr><td colspan="2" rowspan="2">环境/气候/燃烧性能等级</td><td colspan="2" rowspan="2">E2/C2/F1</td><td rowspan="2">绝缘水平</td><td>HV U_m/LI/LIC/AC 12/75/85/35 kV</td></tr>
<tr><td>LV U_m/LI/LIC/AC ≤1.1/-/3 kV</td></tr>
<tr><td colspan="2">分接位置</td><td>一次侧</td><td>二次侧</td><td>温升限值</td><td>125 K</td></tr>
<tr><td rowspan="5">分接电压</td><td>6-5</td><td>10 500 V</td><td></td><td>绝缘等级</td><td>H</td></tr>
<tr><td>5-7</td><td>10 250 V</td><td></td><td>短路阻抗</td><td>5.62%</td></tr>
<tr><td>7-4</td><td>10 000 V</td><td>400 V</td><td>联结组标号</td><td>Dyn11</td></tr>
<tr><td>4-8</td><td>9750 V</td><td></td><td rowspan="2">冷却方式</td><td rowspan="2">AN/AF</td></tr>
<tr><td>8-3</td><td>9500 V</td><td></td></tr>
<tr><td colspan="2" rowspan="2">额定电流</td><td rowspan="2">46.2 A</td><td rowspan="2">1154.7 A</td><td>总重</td><td>2390 kg</td></tr>
<tr><td>出厂序号</td><td>40004319426000</td></tr>
<tr><td colspan="6">许继变压器有限公司制造</td></tr>
</table>

经咨询许继、顺特厂家，建议使用 SCB13-800 系列产品变压器，由于该系列的变压器空载损耗及负载损耗比 SCB10-800 系列产品更低，其运行一年可节约电能 15 532 kW·h（按某电厂从施工变电站购入的电费单价为 0.83 元计算，年节约电费约 12 892 元），而设备单价仅高出 20%（约 24 666 元），故使用 SCB13-800 系列产品变压器经济效益显著。

2）铜排及开关选型

1P、2P 母线铜排型号为 TMY：3×(10×60×2)

经现场测量，机组用电屏分段运行且机组满发时，实际电流为 578.5A；若 2 台机满发其中 1 台机组停机时，制动开关投入的用电屏电流为 1662A（机组制动变压器以额定电流计算）。经过实际电流与额定电流比较，最后综合选择铜排可能更合理。

依据 GB/T 7251.1—2023《低压成套开关设备和控制设备 第 1 部分：总则》附录 N 可查得其在 70 ℃下的工作电流为 1118A，依据《工业与民用配电设计手册》查得型号为 TMY：10×60×2 的母排最大允许持续电流见表 7-17。

表 7-17　10×60×2 母排最大允许持续电流　（单位：A）

截　面	25 ℃		35 ℃		40 ℃	
	平放	竖放	平放	竖放	平放	竖放
10×60×2	2430	2560	2140	2250	1985	2090

经红外测温检测，机组大发期间，母排温度稳定于 40 ℃。单台变压器带 2 台机组满负荷联络运行时，额定电流为 829. 46×2＝1658. 92A，铜排载流量满足要求；单台变压器带 1 台机组满负荷、1 台机组停机的联络运行时，额定电流为 829. 46+1327. 09＝2156. 55A，过载率为（2156. 55−1985）/1985＝8. 64%。但由于机组制动变投运时间约为 5～10 min，短时小幅过载可不作考虑。

实际电流、额定电流与铜排最大容许持续电流相比较，可选择母线铜排型号为 TMY：3×(10×60×2)。

1P、2P 原有进线开关和母联开关均为 1250A，无法满足设备运行要求，考虑实际负荷电流会比额定电流小（例如，技术供水泵额定电流为 443A，实测最大电流为 380A），单台变压器带 2 台机组满负荷联络运行时额定电流为 829. 46×2 A＝1658. 92A，故将原有进线开关和母联开关更换为 1600 A 即可满足设备运行要求。

第 8 章 二次检修项目标准化

水电厂二次检修项目通常由电厂维护人员负责实施。由于各电厂具体设备元件差异很大，本章参考 DL/T 619—2012《水电厂自动化元件（装置）及其系统运行维护与检修试验规程》、DL/T 1107—2019《水电厂自动化元件基本技术条件》、DL/T 491—2008《大中型水轮发电机自并励励磁系统及装置运行和检修规程》，结合电厂实际检修经验，尽量描述水电厂二次元件共性检修内容。本章各节的 FS = full scale，意为满量程。提到的所有监测元件电路应与大地绝缘，其中传感器的绝缘电阻大于或等于 5 MΩ，仪器不接地处的绝缘电阻大于或等于 10 MΩ。二次元件的电压要求是：

（1）DC48V 以下的，电压变动范围±20%，纹波系数小于 5%。

（2）DC110V 或 220V 的，电压变动范围+10%～−15%，纹波系数小于 5%。

（3）AC220V 的，电压变动范围+10%～−15%，频率（50±2.5）Hz。

8.1 温度监测元件检查

本节适用于机组各部导轴瓦、推力轴瓦、各油箱油温、机坑各部风温、水系统水温、油系统油温、主变压器各部油温以及独立小系统测温等元件检查。

测温元件包括铂热电阻、铜热电阻、双金属温度计、数字式温度仪和温度巡检仪、红外线温度探头等形式。

各种测温电阻检修工艺要求：测温电阻及引线完好无损伤；温度信号能反映实际温度；网状屏蔽层良好；穿越油箱的引出线防油措施良好；探头热响应时间小于或等于 60 s；建议采用双支电阻结构。

各种温度仪检修工艺要求：外观清洁完整坚固；按键操作灵活可靠；引线及连接部件良好；基本误差±0.5% FS；报警点重复动作误差±1% FS；示值能连续变化；显示清晰，无叠字、无缺笔；绝缘电阻符合要求。

目前红外测温在水电厂应用不太多，相对前两类故障率高且测值不太准，一般用于高压母线导体温度监视，对这类元件的检修维护可参考 DL/T 664—2016《带电设备红外诊断应用规范》。

依据 GB/T 7894—2023《水轮发电机基本技术要求》，水轮发电机在正常运行工况下，其轴承的最高温度采用埋置检温计法测量应不超过下列数值：

（1）推力轴承巴氏合金瓦：80 ℃；

（2）导轴承巴氏合金瓦：75 ℃；

（3）推力轴承塑料瓦体：55 ℃；

（4）导轴承塑料瓦体：55 ℃；

（5）座式滑动轴承巴氏合金瓦：80 ℃。

8.2　压力监测元件检查

本节适用于水系统水压、油系统油压、气系统气压、蜗壳等引水系统测压以及独立小系统测压等元件检查。

测压元件一般分为压力信号器和压力变送器。压力信号器送出一对及以上常开或者常闭状态的开关量信号，压力变送器送出电压或者电流模拟量信号（以直流 4～20 mA 为最常见）。同时送出开关量信号及模拟量信号的监测元件目前也在水电厂得到广泛应用。

压力信号器的检修工艺要求：外观清洁完整坚固；引线及连接部件良好；外罩密封良好，刻度标志齐全清晰；触点无氧化烧黑并切换正确；弹簧管及胶皮垫无老化变形；整定值动作误差不超过整定值的±2%；返回系数在 0.9～1.1 之间，且复归值与设定值之差不大于量程 10%。

压力变送器的检修工艺要求：外观清洁完整坚固；引线及连接部件良好；外罩密封良好，刻度标志齐全清晰；最大工作压力不大于满量程的 1/2；准确度±0.25%FS。

如果是一体化仪表，还需绝缘电阻符合要求。

8.3　流量监测元件检查

本节适用于例如技术供水总管、空气冷却器水管、各部轴承冷却器水管、主轴密封水管等水系统以及油管示流和流量元件检查。

示流信号仅需监测管路是否有液体流动而无需精确计量，常见有机械式和热导式流量开关，送出一对及以上常开或者常闭状态的开关量信号。流量计不仅能送出模拟量信号，一般也提供开关量信号。

机械示流计的检修工艺要求：外观清洁完整坚固；引线及连接部件良好；传动机构良好；挡板动作灵活并能自行复位；触点无氧化烧黑并切换正确；安装方向正确。

热导式示流计的检修工艺要求：外观清洁完整坚固；引线及连接部件良好；LED 灯显示正确；动作及返回整定调节合适；电极无水垢等杂物。

流量计的检修工艺要求：外观清洁完整坚固；引线及连接部件良好；按键操作灵活可靠；

前端机械转动部件清洁无卡阻（如果有）；显示清晰、无叠字、无缺笔；绝缘电阻符合要求。

流量元件测试方法：根据 DL/T 619—2012《水电厂自动化元件（装置）及其系统运行维护与检修试验规程》“用标准压力表或流量计，并采用运行介质，缓慢开启进口侧阀门，当流量逐渐增加至一定值时，使信号器动作，记录此动作值，再将进口侧阀门从全开位置缓慢关闭，当流量逐渐减少到一定值时，信号返回，记录其返回值。反复 5 次，其动作值与返回值不得超过整定值的±10%。”通常电厂不具备现场测试条件。

8.4 液位监测元件检查

本节适用于各部轴承油箱液位、水轮机顶盖水位、调速器油压系统油位等元件检查。

液位监测元件一般分为液位信号器和液位计两大类，液位信号器有浮子式和电极式，液位计按原理分为浮子式、压力式、反射式和电容式。前者只提供开关量信号，后者至少提供模拟量信号。在做模拟量显示测试时，检定点应不少于 5 个。

浮子式液位信号器检修工艺要求：外观清洁完整坚固；引线及连接部件良好；浮球不卡并能复位；触点无氧化烧黑并切换正确；液位显示正确，磁翻板颜色一致。

电极式液位信号器检修工艺要求：外观清洁完整坚固；引线及连接部件良好；电极无污垢和杂物；触点无氧化烧黑并切换正确；液位显示正确。

浮子式液位计检定方法：用手移动浮子，用标尺测量浮子的位移量作为实际液位变化，同时记录液位计的示值。

压力式液位计检定方法：根据 DL/T 619—2012《水电厂自动化元件（装置）及其系统运行维护与检修试验规程》“用标准压力信号发生器产生的压力模拟实际液位变化，同时记录液位计的示值。”电厂现场一般不具备条件，用于发电机组部件液位测量的液位量程通常在 3 m 以内，可选择一个 3 m 深的水池或更浅（取决于量程），在液位计连接导线上用标尺做好标准尺寸标记，将传感器放入池内，通过上下移动导线，记录比对标记和液位计示值的差异。

反射式液位计检定方法：将传感器对准垂直放置的反射平板，手动移动反射平板，用标尺测量反射平板的位移量作为实际液位变化，同时记录液位计的示值。

电容式液位计检定方法：手动移动被测量液体液位计，用标尺测量液位计位移量作为实际液位变化，同时记录液位计的示值。

各液位计技术要求：

浮子式：分辨力 1 cm。

测量范围小于或等于 10 m 时，允许误差±2 cm；测量范围大于 10 m 时，允许误差±0.2%FS。

压力式：分辨力 0.2 cm。

测量范围小于或等于 10 m 时，允许误差±1 cm；测量范围大于 10 m 时，允许误差

±0. 1% FS。

超声波：测量范围小于或等于 40 m 时，分辨力 0. 5 cm；测量范围大于 40 m 时，分辨力 1 cm。

测量范围小于或等于 40 m 时，允许误差±3 cm；测量范围大于 40 m 时，允许误差±0. 3% FS。

雷达：分辨力±5 mm。

允许误差±1 cm。

液位监测装置检修工艺要求：外观清洁完整坚固；按键操作灵活可靠；引线及连接部件良好；综合误差±1. 5% FS；示值能连续变化；显示清晰无叠字无缺笔；绝缘电阻符合要求。

8. 5　位移监测元件检查

本节适用于风闸位置开关、导叶位置开关、锁锭块位置开关、齿盘测速探头、接近式剪断销探头等元件检查。

行程开关类型检修工艺要求：外观清洁完整坚固；引线及连接部件良好；常开常闭接点标识清楚并试验动作/返回正确；行程开关在触点动作后，应有不小于 2 mm 的过行程；开关动作所需动作力不应过大。

接近开关类型检修工艺要求：外观清洁完整坚固；引线及连接部件良好；引出线屏蔽层良好；通断切换试验正常；LED 灯显示正确。

8. 6　振动摆度监测元件检查

振动和摆度装置应定期送相关资质单位检定，对摆度探头应在厂内检修时使用塞尺以及对比测量电压比对物理距离和电气测量差异。根据 GB/T 7894—2023《水轮发电机基本技术要求》，立式水轮发电机允许双幅振动值，应不大于表内数值，见表 8-1。

表 8-1　大型混流式发电机振动允许限值　　（单位：mm）

项　目	额定转速 n_N（r/min）				
	$n_N<100$	$100\leq n_N<250$	$250\leq n_N<375$	$375\leq n_N<750$	$750\leq n_N$
带推力轴承支架的垂直振动	0. 08	0. 07	0. 05	0. 04	0. 03
带导轴承支架的水平振动	0. 11	0. 09	0. 07	0. 05	0. 04
定子铁心部位机座水平振动	0. 04	0. 03	0. 02	0. 02	0. 02
定子铁心振动（100 Hz 双振幅）	0. 03	0. 03	0. 03	0. 03	0. 03

8. 7　状态在线监测系统检查

状态在线监测系统也叫状态检修系统或者故障诊断系统，目前笔者能查到的现行有关标准有 GB/T 28570—2012《水轮发电机组状态在线监测系统技术导则》、DL/T 1971—2019《水轮发电机组状态在线监测系统运行维护与检修试验规程》、DL/T 1246—2013《水电站设备状态检修管理导则》。根据 DL/T 1971—2019，本系统可做如下检查。

（1）上位机检查项目见表 8–2。

表 8–2 状态在线监测系统上位机检查项目

项　目	内　容	方　法	验收标准	备　注
停电前检查及备份	设备状况检查	目测		记录停电前设备运行状态
	软件、数据备份	备份最新文件	完整可用	
停电后检修	设备清灰除尘		设备清洁无尘	
	系统接地检查	万用表测接地电阻	小于 1 Ω	
停电后检修	端子、线缆紧固及检查	目测	端子完好，连接紧固；线缆完好，连接可靠；敷设及捆扎整齐美观	
	电源回路检查	万用表测量回路电阻及电压	绝缘≥1 MΩ；电压满足主机运行要求	
	外观、标识检查	目测	外观良好，标识齐备、清晰、明确	
检修后上电检查	配置文件检查	核对	配置正确	
	数据检查	通过画面抽样核对	数据显示正确	
	报警信息检查	查看报警信息表	报警信息正常	
	设备运行状态检查	指示灯运行状态	指示灯正常	
	磁盘空间检查	软件查看磁盘空间	≥20% 裕量	
软件功能检查	进程检查	启动进程检查程序	系统及应用进程运行正常	
	数据库自动备份检查	核对	自动备份功能正常	

（2）数据采集单元（也叫下位机或现地机组单元）检查项目见表 8–3。

表 8–3 状态在线监测系统下位机检查项目

项　目	内　容	方　法	验收标准	备　注
停电前检查及备份	设备状况检查	目测		记录停电前设备运行状态
	软件及配置文件备份	备份最新文件	完整可用	

续表

项 目	内 容	方 法	验收标准	备 注
停电后检修	设备清灰除尘		设备清洁无尘	
	系统接地检查	目测	接地线完好，连接牢固	
	端子、线缆紧固及检查	目测	模件对应的卡簧无变形、松动；各连接端子的接线号齐备，接线整齐美观无裸露	
	I/O 模件检查		紧固无松动	
	电源回路检查	万用表测量回路电阻及电压	电源线完好，连接可靠，回路电压正常	
	外观、标识检查	目测	外观良好，标识齐备、清晰、明确	
检修后上电检查	工作电源检查	万用表测量回路电压	回路电压正常	
	设备运行状态检查	指示灯运行状态	指示灯正常	
	风机、加热除湿设备检查和处理	目测	工作正常	
	传感器供电电源检查	万用表测量	传感器供电电源正常	
	配置文件检查	核对	配置文件正确	
	数据检查	核对	数据显示正确	
	磁盘空间检查	核对	≥20% 裕量	
软件功能检查	进程检查	核对	进程启动正常	
	通信检查	核对	数据传输正常	与上位机单元联合检查

(3) 振动、摆度、压力脉动传感器检查，对连续使用 4 年以上；输出值明显异常；B 级以上检修及新备品投运前要进行校验。检修合格标准为：电缆连接良好、端子紧固、接线正确、安装处电缆接头无油污；传感器安装紧固、位置无异常、安装间隙满足技术要求；摆度传感器测量面无划痕；键相凸块或凹槽完好，位置无异常；键相传感器无转速突变现象；压力脉动传感器连接管路畅通无渗漏；压力脉动传感器连接管路排空后首次运行时应进行排气处理；传感器工作正常。振动和摆度监测元件技术指标参见 8.6 节。

(4) 发电机空气气隙和磁通密度传感器检查（如果有），机组 B 修时如果能吊出转子，可校验传感器。检修合格标准为：传感器贴片及引线牢固可靠，贴片表面无划痕，引线无伤痕，绝缘无损伤；传感器信号电缆无老化，接地牢固可靠；前置器外观良好，无损伤、氧化或烧黑现象，产品标识清晰明确，紧固件无松动或损伤；传感器工作正常。

(5) 发电机局部放电耦合器检查（如果有），C 修建议进行，检修内容为：如果装在中性点，定期检查周边环境和耦合器状态；如果装在发电机出口高压侧，应检查耦合器外观无损坏，高压连接处牢固可靠，支撑装置无松动；发电机耐压试验时应同时对耦合器进行耐压试验。

（6）在线状态监测系统性试验项目见表 8-4，根据电厂实际情况选做。

表 8-4　在线监测系统性试验项目

项目	内　　容	试验条件及方法	验收标准
上位机功能试验	特征值计算及显示检查	抽测信号模拟	特征值显示正常
	越限报警检查	抽测信号模拟	报警动作正常
	断电恢复后的自启动	断电后重启	重启后系统运行正常
	数据有效性检查	人机界面或数据库查询工具查询	数据值显示正常
	数据导入导出功能检查	人机界面导入导出功能键	导入导出数据正常
	通信试验	通信故障模拟	正确报警
	电源冗余试验	轮流断掉任意一路电源	上位机系统工作正常
数据采集单元功能试验	越限报警	抽测信号模拟	正确报警
	断电恢复后的自启动	断电后重启	重启后系统运行正常
	AO 输出试验	抽测信号设定输出值，测量 AO 端口电压或电流值	测量值与设定值一致
	AI 输入试验	抽测 AI 端口输入电压或电流	显示值与输入值一致
	电源切换装置试验	先断一路电源，恢复后再断另一路电源	数据采集单元工作正常
传感器单元性能试验	摆度传感器	停机状态下，检查摆度传感器静态输出电压	电压输出值符合传感器安装要求
	振动传感器	停机状态下检查振动传感器的静态输出电压	电压值在正常范围
	压力脉动传感器	停机状态下检查压力脉动传感器静态输出电流	电流输出值为 4～20 mA，且换算的压力值与实际测量值相符
	气隙传感器	停机状态下，检查气隙传感器输出电压	电压值在正常范围
系统性试验	振动测量	停机状态下，检查振动传感器的静态输出电压，及上位机数据显示值	电压值在正常范围
	摆度测量	停机状态下，检查摆度传感器静态输出电压，及上位机数据显示值	上位机静态电压输出值与传感器间隙相符
	压力脉动测量	停机状态下检查压力脉动传感器静态输出电流，及上位机压力显示值	电流输出值为 4～20 mA，上位机压力显示值与实际测量值相符

8.8　继电器检查校验

电厂技术人员一般认为的继电器包括发信号的信号继电器、用于电路隔离以及信号扩展和功率驱动放大的中间继电器，或者两者功能兼而有之的继电器，甚至包括一些小功率接触器，不包括大功率接触器和瓦斯继电器以及智能继电器。

外观检查继电器完好，插座紧固，引线及连接部件良好，铭牌清晰，触点无烧毛发黑。对于老款继电器或者小功率接触器，触点有氧化或者烧麻，并且无备品更换，可使用 0 号砂纸或金相砂纸打磨至光滑发亮。

继电器结合机组大修或者 A 修进行批量校验，C 修及以下等级检修时可抽检。

8.9　剪断销信号器检查

剪断销信号器如果是接近开关类型，检修工艺要求见 8.5 节。如果是插入式或者破坏报警类型，则要求：外观清洁完整坚固；引线及连接部件良好；无外伤无错位；固定良好；辅助触点及信号继电器正常；更换磨损严重的信号器。

8.10　油混水信号器检查

此种信号器一般为电极式，仪器检验到电极之间的液体绝缘程度变化发出报警信号。根据 DL/T 619—2012《水电厂自动化元件（装置）及其系统运行维护与检修试验规程》，检修试验方法为：将油混水信号装置的传感器放入油桶中，其中放入一定量的 L-TSA46 或 L-TSA32 汽轮机油，将装置与传感器按图纸要求连线并加上电源，记录油混水信号装置的显示值，加入 1%体积的水，用电动搅拌器搅拌一定时间，待油水基本混合后再记录装置的显示值；计算其与实际混水百分比之差，用此方法每次加水 1%，直至 5%，记录数据并整定其报警值及试验动作情况；报警后将传感器从油桶中取出，其报警信号应消失，其测试结果应与规定相符。

8.11　轴电流监测装置检查

根据 DL/T 619—2012《水电厂自动化元件（装置）及其系统运行维护与检修试验规程》，轴电流监测装置的试验方法为：将轴电流互感器与轴电流继电器连线并加上电源，用模拟方法使互感器分别通过频率为 50 Hz 和 150 Hz 的电流，其继电器上的显示值应与通过互感器的电流值相同，并分别试验检查在机组开机、空载、加电压及 25%、50%、

75%、100%负荷时的轴电流情况，整定继电器的各报警触点及停机触点，停机触点应具有延迟动作及自保持性能，试验结果应符合规定要求，其精度等级不低于 1.5 级。

8.12 控制盘柜检查

（1）检查盘柜表面及元件是否完整，面板各指示灯或触摸屏是否正确工作。

（2）检查盘柜表计是否合格并在检验周期内。

（3）检查盘柜电缆封堵是否合格。

（4）外观检查盘柜内所有元件是否完整无烧黑。

（5）检查端子排是否完好，布线是否整齐规范，是否交直流明显隔离。

（6）检查盘柜接地是否良好，标示是否准确和清晰。

（7）检查电缆是否完好，电缆标示牌是否正确且清晰，过桥小电缆必须是多股软线。

（8）检查元件各 LED 灯是否工作正常，看到异常闪烁，尤其是高频闪烁，红灯尤其是带 F 字红灯，或者黄灯，尤其是带 F 或者 ERR、Alarm 字黄灯，须确认是否故障并加以处理。

（9）检查记录所有电源模块输入输出电压，控制盘柜电压合理范围见本章开头，超范围的，能调整的按产品手册调整，不能调整的则更换备件。

（10）检查所有小直流空气开关是否和本厂直流系统空气开关同品牌，直流空气开关是否混用了交流空气开关，本盘柜直流空气开关是否和上级直流空气开关满足级差配合定值图。

（11）检查所有保险是否完好，以万用表检查电阻情况，检查型号是否合适（如果有）。

（12）备份 PLC 程序或者运行参数（如果有）。

（13）检查 PLC 电池，不合格的及时更换（如果有）。有些 PLC 电池电压低会点亮 BATTERY 光字。如果客观条件无法备份程序，须注意是否需要带电更换电池，否则导致运行程序或者参数丢失。

（14）核对程序或运行参数正确性（如果有）。

（15）检查记录调整各种功能模块设定旋钮和跳线位置（如果有）。

（16）检查继电器，参见 8.8 节。

（17）检查各专用元件设定值，用综合信号发生器检验这些元件输出情况（如果有）。

（18）做双电源切换试验，供电应正常（如果有多路电源）。

（19）紧固端子。

（20）清扫盘柜，清洗滤网和冷却风扇。

8.13 机组技术供水系统检查

机组技术供水系统包括控制盘柜、电动阀、电磁阀、流量计示流计压力开关等分立元件。

控制盘柜检查见 8.12 节，分立元件检查见 8.1~8.4 节。

电动阀检查外观应清洁良好，铭牌清晰；引线及连接部件良好；位置指针显示正确；检查全开限位开关和全关限位开关是否动作正常；检查关过载保护开关和开过载保护开关是否动作正常；检查动力电源是否和控制信号进线分开；手动或电动切换机构灵活可靠，电动时手轮不转动；电动阀执行机构所有载流部分与外壳间的绝缘电阻应不低于 20 MΩ；如无专用试验台，只能现场带阀门试验，实验前须将阀门人工摇至约 50% 开度，如无法确认 50% 行程点，可在人工摇至开方向转不动或者关方向转不动时，再回摇若干圈，试验先点动，例如开方向动作阀门时，迅速人工动作全开限位开关使阀门停止，然后再次启动阀门，迅速人工动作开过载保护开关使阀门停止，关方向再同样做点动，点动试验正常后进行全行程试验，试验过程中须验证限位开关先于同方向过载保护开关动作。

电磁阀检查外观应清洁良好，铭牌清晰；引线及连接部件良好；线圈无变形、变色、烧焦、流油等过热现象；无受潮浸水浸油现象；焊点无开焊、虚焊现象；触点端正无烧损或氧化现象；螺栓无松动；弹簧无断裂和变形；易损件无老化和损坏。测量的直流电阻值同出厂值或标称值比较，不超过±10%；在温度为 15~35 ℃、相对湿度不大于 85% 的环境条件下，电磁阀线圈接线端与外壳间的绝缘电阻值不小于 20 MΩ；动作启动电压不大于额定电压值的 85%。

8.14　励磁系统检修

查阅 DL/T 491—2008《大中型水轮发电机自并励励磁系统及装置运行和检修规程》，行业标准规定的励磁系统检修项目见表 8-5。

表 8-5　励磁系统标准检修项目

名　　称	检修级别
各盘柜、元器件的清扫、检查	D
一次、二次接线端子检查、紧固	D
冷却系统清扫、检查	D
灭磁系统及转子过电压保护装置外观检查	D
励磁专用各种变压器、变流器外观检查	D
操作回路联动试验及信号检查	C，D
重要的开关电器的机构及动作情况检查	C，D
灭磁系统及转子过电压保护装置检查	C，D

续表

名　　称	检修级别
励磁变压器预试、功率柜电缆预试、励磁变压器 TA 检查测试	C，D
励磁系统各种保护功能的操作模拟试验	C，D
功率整流器的整流组件及附属器件的清扫、检查	A/B，C，D
冷却系统清扫、除尘，管路积尘及结垢处理	A/B，C，D
风机及水泵的检修	A/B，C，D
灭磁开关的检修调整	A/B，C，D
功率整流器交流侧开关、直流开关的检修、调整	A/B，C，D
灭磁电阻及保护电阻的检查、测试	A/B，C，D
启励回路及启励设备的检查	A/B，C，D
转子回路及转子过电压保护元件的检查	A/B，C，D
功率整流器交流侧回路、转子回路各部接头、电缆头、电缆线、汇流母线的检查处理	A/B，C，D
自动励磁调节器所属全部模件板、元器件、电源系统的检查、调试	A/B，C，D
励磁变压器的检修、试验	A/B，C，D
励磁专用电压互感器、电流互感器、电源变压器的检修、试验，二次回路检查	A/B，C，D
励磁系统操作、控制、信号回路及器件的检查、调试，操作模拟	A/B，C，D

（1）软件参数检查：根据 DL/T 583—2018《大中型水轮发电机静止整流励磁系统技术条件》，励磁参数设置应满足以下要求：

①应能长期连续提供 1.1 倍发电机额定励磁电流。

②顶值电压倍数不低于 2.0。

③励磁系统在输出顶值电流工况下，允许持续时间不小于 20 s。

④励磁系统电压响应时间不应大于 40 ms。

⑤应能保证发电机端电压调差率整定范围为±15%，级差不大于 1%。

⑥励磁系统应保证发电机机端调压精度或静差率优于±0.5%。

⑦空载运行情况下，频率值每变化 1% 时，发电机端电压变化值不大于额定值的±0.25%。

（2）模拟量检查：微机励磁调节器（自动通道）接入三相标准电压源和电流源（精度均不低于 0.5 级）。电压源有效值变化范围为 0%～130%（微机励磁调节器设计输入值），电流源有效值变化范围为 0%～150%。设置 5～10 个测试点，其中包括 0 和额定值两点。模拟量测试范围及测量点见表 8-6。不要求测试点等间距，在设计的额定值附近可以密集些。观测微机励磁调节器测量显示值并记录。根据 DL/T 1166—2012《大型发电机励磁系统现场试验导则》，电压测量精度分辨率在 0.5% 以内，电流测量精度在 0.5% 以内，有功功率、无功功率计算精度在 2.5% 以内为合格。

表 8-6　模拟量测试值

类　别	测　量　范　围	测　量　点
电压、电流量	0%~130% 额定值	测试点 5~10 个，包括 0 和额定值
频率值	45~80 Hz	每隔 0.5 Hz 测一次
有功功率、无功功率量	-80%~100%	包括 0 和额定值

（3）磁场断路器试验：本条主要内容来源于 DL/T 489—2018《大中型水轮发电机静止整流励磁系统试验规程》。本试验归类在灭磁开关的检修调整项目中。

绝缘电阻测试，断开的两极触头间、主回路中所有导电部分与地之间的绝缘电阻大于或等于 5 mΩ。

导电性能检查，闭合磁场断路器，通以 100 A 电流，测量主触头的电压降。再分开磁场断路器，重复三次。记录三次测量结果的平均值不应大于制造厂的规定。双断口或多断口电压降偏差小于或等于 10%。另外有条件可以测量磁场断路器各触头的合闸压力，应符合制造厂的规定。

操作性能试验，在控制回路施加的合闸电压为 80% 额定操作电压，合闸 3 次。在控制回路施加的分闸电压为 65% 额定操作电压，分闸 3 次。磁场断路器应可靠分合。

同步性能测试，多断口磁场断路器的各断口间动作的同时性应符合制造厂的规定。测量断路器各断口的动作时差，如各主断口间的分闸时差，主、辅断口间的分合闸时差等。辅助断口的闭合时间应满足灭磁功能的要求。

分断电流试验，磁场断路器分别以最小分断电流、空载额定励磁电流各进行 1~2 次分断试验。试验后检查触头及栅片等，应无明显异常。

（4）开环小电流试验：本试验的目的是检验调节器的同步、移相、触发和晶闸管控制触发性能。在解除整流输出并接入临时小电阻假负载开环方式下，用改变移相触发的控制信号方式检查励磁输出与控制信号的对应关系。用示波器检查假负载上的波形，每个周期输出锯齿波形应有稳定的 6 个波头，且一致性好，增减磁时波形平滑变化，无跳跃变化。测量晶闸管整流桥输出电压，应与计算值吻合。双套励磁调节器应分别进行试验并进行切换试验，切换前后，整流桥输出波形应一致。文献《混流式水轮发电机组运行与检修》第六章第二节有励磁小电流试验的具体案例。根据 DL/T 489—2018《大中型水轮发电机静止整流励磁系统试验规程》，有条件情况下可以做开环高压小电流试验。

（5）操作、保护、限制及信号回路动作试验：根据 DL/T 1166—2012《大型发电机励磁系统现场试验导则》，本项试验应包含的项目见表 8-7。

表 8-7　励磁系统标准试验项目

试验类别		检查项目
控制操作	1	分合灭磁开关
	2	启励、灭磁
	3	自动通道间，自动/手动通道间切换
	4	PSS 投退
	5	现地、远方切换
	6	现地、远方增减磁
	7	运行方式选择
	8	恒无功、恒功率因数选择
运行状态	9	励磁调节装置调节方式
	10	运行通道
	11	PSS 投切
	12	磁场断路器分/合
	13	发电机电压、电流
	14	有功功率和无功功率
	15	励磁电压和励磁电流
故障显示	16	励磁机故障
	17	励磁变压器故障
	18	功率整流装置故障
	19	电压互感器断线
	20	励磁装置工作电源消失
	21	励磁调节装置故障
	22	触发脉冲故障
	23	调节通道自动切换动作
	24	欠励限制动作
	25	过励限制动作
	26	U/f 限制器动作
	27	启励故障
	28	旋转整流元件故障（如果有）
	29	发电机-变压器组故障跳闸

（6）启励试验：进行励磁调节器不同通道、自动和手动方式、远方和现地的启励操作，进行低设定值下启励和额定设定值下启励。根据 DL/T 1166—2012《大型发电机励磁系统现场试验导则》，励磁装置应能成功启励，超调量不大于额定值的 10%，自动通道启励时间应小于 15 s。

（7）零起升压试验：发电机空转态下，调整励磁调节器电压或电流给定值至最低值（如 5%，视各厂具体情况定），给励磁系统开机令，发电机机端电压应自动上升至电压给定值。人工手动增磁至 25%、50%、75%、100% 各额定电压点并停留观察一定时间，机端电压上升应平稳。

（8）电压互感器（TV）断线模拟试验：本试验的目的是测试励磁调节器的电压互感器断线检测功能，并验证断线后励磁调节器自动切换动作的正确性。发电机组在空载 AVR 方式下，模拟主通道 TV 断线，励磁调节器应发出报警信号，同时从主通道自动切换至备用通道。对双自动电压调节器则进行通道切换后仍保持 AVR 方式运行。模拟主通道和备用通道同时 TV 断线，励磁调节器应从 AVR 方式切至 FCR 方式。根据 DL/T 583—2018《大中型水轮发电机静止整流励磁系统技术条件》，切换后，发电机应保持稳定运行，机端电压波动小于±0.5%，稳定后与原值差不大于 0.5%。恢复 TV 断线，励磁调节器的 TV 断线信号应自动复归。而 DL/T 1166—2012《大型发电机励磁系统现场试验导则》对此试验的评判标准为“TV 一相断线时发电机电压应当基本不变；TV 两相断线时，机端电压超过 1.2 倍的时间不大于 0.5 s。”

（9）整流桥均流检查：根据 DL/T 583—2018《大中型水轮发电机静止整流励磁系统技术条件》，发电机在额定工况时，并联整流桥的均流系数不应低于 0.9，空载额定时，并联整流桥的均流系数不应低于 0.85。均流系数为并联运行各支路电流平均值与支路最大电流之比，计算公式为：

$$K_1 = \frac{\sum_{i=1}^{m} I_i}{mI_{\max}}$$

式中：$\sum_{i=1}^{m} I_i$ 为 m 条并联支路电流之和；$I_{\max}$ 为并联支路中的电流最大值。

（10）各部件温升试验：根据 DL/T 583—2018《大中型水轮发电机静止整流励磁系统技术条件》，励磁系统各部位极限温升不得超过表 8-8，注意此表数值是温升。

根据 DL/T 1628—2016《水轮发电机励磁变压器技术条件》，励磁变压器的极限温升不得超过表 8-9，此表数值依然是温升，括号内的大写英文是励磁变绝缘等级。

（11）空载阶跃响应试验：发电机空载态下，励磁调节器在 AVR 运行方式，给定机端电压为额定值。励磁调节器给定值降一定阶跃值并进行录波，励磁调节器给定值升一定阶跃值并进行录波。根据 DL/T 1166—2012《大型发电机励磁系统现场试验导则》，5% 阶跃试验时，电压上升时间不大于 0.5 s，电压超调量不应大于 30%，振荡次数不超过 3 次，调节时间不大于 5s。根据 DL/T 583—2018《大中型水轮发电机静止整流励磁系统技术条件》，10% 阶跃试验时，电压超调量不应大于 20%，振荡次数不超过 3 次，调节时间不大于 3 s。综合这两个行业标准，百万级机组应就高指标，而且 10% 阶跃比 5% 调节过程更严苛，合格标准建议为电压上升时间不大于 0.5 s，电压超调量不应大于 20%，振荡次数不超过 3 次，调节时间不大于 3 s。

表 8-8 励磁系统各部分极限温升 （单位：K）

各部位名称			极限温升	测量方法
铜母线及导电螺钉连接处	铜母线		35	温度计法
	连接处	无保护层	45	
		锡的保护层	55	
		有银保护层	70	
铝母线	母线		25	
	连接处		30	
电阻	距表面 30 mm 处的空气		25	
	印刷电路板上的电阻表面		30	
塑料、橡皮、漆布绝缘导线			20	
晶闸管与散热器交接处			40	
熔断器连接处			40	

表 8-9 励磁变极限温升

绝缘系统温度①（℃）	额定电流下的绕组平均温升限值②（K）
105（A）	60
120（E）	75
130（B）	80
155（F）	100
180（H）	125
200	135
220	150

注：①有关温度等级的字母代号见 GB/T 11021—2014。
②温升测量按 GB/T 1094. 11—2022 进行。

（12）甩无功负荷试验：发电机负载态下，断开发电机出口断路器，突甩负荷，对发电机机端电压进行录波。甩额定无功功率时，根据 DL/T 1166—2012《大型发电机励磁系统现场试验导则》，机端电压出现的最大值应不大于甩前机端电压的 1. 15 倍，振荡不超过 3 次。DL/T 583—2018《大中型水轮发电机静止整流励磁系统技术条件》对此的要求为“在额定功率因数下，当发电机突然甩掉额定负荷后，振荡次数不超过 3 次，调节时间不大于 5 s”。

表 8-10 和表 8-11 分别是某水电厂依据表 8-5 做的本厂励磁系统标准项目清单和项目质量清单。该组清单摈除了诸如预试等外委项目，按盘柜分解，细化了重要元件检查及功能性测试，参考行业标准简明列出来检修工艺要求，可作为其他电厂制定励磁检修项目参考。

表 8-10　某厂励磁系统标准项目清单

序号	项　　目	A 修	B 修	C 修	D 修	备注
1	调节器柜					
1. 1	设备清扫、元器件检查	★	★	★	★	
1. 2	电缆、端子接线紧固检查	★	★	★	★	
1. 3	电气回路绝缘检查	★	★	★	—	
1. 4	24 V 及以下电源回路检查	★	★	★	—	
1. 5	电源测试	★	★	★	—	
1. 6	开关量测试	★	★	★	—	
1. 7	模拟量测试	★	★	★	—	
1. 8	励磁操作回路检查	★	★	★	—	
1. 9	软件参数检查、备份	★	★	★	—	
2	灭磁电阻柜					
2. 1	设备清扫、元器件检查	★	★	★	★	
2. 2	电缆、端子接线紧固检查	★	★	★	★	
2. 3	电气回路耐压检查	★	★	—	—	
2. 4	电气回路绝缘检查	★	★	★	—	
2. 5	灭磁电阻检查	★	★	★	★	D 修只做外观检查
2. 6	跨接器检查	★	★	★	★	
3	灭磁柜					
3. 1	设备清扫、元器件检查	★	★	★	★	
3. 2	电缆、端子接线紧固检查	★	★	★	★	
3. 3	电气回路耐压检查	★	★	—	—	
3. 4	电气回路绝缘检查	★	★	★	—	
3. 5	-Q02 分合闸线圈、主触头和灭弧罩检查	★	★	★	—	
3. 6	-Q02 动作特性和跳合闸时间测试	★	★	—	—	
3. 7	-Q02 操作回路检查	★	★	★	—	
3. 8	-Q02 导电性能检查	★	★	—	—	
3. 9	-Q01 分合闸线圈、主触头检查	★	★	★	—	
3. 10	-Q01 操作回路检查	★	★	★	—	
3. 11	-Q01 导电性能检查	★	★	—	—	
4	整流柜					
4. 1	设备清扫、元器件检查	★	★	★	★	
4. 2	整流柜进风滤网清扫	★	★	★	★	
4. 3	风机及控制回路检查	★	★	★	—	
4. 4	整流柜主备风机切换试验	★	★	★	—	
4. 5	阻容保护器件检查	★	★	★	—	
4. 6	晶闸管及快熔检查	★	★	★	—	

续表

序号	项　　目	A修	B修	C修	D修	备注
4.7	电缆、端子接线紧固检查	★	★	★	—	
4.8	电气回路耐压检查	★	★	—	—	
4.9	电气回路绝缘检查	★	★	★	—	
4.10	触发脉冲检查	★	★	★	—	
4.11	小电流检查	★	★	*	—	
5	交流进线柜					
5.1	设备清扫、元器件检查	★	★	★	—	
5.2	电缆、端子接线紧固检查	★	★	★	—	
5.3	主回路绝缘检查	★	★	★	—	
5.4	-Q07 动作特性和跳合闸时间测试	★	★	—	—	
5.5	-Q07 操作模拟检查	★	★	★	—	
5.6	启励回路电源检查	★	★	★	—	
5.7	启励变压器检查	★	★	—	—	
6	电气制动柜					
6.1	设备清扫、元器件检查	★	★	★	★	
6.2	电缆、端子接线紧固检查	★	★	★	★	
6.3	主回路绝缘检查	★	★	★	—	
6.4	-Q08 动作特性和跳合闸时间测试	★	★	—	—	
6.5	-Q08 操作模拟检查	★	★	★	—	
7	励磁变压器端子箱（励磁变压器温度测量 RTD）					
7.1	设备清扫、元器件检查	★	★	★	★	
7.2	电缆、端子接线紧固检查	★	★	★	★	
7.3	测温 RTD 检查	★	★	★	—	
8	励磁装置静态特性试验					
8.1	同步信号及移相特性环节试验	★	★	—	—	
8.2	触发回路试验	★	★	★	—	
8.3	AVR 和 FCR 调节范围测定	★	★	★	—	
8.4	AVR 和 FCR 给定调节速度测定	★	★	*	—	
8.5	调节通道和调节模式切换试验	★	★	★	—	
8.6	TV 断线功能模拟试验	★	★	—	—	
8.7	小电流试验	★	★	*	—	
8.8	过励限制试验	★	★	★	—	
8.9	强励限制试验	★	★	★	—	
8.10	U/f 限制	★	★	★	—	
8.11	低励限制	★	★	★	—	

续表

序号	项　　目	A 修	B 修	C 修	D 修	备注
8. 12	调节器电源故障模拟试验	★	★	★	—	
8. 13	整流柜冷却故障模拟试验	★	★	★	—	
8. 14	励磁与 LCU 二次联动试验	★	★	★	—	
8. 15	励磁与发电机变压器组保护二次联动试验	★	★	★	—	
9	动态试验					
9. 1	发电机零启升压	★	★	★	—	
9. 2	逆变灭磁试验	★	★	★	—	
9. 3	发电机自动启励试验	★	★	★	★	
9. 4	调节器 AVR 与 FCR 切换试验	★	★	★	—	
9. 5	调节器双通道相互切换试验	★	★	★	—	
9. 6	发电机电压 10% 阶跃响应试验	★	★	*	—	
9. 7	空载励磁电压下 TV 断线试验	★	★	★	—	
9. 8	*U/f* 限制试验	★	★	★	—	
9. 9	低励限制试验	★	★	★	—	
9. 10	整流柜均流测试	★	★	★	—	
9. 11	发电机事故灭磁试验	★	★	★	—	
9. 12	发电机电气制动停机试验	★	★	★	—	
9. 13	调节器单通道启励升压逆变试验	★	★	★	—	
9. 14	励磁系统各部分的温升试验	★	★	—	—	1. A/B 级检修后的试验项目要求参照试验项目按照 DL/T 491—2008 中的规定。对照 DL/T 489—2006 逐项进行 2. 试验标准参照 DL/T 596—2021、DL/T 583—2018、DL/T 489—2018 标准
9. 15	电力系统稳定器 PSS 功能校验	*	*	—	—	
9. 16	发电机电压调差率试验	*	*	—	—	
9. 17	发电机甩负荷试验	*	*	—	—	
9. 18	发电机 72 h 带负荷连续试运行试验	*	*	—	—	
9. 19	励磁系统噪声测试	*	*	—	—	

续表

序号	项　目	A 修	B 修	C 修	D 修	备注
10	励磁装置配合试验					
10.1	发电机短路特性试验	*	*	—	—	
10.2	发电机开路特性试验	*	*	—	—	
10.3	电力系统稳定器 PSS 试验	*	*	—	—	

注：“*”，选做项；“★”，必做项；“—”，不做。

表 8-11　某厂励磁系统项目质量清单

序号	检　修　项　目	质　量　标　准	备注
1	调节器柜		
1.1	设备清扫、元器件检查	设备清洁，标识清楚。元器件清洁，无过热、破损和松脱现象	
1.2	电缆、端子接线紧固检查	标识清楚，接线紧固，接触良好	
1.3	电气回路绝缘检查	绝缘电阻表分别按以下挡位选择三相交流回路对地：1000 V； 220 V 直流回路对地：1000 V	
1.4	24 V 及以下电源回路检查	用万用表电阻挡确认回路正常	
1.5	电源测试	电源输出稳定正常； 输出电压纹波系数应小于 2%； 输出电压与额定电压的偏差值小于 5%	
1.6	开关量测试	在各开关量信号源头进行模拟，检验中间继电器状态、励磁软件内部开关量状态指示正确	
1.7	模拟量测试	从各模拟量信号源头输入标准信号，检验变送器输出信号、励磁软件内部模拟量显示值以及盘柜表计指示正确	
1.8	励磁操作回路检查	励磁操作回路动作正确	
1.9	软件参数检查	对照上次备份参数，确认参数设置正确	
2	灭磁电阻柜		
2.1	设备清扫、元器件检查	设备清洁，标识清楚。元器件清洁，无过热、破损和松脱现象	
2.2	电缆、端子接线紧固检查	标识清楚，接线紧固，接触良好	
2.3	电气回路耐压检查	与转子绕组相连电气回路工频耐压：4300 V/1 min	
2.4	电气回路绝缘检查	使用 1000 V 绝缘电阻表，绝缘电阻值不小于 1 MΩ	
2.5	灭磁电阻检查	灭磁电阻无过热、表面无裂痕等损坏现象；灭磁时，非线性电阻温升均衡	
2.6	跨接器检查	跨接器动作正常，动作值与设计值一致	

续表

序号	检修项目	质量标准	备注
3	灭磁柜		
3.1	设备清扫、元器件检查	设备清洁，标识清楚。元器件清洁，无过热、破损和松脱现象	
3.2	电缆、端子接线紧固检查	标识清楚，接线紧固，接触良好	
3.3	电气回路耐压检查	与转子绕组相连电气回路工频耐压：4300 V/1 min	
3.4	电气回路绝缘检查	使用 2500 V 绝缘电阻表测量以下回路，绝缘电阻值不小于 5 MΩ： 断开的两极触头间；主回路中所有导电部分与地之间	
3.5	-Q02 分/合闸线圈、主触头和灭弧罩检查	-Q02 分/合闸线圈电阻值正常，主触头无严重电弧烧伤痕迹，操作机构动作灵活可靠，灭弧罩清洁，主触头压降不大于 70 mV	
3.6	-Q02 动作特性和跳合闸时间测试	触头动作时序正确，分闸时间不大于 70 ms，合闸时间不大于 300 ms	
3.7	-Q02 操作回路检查	操作回路动作正确	
3.8	-Q02 导电性能检查	-Q02 合闸，解开开关阳极和转子电缆，断开其操作电源，接入回路电阻测试仪对其进行测试，测试直流电流不小于 100 A	
3.9	-Q01 分/合闸线圈、主触头检查	-Q01 分/合闸线圈电阻值正常，主触头无严重电弧烧伤、氧化痕迹	
3.10	-Q01 操作回路检查	操作回路动作正确	
3.11	-Q01 导电性能检查	用万用表电阻挡确认回路阻值正常	
4	整流柜		
4.1	设备清扫、元器件检查	设备清洁，标识清楚。元器件清洁，无过热、破损和松脱现象	
4.2	整流柜进风滤网清扫	滤网清洁，进风顺畅	
4.3	风机及控制回路检查	风机运行正常	
4.4	整流柜主备风机切换试验	动作正常	
4.5	阻容保护器件检查	电阻无过热、电容无漏液	
4.6	晶闸管及快熔检查	晶闸管及组件无污垢，晶闸管触发正常，快熔无熔断等	
4.7	电缆、端子接线紧固检查	标识清楚，接线紧固，接触良好	
4.8	电气回路耐压检查	与转子绕组相连电气回路工频耐压：4300 V/1 min	
4.9	电气回路绝缘检查	与转子绕组相连电气回路：使用 2500 V 绝缘电阻表测量以下回路，绝缘电阻值不小于 5 MΩ	

续表

序号	检 修 项 目	质 量 标 准	备注
4.10	触发脉冲检查	脉冲波形正确	
4.11	小电流检查	典型控制角波形正确，在 0~20 ms 内含 6 个规则的波头输出；电压值和计算值一致，调节器通道切换输出无扰动	
5	交流进线柜		
5.1	设备清扫、元器件检查	设备清洁，标识清楚。元器件清洁，无过热、破损和松脱现象	
5.2	电缆、端子接线紧固检查	标识清楚，接线紧固，接触良好	
5.3	主回路绝缘检查	1000 V 绝缘电阻表检测的绝缘不应小于 1 MΩ	
5.4	-Q07 动作特性和跳合闸时间测试	分闸时间小于 60 ms，合闸时间小于 80 ms	
5.5	-Q07 操作模拟检查	分、合闸正常	
5.6	启励回路电源检查	电源输出正常	
5.7	启励变检查	接线紧固，接触良好，端子无过热、破损	
6	电气制动柜		
6.1	设备清扫、元器件检查	设备清洁，标识清楚。元器件清洁，无过热、破损和松脱现象	
6.2	电缆、端子接线紧固检查	标识清楚，接线紧固，接触良好	
6.3	主回路绝缘检查	1000 V 绝缘电阻表检测的绝缘不应小于 1 MΩ	
6.4	-Q08 动作特性和跳合闸时间测试	分闸时间小于 60 ms，合闸时间小于 80 ms	
6.5	-Q08 操作模拟检查	分、合闸正常	
7	励磁变压器端子箱（励磁变压器温度测量 RTD）		
7.1	设备清扫、元器件检查	设备清洁，标识清楚。元器件清洁，无过热、破损和松脱现象	
7.2	电缆、端子接线紧固检查	标识清楚，接线紧固，接触良好	
7.3	测温 RTD 检查	测量 RTD 电阻，对照 Pt100 分度表，核实测温 RTD 正常	

8.15 计算机监控系统检修

电厂计算机监控系统的专业名称，在 DL/T 5226—2013《发电厂电力网络计算机监控系统设计技术规程》称为电力网络计算机监控系统（network computerized monitoring and control system，NCS）。在此标准中，可实现中央集中管理的叫站控层（station level），下层具体单元控制层叫间隔层（bay level），这层以下的分立元件甚至定义了一个过程层（process level）。这个标准的历史版本曾经是火电厂计算机监控系统设计技术规程。在NB/T 10879—2021《水力发电厂计算机监控系统设计规范》称为计算机监控系统（computer supervison and control systems），在此标准中，可实现中央集中管理的叫电厂控制级（plant control level），下层具体控制单元叫现地控制级（local control level），同时并列定义了一个现地控制单元（local control unit），该条原文是“负责对机组、开关站、公用设备和厂用电等设备实施监控的设备，简称 LCU”。DL/T 578—2008《水电厂计算机监控系统基本技术条件》相关定义同 DL/T 5065—2009，并且定义计算机监控系统缩写为 CSCS，电厂控制级缩写为 PCL 或 MCL（main control level），现地控制级缩写为 LCL，现地控制单元缩写为 LCU。在 DL/T 1009—2016《水电厂计算机监控系统运行及维护规程》中，中央控制级设备定义为厂站层设备，下层具体控制单元叫现地控制单元（LCU）。本节下文定义统一采用厂站层和 LCU。

大型水电厂的计算机监控系统目前多为分层分布式结构，通过双星型或者双环型以太网连接现地诸控制单元和厂站层（或者叫电厂控制层）。其中，厂站层因为是全厂中央监视控制系统，一般不随机组检修计划进行检修但需要择机进行必要的维护，机组现地控制单元（简称机组 LCU）检修随机组检修计划进行。

（1）根据 DL/T 1009—2016《水电厂计算机监控系统运行及维护规程》和 DL/T 578—2008《水电厂计算机监控系统基本技术条件》，厂站层定期维护时应开展如下工作：

每年对厂站层计算机主机及网络设备进行一次停电除尘；

每半年停电重启冗余配置的厂站层设备，以消除由于系统软件的隐含缺陷对系统运行产生的不利影响；

宜每年清洁光驱、磁带机（如果有这两样），宜每月清洗显示器、键盘、鼠标（追踪球）；

每年抽查语音和短信报警功能的工作情况；

每年备份一次程序，应异地备份，应保存最近三个版本的软件备份；

每年检查监控系统运行监视与保护程序的定值设置情况；

每月备份画面、数据库、文件系统，若备份工作由计算机自动完成，则应检查自动备份完成的情况；

每年双机切换测试一次：人为退出正在运行的主机，备用机应自动投入工作，切换过程不应出错或者死机，双机切换时间应满足受检产品技术条件（DL/T 822—2012《水电厂计算机监控系统试验验收规程》原文如此）。两个方向切换都要做一次；

每年检查 UPS 电源系统，备用电池维持时间大于或等于 1 h；

检查 CPU 负载率，重载情况下不超过 70%（此为 DL/ T578—2008 指标，DL/T 5226—

2013 描述为“正常负荷率宜低于 30%，事故负荷率宜低于 50%”）；

检查网络负载率，正常情况下不超过 50%（此为 DL/T 578—2008 指标，DL/T 5226—2013 描述为“正常负荷率宜低于 10%，事故负荷率宜低于 20%”）；

检查磁盘使用率，正常情况下，在 5 min 周期内，平均使用率应低于 50%。

检查人机接口响应时间，指标要求如下：

调用新画面的响应时间小于或等于 2 s；

在已显示画面上实时数据刷新时间从数据库刷新后算起小于或等于 1 s；

操作员执行命令发出到现地控制单元开始执行时间不超过 12 s；

报警或事件产生到画面字符显示和发出音响的时间不超过 2 s。

（2）根据 DL/T 1009—2016《水电厂计算机监控系统运行及维护规程》，行业标准对机组 LCU 主要标准检修项目建议如下：

检测、试验工作电源；

检查、处理电源风机、加热除湿设备；

校验模拟量输入模件通道；

校验模拟量输出模件通道；

校验温度量输入模件通道；

校验开关量输入模件通道；

校验开关量输出模件通道；

校验事件顺序记录模件通道；

校验脉冲计数模件通道；

检查测试各类通信模件配置；

检测网络连接线缆、现场总线的连通性和衰减特性；

检测光纤通道（含备用通道）衰减特性；

检查、处理现地控制单元与远程 I/O 柜的连接、通信；

检查、处理现地控制单元与厂站层通信通道；

检查、处理现地控制单元与其他设备的通信；

检查 I/O 接口连线，紧固端子排螺钉；

检查 I/O 接口连线绝缘；

检查控制流程并模拟试验；

监视与控制功能模拟试验；

测试时钟同步；

检查定值。

（3）以上 21 项偏重于 PLC 分立元件本身检查测试，电厂实际检修可做如下分项检查。

①LCU 控制盘柜检查：具体见本章控制盘柜检查。

②PLC 组件硬件检查：PLC 品牌及型号众多，结构差异很大，大型计算机监控系统

使用的 PLC 一般至少配备有电源模件、CPU 模件、PLC 本身通信模件、模拟量输入模件、开关量输入模件（包括 SOE 型）、模拟量输出模件、开关量输出模件以及 RTD 输入模件。以南瑞 N500 为例，首先检查所有模件外观良好无烧损，安装牢固。

检查电源模件，不停电情况下检查 LED 灯显示 PR OK，端子引线及连接部件良好，测量电源输入为 DC 24V 左右，偏差范围在±20%，或者为［19.2 28.8］V 区间。

检查 CPU 模件，检查各网线无破损标签清晰并且不松动，不停电情况下检查 LED 灯，CPU 模件的 LED 灯状态指示意义如下：

R：运行指示灯，模件正常运行时指示灯慢速闪烁（以 1 s 为周期），指示灯快闪时表示本侧在线不允许。

Tx：机架内通信数据发送指示灯，正常为绿灯闪烁。

Rx：机架内通信数据接收指示灯，正常为绿灯闪烁。

F：故障灯，梯形图故障、模间配置错误时红色点亮，正常为灯灭状态。

B：B 码指示灯，有 B 码信号输入时，绿色指示灯亮。

V：版本指示灯，双机系统中要求两个 CPU 模件中的应用程序版本必须一致，不一致时不运行应用程序并点亮绿色指示灯，正常为灯灭状态。

M：主从指示灯，双机系统中为主机运行的 CPU 模件主从指示灯亮，为从机运行的 CPU 模件主从指示灯灭；单机系统的 CPU 模件，主从指示灯常亮。

E1：内部工业以太网 1 通信指示灯，CPU 与扩展机架通过以太网 1 通信正常时闪烁，异常时熄灭。

E2：内部工业以太网 2 通信指示灯，CPU 与扩展机架通过以太网 2 通信正常时闪烁，异常时熄灭。

Op：在线指示灯，用于双机模式下，对侧 CPU 在线时亮，不在线时灭。

检查 I/O 管理模件：本模件用于管理本机架内的 I/O 模件通信，并于主机架的 CPU 模件进行信息交互，实现机架间通信。检查各网线无破损标签清晰并且不松动，不停电情况下检查 LED 灯，本模件的 LED 灯状态指示意义如下：

R：运行指示灯，正常运行时绿灯闪烁，常亮表示程序已运行但参数未加载。

Tx：通信数据发送指示灯，正常为绿灯闪烁。

Rx：通信数据接收指示灯，正常为绿灯闪烁。

F：故障灯，拨码地址为 0 或读错时亮，正确时灭。

E1：内部工业以太网 1 通信指示灯，通信正常时闪烁，异常时熄灭。

E2：内部工业以太网 2 通信指示灯，通信正常时闪烁，异常时熄灭。

B：B 码指示灯，有 B 码信号输入时，绿色指示灯亮。

检查以太网通信模件：本模件用于扩展 N500PLC 以太网通信功能，支持 Modbus 主从站协议，本模件检查同上文检查 I/O 管理模件。

检查串口通信模件：本模件用于 N500PLC 和现地其他智能设备比如调速器控制系统

励磁控制系统等的通信。检查各网线无破损标签清晰并且不松动，不停电情况下检查LED灯，本模件的LED灯状态指示意义如下：

R：运行指示灯，正常运行时绿灯慢速闪烁，快闪表示程序未加载。

Tx：通信数据发送指示灯，正常为绿灯闪烁。

Rx：通信数据接收指示灯，正常为绿灯闪烁。

F：故障灯，正确时灭。

T1～T4：4路串口COM1～COM4数据发送指示灯，串口对外发送数据时，该串口对应的Tx灯闪烁。

R1～R4：4路串口COM1～COM4数据接收指示灯，串口对外接收数据时，该串口对应的Rx灯闪烁。

检查开关量输入模件：本项包括普通型开关量输入模件和SOE型开关量输入模件。检查集成线插座安装紧固，本模件的LED灯状态指示意义如下：

R：运行指示灯，正常运行时绿灯慢速闪烁，常亮表示程序已运行但参数未加载。

Tx：通信数据发送指示灯，正常为绿灯闪烁。

Rx：通信数据接收指示灯，正常为绿灯闪烁。

F：故障灯，正确时灭。

通道指示：每一个绿色指示灯分别指示一路开关量输入信号的状态，灯亮表示该路输入当前状态为1。

检查开关量输出模件：检查集成线插座安装紧固，本模件的LED灯状态指示意义如下：

R：运行指示灯，正常运行时绿灯慢速闪烁，常亮表示程序已运行但参数未加载。

Tx：通信数据发送指示灯，正常为绿灯闪烁。

Rx：通信数据接收指示灯，正常为绿灯闪烁。

F：故障灯，正确时灭。

通道指示：每一个绿色指示灯分别指示一路开关量输出信号的状态，灯亮表示该路输出当前状态为1。

检查电流/电压型模拟量输入模件：

检查集成线插座安装紧固，本模件的LED灯状态指示意义如下：

R：运行指示灯，正常运行时绿灯慢速闪烁，常亮表示程序已运行但参数未加载。

Tx：通信数据发送指示灯，正常为绿灯闪烁。

Rx：通信数据接收指示灯，正常为绿灯闪烁。

F：故障灯，正确时灭。

通道指示：每一个红色指示灯分别指示一路模拟量输出信号的状态异常，红灯亮表示该路输出断线或者过量程。对于0～20 mA/0～5 V输入信号，当输入电流超过22 mA或者电压超过5.5 V时，通道指示灯亮。对于0～10 mA输入信号，当输入电流超过11 mA或者低于 1 mA 时，通道指示灯亮。对于 4～20 mA 输入信号，当输入电流超过 22 mA 或者低于 2 mA 时，通道指示灯亮。对于 1～5 V 输入信号，当输入电压超过 5.5 V 或者低于 0.5 V 时，通道指示灯亮。

检查模拟量输出模件：检查集成线插座安装紧固，本模件的 LED 灯状态指示意义如下：

R：运行指示灯，正常运行时绿灯慢速闪烁，常亮表示程序已运行但参数未加载。

Tx：绿灯亮时表示模件正向内部 CAN 网发送数据，正常为绿灯闪烁。

Rx：绿灯亮时表示模件正从内部 CAN 网接收数据，正常为绿灯闪烁。

F：故障灯，正确时灭。

检查热电阻温度量输入模件：检查集成线插座安装紧固，本模件的 LED 灯状态指示意义如下：

R：运行指示灯，正常运行时绿灯慢速闪烁，常亮表示程序已运行但参数未加载。

Tx：绿灯亮时表示模件正向内部 CAN 网发送数据，正常为绿灯闪烁。

Rx：绿灯亮时表示模件正从内部 CAN 网接收数据，正常为绿灯闪烁。

F：故障灯，正确时灭。

通道指示：每一个红色指示灯分别指示一路信号的状态，红灯亮表示该路断线或者过量程。

PLC 开入信号检查核对：尽量以使远方被监测元件机构变位的方式动作信号，安排人员检查现地开入模块变位情况同时检查主站报文信息正确性（包括动作/返回描述是否正确），如条件不许可，至少能将信号核对到对应的现地信号源盘柜端子排，涉及热工保护和水机保护停机开入信号，则禁止在控制柜内通过开路或短路输入端子的方法进行试验。

PLC 开出信号检查核对：以强制程序开出点方式检查开出信号，同时检查主站报文信息正确性，尽量动作远方执行机构，如条件不许可，至少以万用表等仪器在现地被控制系统端子排上检查开出信号已经发送到对应系统。检查完后须认真核对是否已经解除全部强制信号。

测温信号检查：本项工作可在现地校验 RTD 时同时进行，安排在机组 LCU 或测温单元监视的人员在核对温度数字同步变化的同时，须注意数字变化是否连续无跳变，如不具备条件，可接入电阻箱模拟温度变化。日常经常接触到的 Pt100 电阻分度表见表 8-12。

表 8-12　常用 Pt100 电阻分度表

温度（℃）	阻值（Ω）	温度（℃）	阻值（Ω）	温度（℃）	阻值（Ω）
0	100	40	115.54	80	130.89
10	103.9	50	119.4	90	134.7
20	107.79	60	123.24	100	138.5
30	111.67	70	127.07	110	142.29

续表

温度（℃）	阻值（Ω）	温度（℃）	阻值（Ω）	温度（℃）	阻值（Ω）
120	146.06	150	157.31	180	168.46
130	149.82	160	161.04	190	172.16
140	153.58	170	164.76	200	175.84

③雪崩处理能力测试：根据 DL/T 822—2012《水电厂计算机监控系统试验验收规程》，在现地控制单元的事件顺序记录量中任意抽选 n 点，接入同一状态量输入信号，改变输入信号状态，检查所记录的事件名称应与所选测点名称一致且无遗漏，所记录的状态及事件发生时间应一致。n 的取值应不小于现地单元事件顺序记录总数的 25%。本试验迄今不在 DL/T 1009—2016《水电厂计算机监控系统运行及维护规程》历代版本内出现，但实施不算困难，可在 A/B 级检修时选做。

④双 CPU 切换：人为退出正在运行的 CPU，备用 CPU 应自动立即切换为主用，切换过程不应出错或者死机。两个方向切换各做一次。

⑤交换机及光纤盒检查：交换机用来将 LCU 作为一个节点连入监控系统主干网络，大型系统一般为双网，相应的配备有 2 个交换机。外观应清洁良好，铭牌清晰；引线及连接部件良好；各 LED 灯显示正确；网线和光纤头良好，安装牢固，标示牌清晰。检查工作电压正常（正常标准参考本章开头）；光纤衰减测试须使用专用仪器。每年进行一次光纤测试。

⑥水机后备保护回路检查：水机后备保护作用是预防机组 LCU 控制系统因某些小概率事件失去对正在运行发电机组监视和控制能力，此时又恰逢出现严重的故障信号却不能停机。水机后备保护能在出现严重故障信号时独立实现停机操作。控制回路的检修工作按常规电路检查检查投退联片、继电器、端子排；检查工作电压正常（正常标准参考本章开头）并进行双电源切换试验（如有两路以上电源须进行全部电源切换试验）；以轮换的方式分批进行水机事故停机信号模拟动作试验，尽量在较短周期内验证所有的停机信号。

⑦同期装置检查：自动准同期装置用来在发电机开机过程中，在收到空载态转并网态指令时，自动寻找到一个发电机与电网的频率差和电压差都满足要求，在待并发电机电压与并列点电网测电压相角差到达零之前的一个适当时刻发出合闸脉冲。根据 GB/T 1348—2014《自动准同期装置通用技术条件》，同期装置检查分项如下：

外观检查：装置面板无划痕，机箱无明显碰伤、变形；按键使用正常；各标识正确、字迹清晰；各插件安装及端子接线牢固可靠，不得松动；可动部分应灵活可靠；接地良好。

绝缘检查：对交流、直流二次回路进行绝缘检查，应符合 DL/T 995—2023《继电保护和电网安全自动装置检验规程》中 6.3.3 的要求。

通电检查：装置显示正常，信号灯指示正常，时间显示正常，无异常报警。

参数整定检查：根据设备定值单进行参数整定及校对（如果在这个检修周期内，一次设备、调速器、励磁调节器有换型，则需要重新核定同期参数）。

采样精度检验：用试验装置输入电压、频率信号，测试装置电压、频率信号采样精度应符合以下要求：

电压±0. 01U_n（49. 5~50. 5 Hz 范围内），频率±0. 01 Hz（48~52 Hz 范围内）。

频差定值校验：用试验装置输入电压、频率信号，在压差满足同期条件的前提下，改变频差范围，测试频差是否满足要求。在合闸脉冲发出时，频差的误差不应超过整定值的±10%。

压差定值校验：用试验装置输入电压、频率信号，在频差满足同期条件的前提下，改变压差范围，测试压差是否满足要求。在合闸脉冲发出时，压差的误差不应超过整定值的±10%。

角差定值校验：用试验装置输入电压、频率信号，在压差、频差允许合闸情况下，测试角差是否满足要求。不考虑开关动作时间误差的情况下，装置合闸误差角度不应超过±1°。

输入/输出校验：同期装置通电工作，模拟各种输入/输出信号，确认输入/输出信号正确。

通信信号核对：同期装置通电工作，模拟各种信号，确认通信信号正常。

假同期试验：待并断路器及其隔离开关在分闸位置，核相正确后进行同期合闸操作，检查自动准同期装置工作正常，核查整定参数是否符合要求并记录数据。

自动准同期试验：进行实际同期合闸操作，核查整定参数是否符合要求并记录数据。

⑧时钟同步装置检查：外观检查装置面板无划痕，机箱无明显碰伤、变形；按键使用正常；各标识正确、字迹清晰；各插件安装及端子接线牢固可靠，不得松动。检查工作电压正常（正常标准参考本章开头）。检查各 LED 灯显示正常。以断开输入线形式做信号源切换试验，检查盘面时间显示应正常。根据 DL/T 822—2012《水电厂计算机监控系统试验验收规程》，修改某有授时的某节点时钟，在 3 min 内该节点时钟应能自动与时钟同步装置的时钟恢复同步。

⑨程序备份及检查：工业控制意义上的上位机是维护工程师用的调试终端，下位机是现地各种 PLC，数据流方向从笔记本电脑到 CPU 模件是下载（download）程序，数据流从 CPU 模件到笔记本电脑是上传（upload）程序，所以，备份操作是上传程序。双方联机成功后，检查被联结程序地址正确以防止误联到其他 LCU，程序上传操作完成后按本单位标准命名备份文件，确认未修改和强制任何程序后断开连接。个别品牌 PLC 不能以空白操作开始联机，此种情况下要注意做好历代备份程序版本的保存，有条件情况下可异地双备份，结合有关流程图对备份程序进行检查核对。

8. 16　调速器控制系统检修

大型调速器控制系统检修范围一般包括电气调节柜和油压装置控制柜，以及前端导叶位置传感器、齿盘测速探头、压力油罐自动补气装置、高精度过滤器和各种调速器有关分立自动化元件。

依据 DL/T 792—2013《水轮机调节系统及装置　运行与检修规程》，混流式水轮机调速器重要试验内容及周期见表 8-13。

表 8-13　混流式水轮机调速器重要试验内容及周期

试　验　名　称	试　验　内　容	试验周期或条件
测频/测速组件检查试验	测频/测速分辨率和误差测量	1 年
位移传感器的调整试验	传感器零点/满度检查、校验，测量误差、线性度测试	1 年
接力器关闭与开启时间及关闭规律检查调整	接力器开关机时间及关闭规律测试	1 年
故障模拟试验	电源、导叶接力器位移信号、转速/频率信号、水头信号、有功功率信号故障模拟试验	1 年
操作回路动作试验	自动开机、手/自动切换、增减负荷、自动停机等模拟试验	1 年
控制模式切换试验	频率控制、功率控制、开度控制、水位控制和流量控制的切换试验	A/B 级检修或功能改变后
调速器静态特性试验	人工转速/频率死区、实际转速死区、接力器摆动值、非线性度、永态转差系数测试	A/B 级检修或功能改变后
联动模拟试验	与机组监控系统、励磁系统联动试验	1 年
空载试验	空载扰动、手动和自动空载转速摆动测试	功能改变后或必要时
甩负荷试验	验证甩负荷后过渡过程性能是否符合调节保证计算要求	A/B 级检修或功能改变后
接力器不动时间测定试验	测定指令信号按规定变化时的接力器不动时间	功能改变后或必要时
带负荷连续 72 h 运行试验	检验机组带负荷连续运行时的调速器稳定性能	A/B 级检修或功能改变后
接力器的压力和密封检查	检查接力器的承压能力和渗漏油情况	A/B 级检修或必要时
油泵运行及检查	油泵空载及负荷试验	1 年
安全阀或阀组试验	安全阀、卸载阀、止回阀等的试验	1 年
油压装置各油压、油位信号整定值校验	压力和液位信号动作准确性校验	1 年
油压装置自动运行模拟试验	人为进行油压及油位变化，进行油压装置运行模拟试验	1 年
一次调频试验	一次调频调节性能测试	功能改变后或必要时
AGC 负荷调节试验	AGC 负荷调整速度和滞后时间测试	A/B 级检修或功能改变后

续表

试验名称	试验内容	试验周期或条件
孤立运行试验	模拟孤网（孤岛）或在实际孤网方式下，进行频率/负荷调整试验，选择优化参数	功能改变后或必要时
黑启动试验	按水电厂制定的黑启动方案进行试验	功能改变后或必要时
参数测试	数学模型参数设置与辨识	功能改变后或必要时

依据 GB/T 9652.2—2019《水轮机调速系统试验》，混流式水轮机调速器站内试验项目见表 8-14。

表 8-14 混流式水轮机调速器站内试验项目

试验项目	应做项目	选做项目
油泵试运转及检查	是	
油泵阀组的调整试验	是	
油压装置密封性试验及总漏油量测定		是
油压装置各油压、油位信号整定值校验	是	
油压装置自动运行模拟试验	是	
测频/测速环节检查试验	是	
随动系统极限开环增益测定及开环增益整定试验		是
接力器关闭及开启时间调整	是	
接力器反应时间测定		是
永态转差系数及调差率校验		是
比例/积分/微分增益的校验		是
调速系统静态特性试验及转速死区测定	是	
操作回路检查及模拟动作试验	是	
故障模拟和控制模式切换试验		是
调速系统漏油量及静耗油量测定		是
油压漂移试验		是
综合漂移试验		是
空载试验	是	
负荷调整试验	是	
一次调频试验		是
建模试验		是
孤网频率调节试验		是
甩负荷试验	是	
接力器不动时间测定	是	
带负荷 72 h 连续运行试验	是	

目前，作为国家标准 GB/T 9652.2—2019《水轮机调速系统试验》与电力行业标准 DL/T 792—2013《水轮机调节系统及装置运行与检修规程》均为有效标准并存，结合两个标准，混流式水轮机调速器控制系统检修可按如下进行。本节所有指标采用国家标准 GB/T 9652.1—2019《水轮机调速系统技术条件》，如果现行行业标准较高则采用行业标准。

（1）电调柜检查清扫。本项包括水轮机调节系统电气柜及内部组件检查清扫以及二次接线端子检查、紧固，还有程序备份及检查，具体见 8.12 节。PLC 组件的检查可参考 8.15 节进行。D 修可仅做端子检查紧固及清扫。

（2）油压装置控制柜检查清扫。本项包括水轮机调节系统机械柜及内部组件检查清扫以及二次接线端子检查、紧固，还有程序备份及检查，具体见 8.12 节。本柜内可能配备有油泵接触器或者软启动器，检修期间要检查一次触头并检查核对软启动器设置参数。D 修可仅做端子检查紧固及清扫。

（3）继电器检查校验见 8.8 节。

（4）分立自动化元件检查。测量所有电磁阀电阻值（比例阀、切换阀、电动急停阀、锁锭电磁阀、开停机阀、油泵卸载阀等），并与上次检修记录值比较。油温仪表、油混水装置、油位开关、油压开关等的检查标准参考本章有关小节。

依据 GB/T 9652.1—2019《水轮机调速系统技术条件》，调速系统工作油温范围应在 10~50 ℃区间，所以油温仪表上下报警值应有相应设置。

（5）静电过滤器检查清扫。从油泵出口过滤器算起，大型调速器通常设有三级过滤器，静电过滤器过滤级精度最高。检查盘柜清洁，表计完整能正常显示，铭牌清晰，检查各闭锁开关动作良好，测量各保险电阻值，检查正反转功能良好同时相应 LED 灯显示正确，检查油桶油位开关是否动作正常，检查工作电压是否符合说明书，检查累计运行时间，如果即将到预设时间则复位并更换滤芯并记录更换时间，检查盘柜内部继电器和高压包等无烧焦现象。

（6）位移传感器的调整试验。在全行程范围内手动操作接力器，同时调整位移变送器并观测其输出量，接力器的全行程应在位移变送器的线性工作范围内，且位移变送器两端应留出至少 5%的行程余量。手动操作接力器至全关或全开位置，然后手动逐次操作接力器向全开或全关方向移动，在接力器每次变化稳定后，记录位移变送器的输入–输出值；然后按相反方向重复上述试验。根据试验数据，得出位移变送器的输入–输出特性。

（7）测频/测速环节检查试验。对频率信号整形电路的各路频率输入通道，分别输入与实际电压互感器（TV）信号相当的频率信号（包括系统 TV、发电机机端 TV），以及反映机组大轴转速的齿盘探头脉冲信号，逐一改变信号频率，记录频率测量值与输入值，其分辨率、测频稳定性、线性度、测频响应的实时性、对频率信号源的适应性等测量性能，应符合 DL/T 563—2016 的要求。

在测频周期为 0.04 s 的条件下，频率测量分辨率对于大型调速系统及重要电站的中小型调速系统，应小于 0.003 Hz；对于一般中、小型调速器，应小于 0.005 Hz。应能适应正弦波、方波或梯形波等被测信号源，在信号电压为 0.5～150 V 时能稳定可靠工作。在两个细则考核日趋严厉的大背景下，作为百万千瓦级电厂，调速器系统频率测量分辨率实际应按 0.001 Hz 考虑才认为合格。

应检验测速显示连续性，不得有跳变及突变现象。

检查清扫齿盘及测速探头。

如果有残压/齿盘多路信号源，应进行信号源切换试验。

（8）油压装置各油压、油位信号整定值校验。压力信号器动作值与整定值的允许偏差为整定值的±2%；油位信号器的动作值允许偏差为±10 mm。

（9）油压装置自动运行模拟试验。通过对压力油罐人为排油、排气的方法控制油压和油位的变化检查油压装置电气控制回路、控制流程及压力信号器、油位信号器动作的正确性。不得采用人工拨动信号器接点的方式进行模拟试验。

油压装置工作油压的变化范围应在名义工作压力的±2%～4%以内（对额定油压为10～16 MPa 的油压装置，其正常工作油压的变化范围可达名义工作油压的±5%）。

额定压力等级有 2.5 MPa、4 MPa、6.3 MPa、10 MPa、12.5 MPa、14 MPa、16 MPa等级。

根据 DL/T 1548—2016《水轮机调节系统设计与应用导则》，工作油泵从正常工作压力下限输油开始到压力升至停泵压力所经历的最长时间不得大于 60s。

油压低于工作油压下限的 4%～8%时，应启动备用油泵。

根据 DL/T 1548—2016《水轮机调节系统设计与应用导则》“回油箱中的油位应能维持油泵正常吸油所需的工作高度，在最高液面以上应留出不小于回油箱总容积 20%的空气容量”，回油箱油位信号器的高报警定值应至高不高于从油箱底部开始往上 80%量程，建议上限油位（油位过高）定值为 60%～75%区间，下限油位（油位过低）定值为 40%左右。

事故停机的最小压力的选择应使关机后压力不下降到最低操作压力以下，最低操作压力 p_r 的计算公式为 $p_r=E_r/V_s\times10^{-6}$，最低操作压力 p_r 单位为兆帕（MPa），接力器操作功容量 E_r 单位为牛米（N·m），接力器有效容积 V_s 单位为立方米（m^3）。

当油压高于工作油压上限 2%以上时，安全阀应开始排油，当油压高于工作油压上限10%以前，安全阀应全部开启，并使压力油罐中油压不再升高。安全阀的泄漏量应不大于油泵输油量的 1%。

如果有测量条件，观察油泵出口至压力罐的压力降应不大于 0.2 MPa。

在正常工作油压上限，油-气接触式压力油罐内油和空气体积比维持在 1/3～1/2。

根据 DL/T 1548—2016《水轮机调节系统设计与应用导则》，上限油位（补气动作油位、油位过高）定在总容积的 38%～40%，正常油位定在总容积的 35%，停止补气油位定在总容积的 33%～35%，下限油位定在总容积的 30%～33%，事故低油位定在总容积的 21% 及以下。

带自动补气装置的油压装置，其空气安全阀动作值为工作油压上限的 114%。

（10）调速系统静态特性试验。

传统试验方式的几个要点：开度调节模式/切除人工死区/开度限制置最大值/b_p=4%/K_d 置零，K_i 置最大值，K_p 置实际值/从 50% 行程开始试验/5%～95% 行程范围内不少于 8 点。

试验结果应满足以下要求：

静态特性曲线应近似为直线且不交叉，线性度误差小于 5%。

b_p=4% 时，对于大型调速器（E_r>75 000），转速死区不大于 0.02，接力器摆动值不大于 0.1，对于中型调速器（18 000≤E_r≤75 000），转速死区不大于 0.06，接力器摆动值不大于 0.25。

另外，还有阶跃频率信号法和 X-Y 记录仪进行静特性试验，这两种方式试验要点同传统方式，阶跃信号法在 20% 行程开始进行试验，X-Y 记录仪可在机组运行态进行试验。

（11）空载试验。空载试验包括手动开停机试验、自动开停机试验、控制电源切换试验、故障模拟试验、控制方式切换试验、扰动试验、空载摆动试验等小项。

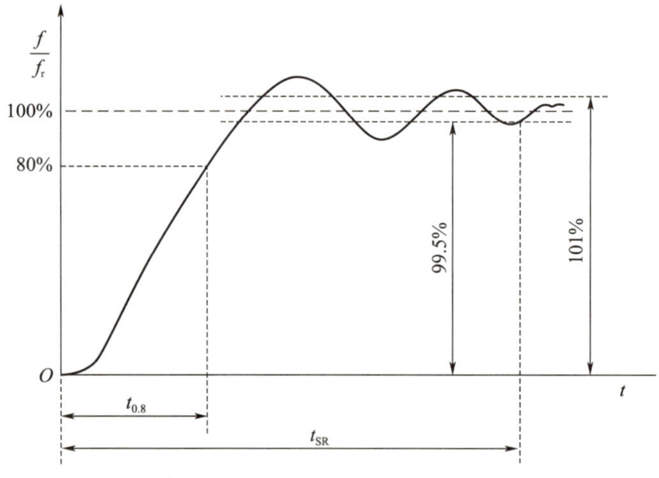

图 8-1　开机过程曲线

开机响应过程要求：自机组启动开始至空载转速（频率）达到同期带，即 99.5～101f_r，所经历的时间 t_{SR} 不得大于从机组启动开始至机组转速达到额定转速（额定频率 f_r）的 80% 之升速时间 $t_{0.8}$ 的 5 倍（见图 8-1）。机组开机升速过程宜根据水压变化、机组振动和主轴摆度、水推力、转轮动应力、机组结构强度等所允许的开启速度、机组惯性时间常数、水流惯性时间常数等确定启动规律。

主备控制电源切换试验时，水轮机主接力器的行程变化不得超过全行程的±1%。

控制方式切换试验时，水轮机主接力器的行程变化不得超过全行程的±1%。

稳态运行时，对于间歇运行的油压装置，油泵启动间隔应大于 30 min（对带减压阀的系统、接力器串油超过油泵额定流量 30% 的机组及额定油压超过 12.5 MPa 的系统除外）。

空载扰动试验：机组空载自动运行，选取若干组有代表性的调节参数，通过改变频率给定值的方法，对电液调节系统施加不小于 4% 额定转速的阶跃给定，记录机组转速和接力器行程等参数的过渡过程。动态调节性能要求如下：

频率变化超调量 Δf_{max} 不得超过扰动量的 40%。

自阶跃扰动开始，到调节稳定为止的调节时间 TFR 不得超过 35 s。

在调节时间 TFR 内，频差超过±0. 5Hz 的波动次数 Z（频率的波峰个数与波谷个数之和的一半）不得超过 2 次。

对于接力器分段关闭速率整定值小于 1%/s 的机组除外。

频率扰动响应调节曲线如图 8-2 所示。

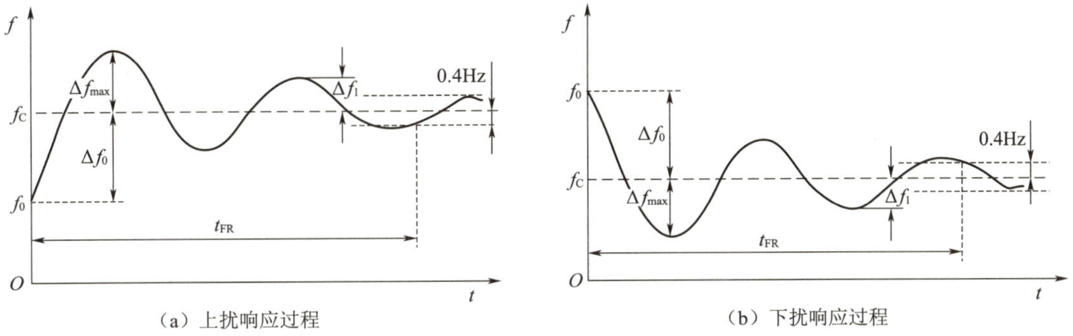

图 8-2　频率扰动响应调节曲线

空载摆动试验：机组空载运行并稳定于额定转速后，励磁装置投入且机端电压变化不大于额定值的±0. 25%，用仪器测定任意 3 min 内转速波动的峰-峰值，重复记录 3 次。手动方式下转速摆动相对值对大型机组不超过±0. 24%，自动方式下转速摆动相对值对大型机组不超过±0. 18%。若手动方式超标那么自动方式指标不得超过±0. 24%。按 DL/T 496—2016，手动方式下指标超过±0. 2% 即为不合格。

（12）负荷调整试验。机组处于并网发电态，调速器处于功率或开度控制模式，机组带 10%～95% 额定负荷稳定运行。在不同调节参数组合下，调速器接受监控系统的负荷调整指令，实现机组负荷调整，观察并记录机组转速、蜗壳进口水压、有功功率和接力器行程、调压井水位等参数的过渡过程，通过对过渡过程的分析比较，选定负载工况时的调节参数。

（13）甩负荷试验。在额定功率 25%、50%、75%、100% 负荷下分别跳开发电机出口断路器，进行甩负荷试验，用试验记录仪记录机组转速、接力器行程、水压/水位及定子电流等信号的过渡过程。

甩 100% 负荷的动态调节性能要求如下：

在甩负荷调节过程中，偏离稳态转速 3% 以上的波动次数 Z 不超过 3 次，对于解列后需要带厂用电的机组，甩负荷后机组最低转速 n_{min} 不得低于额定转速的 n_r90%。

从甩负荷开始至机组转速摆动相对值不超过±1% 为止的调节时间 t_E 与从甩负荷开始

至转速升至最高转速所经历的时间 t_M 的比值，对中、低水头反击式水轮机不大于 8，高水头反击式水轮机不大于 15。

以上要求对下列情况除外：接力器分段关闭速率整定值小于 1%/s 的机组、采用先慢后快特殊关机规律的机组、甩负荷后直接作用于停机的机组。

甩负荷调节过程曲线如图 8–3 所示。

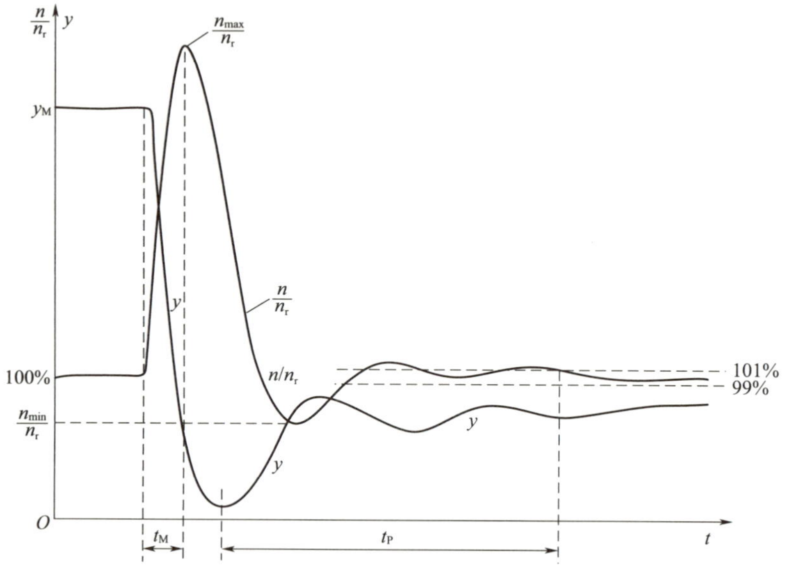

图 8–3　甩负荷调节过程曲线

一次调频试验：目前，电厂一般不具备条件和资质自行实施一次调频试验，本节只对该试验做概要介绍。一次调频功能是指在机组发电运行过程中，当系统频率变化超过调速器的频率/转速死区时，水轮机调节系统将根据频率静态特性（调差特性）所固有的能力，按整定的调差率/永态转差系数自行改变导叶开度，从而引起机组有功功率的变化，进而影响电网频率的调节过程。一次调频试验包括调速器测频分辨率和精度校验、频率/转速死区及永态转差系数校验、空载阶跃扰动试验、负载阶跃扰动试验、一次调频与 AGC 协调性试验等小项。详细试验方式及指标要求按 DL/T 1245—2013《水轮机调节系统并网运行技术导则》中的规定。

8.17　继电保护检修

根据 DL/T 995—2016《继电保护和电网安全自动装置检验规程》，运行中保护装置的定期检验分为全部检验和部分检验两种，现阶段的百万千瓦级电厂已经普及微机型保护装置，微机型保护装置的全部检验周期为 6 年，部分检验周期为 2~4 年。另外，如果对一次设备（断路器、电流和电压互感器等）进行了更换，也要立即对相关继电保护装置进行补充检验。依据 DL/T 995—2016 对常用变电站保护装置检验项目汇总见表 8-15。

表 8-15　常规变电站保护装置检验项目

序号	检　验　项　目	新安装	全部检验	部分检验	检验方法对应章条
1	检验前准备工作	√	√	√	5.2.2
2	TA、TV 检验	√	—	—	5.3.1
3	TA、TV 二次回路检验	√	√	√	5.3.2.2、5.3.2.3
4	二次回路绝缘检查	√	√	√	5.3.2.4
5	装置外部检查	√	√	√	5.3.3.2
6	装置绝缘试验	√	—	—	5.3.3.3
7	装置上电检查	√	√	√	5.3.3.4
8	工作电源检查	√	√	—	5.3.3.5
9	模数变换系统检验	√	√	—	5.3.3.6
10	开关量输入回路检验	√	√	√	5.3.3.7
11	输出触点及输出信号检查	√	√	√	5.3.3.8
12	事件记录功能	√	√	√	5.3.3.9
13	安全稳定控制装置信息传送和启动判据检查	√	√	√	5.3.3.10、5.3.3.11
14	整定值的整定及检验	√	√	—	5.3.4
15	纵联保护通道检验	√	√	√	5.3.5
16	操作箱检验	√	—	—	5.3.6
17	整组试验	√	√	√	5.3.7
18	与厂站自动化系统、继电保护及故障信息管理系统配和检验	√	√	√	5.4
19	装置投运	√	√	√	5.5

本章前文诸节提及的 A、B、C、D 各等级检修，在 DL/T 995—2016 附录 A 的 A.2.1 说“继电保护装置及二次回路状态检修工作分停电检修和不停电检修”及“停电检修分为 A 类检修、B 类检修、C 类检修，不停电检修为 D 类检修。”按此标准，如果分类按 A、B、C、D 级检修，得先进行继电保护系统状态评价，关于状态评价，本标准说“状态评价 1 年内至少开展 1 次；状态检修计划应进行动态管理”。依据 DL/T 995—2016 对常规变电站继电保护 A、B、C 类检修项目规定见表 8-16。

表 8-16　常规变电站继电保护装置及二次回路 A、B、C 类检修项目

序号	检修项目	A 类检修	B 类检修	C 类检修
1	外观检查	▲	▲	▲
2	回路检验	▲	△	—
3	二次回路绝缘检查	▲	▲	▲

续表

序号	检修项目	A 类检修	B 类检修	C 类检修
4	逆变电源检查	▲	△	—
5	上电检查	▲	▲	▲
6	开关量输入回路检验	▲	▲	▲
7	输出触点及输出信号检查	▲	△	—
8	模数转换系统检验	▲	▲	▲
9	整定值的整定及检验	▲	△	—
10	纵联保护通道检验	▲	△	—
11	操作箱检验	▲	△	—
12	整组试验	▲	▲	▲
13	装置投运	▲	△	—

注：▲为必选；△为可选。

（1）电流、电压二次回路检验：在被保护设备的断路器、电流互感器及电压回路与其他单元设备的回路完全断开后才能进行检查。

①电流互感器二次回路检查内容：

检查电流互感器二次绕组所有二次接线的正确性及端子排引线螺钉压接的可靠性。

检查电流互感器二次回路的接地点与接地状况，电流互感器的二次回路应分别且只能有一点接地；由几组电流互感器二次组合的电流回路，应在有直接电气连接处一点接地。

②电压互感器二次回路检查内容：

检查电压互感器二次、三次绕组的所有二次回路接线的正确性及端子排引线螺钉压接的可靠性。

经控制室（保护室）零相小母线（N600）连通的几组电压互感器二次回路，只应在控制室将 N600 一点接地，各电压互感器二次中性点在开关场的接地点应断开；为保证接地可靠，各电压互感器的中性线不得接有可能断开的熔断器（自动开关）或接触器等。独立的、与其他互感器二次回路没有直接电气联系的二次回路，可以在控制室也可以在开关场实现一点接地。来自电压互感器二次回路的 4 根开关场引入线和互感器三次回路的 2（3）根开关场引入线应分开，不得共用。电压互感器开口三角电压回路中不得接有可能断开的熔断器（自动开关）或接触器等。

检查电压互感器二次中性点在开关场的金属氧化物避雷器的安装是否符合相关规定。

新投入时，检查电压互感器二次回路中所有熔断器（自动开关）的装设地点、熔断（脱扣）电流是否合适（自动开关的脱扣电流需通过试验确定）、质量是否良好，能否保证选择性，自动开关线圈阻抗值是否合适。

检查串联在电压回路中的熔断器（自动开关）、隔离开关及切换设备触点的可靠性。

测量电压回路自互感器引出端子到配电屏电压母线的直流电阻，并计算电压互感器在额定容量下的压降，其值不应超过额定电压的 3%。

（2）二次回路绝缘检查：在对二次回路进行绝缘检查前，应确认被保护设备的熔断器、电流互感器全部停电，交流电压回路已在电压切换把手或分线箱处与其他单元设备的回路断开，并与其他回路隔离完好后才运行。在进行绝缘测试时，试验连线要紧固；每进行一项绝缘试验后，须将试验回路对地放电；对母差保护、断路器失灵保护及电网安全自动装置，如无法出现被保护的所有设备都同时停电的机会时，其绝缘电阻的检验只能分段进行，即哪一个被保护单元停电，就测定这个单元所属回路的绝缘电阻。

新安装保护装置的验收试验时，从保护屏柜的端子排处将所有外部引入的回路及电缆全部断开，分别将电流、电压、直流控制、信号回路的所有端子各自连接在一起，用 1000 V 绝缘电阻表测量各回路对地和各回路相互间绝缘电阻，其阻值应大于 10 MΩ。

定期检验时，在保护屏的端子排处将所有电流、电压、直流控制回路的端子的外部接线拆开，并将电压、电流回路的接地点拆开，用 1000 V 绝缘电阻表测量回路对地的绝缘电阻，其阻值应大于 1 MΩ。

对使用触点输出的信号回路，用 1000 V 绝缘电阻表测量电缆每芯对地及对其他各芯间的绝缘电阻，其绝缘电阻应不小于 1 MΩ。定期检验只测量芯线对地的绝缘电阻。

对采用金属氧化物避雷器接地的电压互感器的二次回路，需检查其接线的正确性及金属氧化物避雷器的工频放电电压。

定期检查时可用绝缘电阻表检验金属氧化物避雷器的工作状态是否正常。一般当用 1000 V 绝缘电阻表时，金属氧化物避雷器不应击穿；而用 2500 V 绝缘电阻表时，则应可靠击穿。

（3）保护装置外部检查：检查保护装置的实际构成情况如装置的配置、装置的型号、额定参数等是否与设计相符合。

①检查盘柜上的标志应完整清晰，并与图纸和运行规程相符。

②检查保护装置内、外部是否清洁无积尘；清扫电路板及盘柜内端子排上的灰尘；检查装置的小开关、拨轮及按钮是否良好；显示屏是否清晰，文字是否清楚；检查各插件板是否有损伤或变形，进线是否连接好；检查各插件上元件是否焊接良好，芯片是否插紧；检查各插件上变换器、继电器是否固定好，有无松动；检查装置端子排螺栓是否拧紧，后板配线连接是否良好；按照装置技术手册描述的方法，根据时机需要，检查、设定并记录保护装置插件内的选择跳线和拨动开关的位置。

③保护装置上电检查：打开保护装置电源，装置应能正常工作。

④按照保护装置技术手册描述的方法，检查并记录装置的硬件和软件版本号、校验码等信息。

⑤校对时钟。

（4）开关量输入回路检验：强电开入回路继电器的启动电压值不应大于 0.7 倍额定电压值，且不应小于 0.55 倍额定电压值，同时继电器驱动功率不应小于 5 W。分别接通、断开开入回路，装置的开入显示正确。装置开关量输入定义采用正逻辑，即触点闭合为

“1”，触点断开为“0”，开入量名称与标准要求描述一致。

(5) 模数转换系统检验：检验零点漂移，进行本项试验时，要求保护装置不输入交流电流、电压量，观察装置在一段时间内的零漂值满足装置技术条件的规定。

各电流、电压输入的幅值和相位精度检验。新安装保护装置的验收检验时，按照装置技术手册规定的试验方法，分别输入不同幅值和相位的电流、电压量，观察装置的采样值满足装置技术条件的规定。全部检验时，可仅分别输入不同幅值的电流、电压量；部分检验时，可仅分别输入额定电流、电压量。

检验技术要求应符合 DL/T 478—2013《继电保护和安全自动装置通用技术条件》相应规定。

(6) 整组试验：在做完每一套单独保护的整定检验后，需要将同一被保护设备的所有保护连在一起进行整组的检查试验，以校验各保护装置在故障后及重合闸过程中的动作情况，校验保护回路设计正确性及其调试质量。按照 DL/T 995—2016 的定义，整组试验包含了传动试验内容，现场工程往往把整组试验称为传动试验。部分检验时，只需用保护带实际断路器进行整组试验。

①整组试验内容如下：

应检查各保护之间的配合、装置动作行为、断路器动作行为、保护起动故障录波信号、厂站自动化系统信号、中央信号、监控信号等正确无误。

借助于传输通道实现的纵联保护、远方跳闸等的整组试验，应与传输通道的检验一同进行。必要时，可与线路对侧的相应保护配合一起，进行模拟区内、区外故障时保护动作行为的试验。

对装设有综合重合闸装置的线路，应检查各保护及重合闸装置间的相互动作情况与设计相符合。为减少断路器的跳合次数，试验时，应以模拟断路器代替实际的断路器，使用模拟断路器时宜从操作箱入口接入，并于装置、试验器构成闭环。

将装置（保护和重合闸）带实际断路器进行必要的跳、合闸试验，以检验各有关跳、合闸回路、防止断路器跳跃回路、重合闸停用回路及气（液）压闭锁等相关回路动作的正确性，每一相的电流、电压及断路器跳合闸回路的相别是否一致。

在进行整组试验时，应检验断路器、合闸线圈的压降不小于额定值的 90%。

②在整组试验中应检查以下问题：

各套保护间的电压、电流回路的相别及极性是否一致。

在同一类型的故障下，应该同时动作于发出跳闸脉冲的保护，在模拟短路故障中是否均能动作，其信号指示是否正确。

有两个线圈以上的直流继电器的极性连接是否正确，对于用电流启动（或保持）的回路，其动作（或保持）性能是否可靠。

所有相互间存在闭锁关系的回路，其性能是否与设计符合。

所有在运行中需要由运行值班员操作的把手及连接片的连线、名称、位置标号是否正确，在运行过程中与这些设备有关的名称、使用条件是否一致。

中央信号装置或监控系统的有关光字、音响信号指示是否正确。

各套保护在直流电源正常及异常状态下是否存在寄生回路。

断路器跳、合闸回路的可靠性，其中装设单项重合闸的线路，验证电压、电流、断路器回路相别的一致性及断路器跳合闸回路相连的所有信号指示回路的正确性，对于有双跳闸线圈的断路器，应检查两跳闸接线的极性是否一致。

自动重合闸是否能确实保证按规定的方式动作并保证不发生多次重合闸情况。

整组试验结束后，应在恢复接线前测量交流回路的直流电阻。工作负责人应在继电保护记录本中注明可以投入运行的保护和需要利用负荷电流及工作电压进行检验后才能正式投入运行的保护。

（7）整定值的整定及检验：本项工作是指将保护装置各有关元件的动作值及动作时间按照定值通知单进行整定后的试验。该项试验在屏柜上每一元件检验完毕之后才可进行。具体的试验项目、方法、要求视构成原理而异，一般须遵守如下原则：

每一套保护应单独进行整定检验，试验接线回路中的交、直流电源及时间测量连线均应直接连到被试保护屏柜的端子排上。交流电压、电流试验接线的相对极性关系应与实际接线中电压、电流互感器接到屏柜上的相对相位关系（折算到一次侧的相位关系）完全一致。

在整定检验时，除所通入的交流电流、电压为模拟故障值并断开断路器的跳、合闸回路外，整套保护装置应处于与实际运行情况完全一致的条件下，并且不得在试验过程中人为地予以改变。

保护装置整定的动作时间为自向保护屏柜通入模拟故障分量（电流、电压或电流及电压）至保护动作向断路器发出跳闸脉冲的全部时间。

电气特性的检验项目和内容应根据检验的性质，保护装置的具体构成方式和动作原理拟定。

在定期检验及新安装保护装置的验收检验时，装置的整定检验要求如下：

新安装保护装置的验收检验时，应按照定值通知单上的整定项目，依据装置技术说明书或制造厂推荐的试验方法，对保护的每一功能元件进行逐一检验。

在全部检验时，对于由不同原理构成的保护元件只需任选一种进行检查，建议对主保护的整定项目进行检查，后备保护如相间一段、二段、三段阻抗保护只需选取任一整定项目进行检查。

部分检验时，可结合保护装置的整组试验一并进行。

（8）继电器校验：本小节内容取自 DL/T 995—2016《继电保护和电网安全自动装置检验规程》的附录 B。除了本节下文节录内容外，这个附录还有频率继电器和静态继电器的检修内容，实际上作为百万千瓦级现代电厂，这两种继电器包括机电型时间继电器在普及微机型继电保护系统前提下已经很少使用，如果还有使用这两种继电器的电厂，详细检修内容依据 DL/T 995—2016《继电保护和电网安全自动装置检验规程》的附录 B 的规定。

①机电型时间继电器的检验。

机电型时间继电器的全部检验项目。

测量线圈的直流电阻。

动作电压与返回电压试验，其部分检验可用 80% 额定电压的整组试验代替。

最大、最小及中间刻度下的动作时间校核、时间标度误差及动作离散值应不超出技术规定的范围。

整定点的动作时间及离散值的测定，可在装置整定试验时进行。

机电型时间继电器的部分检修项目，除了不做动作时间校核这条，其他的全部参考全部检验项目。

②电流（电压）继电器的检验。

电流（电压）继电器的全部检验项目。

动作标度在最大、最小、中间三个位置时的动作与返回值。

整定点的动作与返回值。

对电流继电器，通以 1.05 倍动作电流及保护装设处可能出现的最大短路电流，检验其动作及复归的可靠性（设有限幅特性的继电器，其最大电流可适当降低）。

对低电压及低电流继电器，应分别加入最高运行电压或通入最大负荷电流，检验其应无抖动现象。

对反时限的感应型继电器，应录取最小标度值及整定值时的电流-时间特性曲线，定期检验只核对整定值下的特性曲线。

电流（电压）继电器的部分检验项目，仅做整定点的动作与返回值及对反时限的感应型继电器应核对整定值下的特性曲线这两条。

③中间继电器的检验。

测定线圈的电阻。

动作电压（电流）及返回电压（电流）试验，定期检验时，可用 80% 额定电压的整组试验替代。

有两个线圈以上的继电器应检验各线圈间极性标示的正确性，并测定两线圈间的绝缘电阻（不包括外部接线）。

保持电压（电流）值检验，其值应与具体回路接线要求符合，电流保持线圈在实际回路中的可能最大压降应小于回路额定电压的 5%。

动作（返回）时间测定，只是保护回路设计上对其动作（返回）时间有要求的继电器及出口中间继电器和防止跳跃继电器才进行此项试验。

用于超高压的电网保护，直接作用于断路器跳闸的中间继电器，其动作时间应小于 10 ms。

防止跳跃继电器的动作电流应与断路器跳闸线圈的动作电流相适应。在相同的实际断路器跳闸电流下，继电器的动作时间应小于跳闸回路辅助触点的转换（跳闸时断开）

时间。

定期检验时，出口中间及防止跳跃继电器的动作时间检验与装置的整组试验一起进行。

检查、观察触点在实际负荷状态下的工作状况。

干簧继电器（触点直接接于 110 V、220 V 直流电压回路）、密封型中间继电器应以 1000 V 绝缘电阻表测量触点（继电器未动作时的动合触点，及动作后的动断触点）间的绝缘电阻。

④气体继电器的检验。

加压，试验继电器的严密性。

检查继电器的机械情况及触点工作情况。

检验触点的绝缘（耐压）。

检查继电器对油流速的定值。

检查在变压器上的安装情况。

检查电缆接线盒的质量及防油、防潮措施的可靠性。

用打气筒或空气压缩器将空气打入继电器，检查其动作情况。如果有条件，亦可用按动探针的方法进行。

对装设于强制冷却变压器中的继电器，应检查当循环油泵启动与停止时，以及在冷却系统油管切换时所引起的油流冲击与变压器振动等各种运行工况时，继电器是否会误动作。

当变压器新投入、大小修或定期检查时，应检查呼吸器是否良好，阀门内是否积有空气，管道的截面有无改变。

测定继电器触点间及全部引出端子对地的绝缘。

参考文献

[1] 五凌电力有限公司. 混流式水轮发电机组运行与检修 [M]. 北京：中国电力出版社，2020.

[2] (英) Martin J. Heathcote 著. 变压器实用技术手册 13 版. [M]. 天威保变有限公司译. 北京：机械工业出版社，2015.

[3] 雷恒、万晓丹、陶永霞. 水轮机调速器及机组辅助设备 [M]. 郑州：黄河水利出版社，2019.

[4] 长江勘测规划设计研究有限责任公司. 水电厂计算机监控系统设计 [M]. 北京：中国水利水电出版社，2013.

[5] 陈铁华. 水轮发电机原理及运行：2 版. [M]. 北京：中国水利水电出版社，2018.

[6] 李基成. 现代同步发电机励磁系统设计及应用 3 版. [M]. 北京：中国电力出版社，2017.

[7] 国家能源局. 防止电力生产事故的二十五项重点要求及编制释义 [M]. 北京：中国电力出版社，2021.

[8] 竺士章. 发电机励磁系统试验 [M]. 北京：中国电力出版社，2008.

[9] 梁建行，等. 水电厂发电机励磁系统设计 [M]. 北京：中国电力出版社，2015.

[10] 李志祥，等. 大中型水轮发电机组电气设备维护技术 [M]. 北京：中国三峡出版社，2020.

[11] 李国晓. 水轮机调速器运行与维护 [M]. 北京：中国水利水电出版社，2012.